Franz Falk | Michael Götz | Werner Rössle

Unternehmensrechnung

Finanzwirtschaft, Jahresabschluss, Kostenrechnung

Franz Falk | Michael Götz | Werner Rössle

Unternehmensrechnung

Finanzwirtschaft, Jahresabschluss, Kostenrechnung

HOLZMANN. MEDIEN

Aus Gründen der Vereinfachung und der Lesbarkeit wird auf die Wiedergabe männlicher und weiblicher Bezeichnungen verzichtet. Wo also zum Beispiel „Arbeitnehmer" oder „Arbeitgeber", „Meister" oder „Geselle" geschrieben steht, ist stets auch „Arbeitnehmerin" und „Arbeitgeberin", „Meisterin" und „Gesellin" zu lesen.

3., überarbeitete Auflage 2018

Lektorat: Achim Sacher, Holzmann Medien | Buchverlag
Layout: Markus Kratofil, Holzmann Medien | Buchverlag
Satz: Da-TeX Gerd Blumenstein, Leipzig
Druck: Druckerei Steinmeier | Deiningen

ISBN (Print): 978-3-7783-1306-0 | Artikel-Nr. 1815.03
ISBN (E-Book): 978-3-7783-1307-7 | Artikel-Nr. 1815.97

Vorwort der Herausgeber

Am 1. April 2011 ist die nach § 42 des Gesetzes zur Ordnung des Handwerks (HwO) erlassene bundesweite Verordnung über die Prüfung zum anerkannten Fortbildungsabschluss „Geprüfter Betriebswirt/Geprüfte Betriebswirtin nach der Handwerksordnung“ in Kraft getreten. Damit werden die bisherigen Regelungen bei den einzelnen Handwerkskammern durch eine bundeseinheitliche Rechtsverordnung ersetzt.

Gemäß den Intensionen des Zentralverbands des Deutschen Handwerks liegt das Ziel der neuen, bundeseinheitlichen Fortbildungsmaßnahme „... in der Vertiefung des betriebswirtschaftlichen-strategischen Verständnisses der Unternehmensführung. Im Vergleich zu den bisherigen Kammerregelungen ist die bundeseinheitliche Verordnung stärker auf eine Reflexion komplexer wirtschaftlicher Zusammenhänge und auf die Entwicklung konkreter Unternehmensstrategien ausgerichtet“. Das heißt: Die Fortbildungsteilnehmer sollen vor allem noch besser befähigt werden,

- das Unternehmen als ein vernetztes System von kundenorientierten Geschäftsprozessen zu verstehen, zu gestalten, zu planen und zu steuern;
- ganzheitlich kundenorientierte Unternehmensstrategien zu entwickeln und
- diese in operativ erfolgreiche Produkte, Dienstleistungen und Maßnahmen innerhalb und außerhalb des Unternehmens gewinnwirksam umzusetzen.

Die hierzu erforderlichen Methoden-, Führungs- und Sozialkompetenzen sind Gegenstand dieser Fortbildungsmaßnahme und prägen Inhalt und Struktur des neuen Rahmenlehrplans, der unter Federführung des Zentralverbandes des Deutschen Handwerks (ZDH), Berlin, erarbeitet wurde. Dem Expertengremium gehörten Vertreter von Handwerkskammern und dem Bundesinstitut für Berufsbildung (BIBB) an. Der neue Rahmenlehrplan sichert bei der Fortbildung zum/r „Geprüfte/n Betriebswirt/in nach der HwO“ bundesweit vergleichbare Standards. Dies ist ein wichtiger Beitrag, die hohe Qualität der beruflichen Aufstiegsfortbildung in Handwerk und Mittelstand zu gewährleisten.

Die Prüfung zum „Geprüfter Betriebswirt/Geprüfte Betriebswirtin nach der HwO“ ist in die vier handlungsorientierten Prüfungsteile Unternehmensstrategie, Unternehmensführung, Personalmanagement und Innovationsmanagement gegliedert, deren Prüfungsinhalte von der Zentralstelle für die Weiterbildung im Handwerk e. V. (ZWH) in der „Information zur Umsetzung der Verordnung“ (November 2011) wie folgt umschrieben werden:

„Im Prüfungsteil **Unternehmensstrategie** geht es darum, dass die Prüfungsteilnehmer zeigen, dass sie volkswirtschaftliche und gesellschaftliche Rahmenbedingungen im Hinblick auf die eigene Unternehmensstrategie erfassen und bewerten können. Außerdem sollen die künftigen Betriebswirte/-innen befähigt sein, rechtliche Rahmenbedingungen für unternehmerisches Handeln und strategische Entscheidungen zu bewerten und zu berücksichtigen sowie eine geeignete Unternehmensstrategie zu entwickeln und zu planen.

Im Prüfungsteil **Unternehmensführung** soll die Unternehmensstrategie durch Maßnahmen der Unternehmensführung und -organisation sowie der Markt- und Kundenorientierung nachhaltig umgesetzt und durch die Gestaltung des Rechnungswesens die Finanzierung und Liquidität gesichert werden. Zudem soll die Wertschöpfung durch kontinuierliche Verbesserung der Geschäftsprozesse optimiert werden.

Die Prüfungsteilnehmer sollen im Prüfungsteil **Personalmanagement** nachweisen, dass sie mit Blick auf die Unternehmensstrategie eine nachhaltige und ethisch verantwortungsvolle Personalplanung und -gewinnungspolitik realisieren sowie Personalführung und -entwicklung entsprechend den individuellen und den Unternehmensinteressen motivierend gestalten können.

Eine komplexe betriebswirtschaftliche Problemstellung eines Unternehmens soll im Prüfungsteil **Innovationsmanagement** mit einem Lösungsentwurf (Projektarbeit) erarbeitet und präsentiert werden. Dabei sind Bezüge zur Unternehmensstrategie, die Auswirkungen auf die operative Unternehmensführung haben und einen Innovationsbedarf zur Umsetzung der Unternehmensstrategie beinhalten, darzustellen.

Damit wird deutlich, dass im Vergleich zur bisherigen Verordnung im bundesweiten Fortbildungsabschluss die **Ausrichtung auf strategisches Handeln** einen besonderen Stellenwert einnimmt, der in allen Prüfungsteilen zum Tragen kommt."

Auf diese neuen, verstärkt handlungsorientierten Anforderungen sind auch die Lehr- und Lernunterlagen auszurichten. Daher haben Herausgeber und Verlag die vorliegende Schriftenreihe „Kompetenzen zum Erfolg" konzipiert. Aufbau und Inhalt entsprechen den Vorgaben des Rahmenlehrplans und den oben dargestellten Prüfungsinhalten.

Die Lehr- und Lernbuchreihe **„Kompetenzen zum Erfolg"** besteht aus zehn inhaltlich abgestimmten Bänden entsprechend den vier Prüfungsteilen der neuen Verordnung:

Band 1: **Volkswirtschaft** - Rahmenbedingungen für eine Unternehmensstrategie

Band 2: **Unternehmensrecht** - Zivilrecht, Arbeits-, Steuer- und Handwerksrecht

Band 3: **Unternehmensstrategie** - Instrumente und Methoden zur Strategieentwicklung

Band 4: **Unternehmensführung und -organisation** - Betriebliche Abläufe erfolgreich gestalten

Band 5: **Unternehmensrechnung** - Finanzwirtschaft, Jahresabschluss, Kostenrechnung

Band 6: **Marketing und Kundenmanagement** - Strategien und Instrumente erfolgreicher Kundengewinnung und Kundenpflege

Band 7: **Wertschöpfung** - Instrumente, Methoden und Analysen zur Prozessoptimierung

Band 8: **Personalmanagement (Teil I)** - Personal planen und gewinnen

Band 9: **Personalmanagement (Teil II)** - Personal führen und entwickeln

Band 10: **Innovationsmanagement** - Betriebliche Probleme strategisch lösen

Bei der inhaltlichen Gestaltung der einzelnen Bände wurde auf eine handlungsorientierte Wissensvermittlung sehr großen Wert gelegt. Daher ist fast ausnahmslos jedem Kapitel eine Handlungssituation (Fallbeispiel) vorangestellt, deren Probleme vom Lernenden anhand der darauffolgenden Ausführungen im Selbststudium oder unter Anleitung eines/r Dozenten/Dozentin gelöst werden können. Auch im Text sind zahlreiche problemorientierte Handlungssituationen eingebaut, zu deren Lösung sich der/die Lernende das erforderliche Problemlösungswissen erwerben und seine/ihre (Fach-)Kompetenz einsetzen muss. Zur Überprüfung der erworbenen Kompetenz wird jedes Kapitel mit einer umfassenden Handlungssituation/Fallstudie abgeschlossen, wobei auch hier die unternehmensstrategischen Aspekte besonders berücksichtigt wurden.

Ergänzend zu den Lehr- und Lernbüchern der Schriftenreihe werden den Dozenten/ Dozentinnen in den Handwerksakademien zusätzlich fachspezifische Unterlagen zur handlungsorientierten Unterrichtsgestaltung, zur Vertiefung der Wissensvermittlung und zur Verwendung in der Managementpraxis zur Verfügung gestellt. Das erleichtert die buchbezogene Vorbereitung und Gestaltung des Unterrichts, ohne die individuelle Schwerpunktbildung bei der Wissensvermittlung einzuschränken.

Die vorliegende Lehr- und Lernschriftenreihe **„Kompetenzen zum Erfolg“** dient nicht nur einer bestmöglichen Vorbereitung auf die Prüfung „Geprüfter Betriebswirt/ Geprüfte Betriebswirtin nach der Handwerksordnung“. Sie ist auch ein sehr hilfreiches Handbuch und Nachschlagewerk für die täglichen Entscheidungssituationen in der Unternehmensführung - sei es als Unternehmer, Geschäftsführer oder als leitende Führungskraft in einem Handwerksunternehmen. Dabei sind die praxisbezogene Gestaltung der Abbildungen und Checklisten, Hervorhebungen und Marginalien sowie ein ausführliches Stichwortverzeichnis am Ende eines jeden Buches eine große Hilfe.

Bei der Arbeit mit der Lehrbuchreihe „Kompetenzen zum Erfolg“, bei der Vorbereitung auf die Prüfung und nicht zuletzt bei der Ablegung der Prüfung wünschen wir Ihnen viel Erfolg!

Die Herausgeber und
Holzmann Medien | Buchverlag

Vorwort der Autoren

Die Inhaber und Führungskräfte handwerklicher Betriebe sind ständig und in vielfältiger Weise gefordert, „ihren Mann bzw. ihre Frau zu stehen". Dies ist umso herausfordernder, als die durchschnittliche Betriebsgröße bei unter zehn Mitarbeitern liegt und meist keine Spezialisten zur Verfügung stehen. Hierbei darf den Inhabern und Führungskräften im Handwerksbetrieb auch die „Unternehmensrechnung" im Rahmen der „Unternehmensführung" kein „Buch mit sieben Siegeln" mehr sein. Daher hat das Bundesministerium für Bildung und Forschung in seiner Verordnung zum/r „Geprüften Betriebswirt/in nach der Handwerksordnung" den Kenntnissen der einzelnen Handlungsbereiche der „Unternehmensrechnung" große Bedeutung zugemessen.

Die drei Kompetenzvorgaben des Rahmenlehrplans sind

1. die Finanzwirtschaft,
2. der Jahresabschluss sowie
3. die Kostenrechnung.

In der „Finanzwirtschaft" werden vor allem den zahlreichen Alternativen der Finanzierungsquellen, den Finanzierungsgrundsätzen unter Beachtung unterschiedlicher Rechtsformen und der Liquidität große Bedeutung geschenkt. Dies ist besonders wichtig für Investitionsentscheidungen, weil dadurch die Weichen für die Zukunft des Unternehmens gestellt werden.

Der „Jahresabschluss" spiegelt ein wirtschaftliches Bild des Handwerksbetriebes gegenüber wichtigen externen Partnern wie Banken, Lieferanten, Kunden, Finanzamt und der Öffentlichkeit wider und gibt nach innen wertvolle Hinweise für operative und strategische Entscheidungen. Vor allem die Jahresabschlussanalyse gibt anhand konkreter Beispiele basierend auf Kennzahlen eine Vielzahl von Handlungsempfehlungen.

Die Lerninhalte des Bereiches „Kostenrechnung" sind so gestaltet, dass die Leser prüfungsrelevante Qualifikationen und Kompetenzen beherrschen können. Insbesondere gilt dies für die Kostenerfassung und -verteilung auf der Basis der Voll- und der Teilkostenrechnung. Als Steuerungsinstrumente dienen unterschiedliche Methoden des Kostenmanagements und vor allem Maßnahmen der Kostensenkung.

In den drei genannten Teilen sind in diesem Lehrbuch zahlreiche praktische Fallbeispiele („Handlungssituationen") eingebaut. Sie bilden die Brücke zwischen dem zu vermittelnden theoretischen Wissen und der betrieblichen Praxis. Auf diese Weise werden die Absolventinnen und Absolventen des anerkannten Fortbildungsabschlusses zum/r „Geprüften Betriebswirt/in nach der Handwerksordnung" befähigt, ihre vielfältigen Aufgaben im Unternehmen mit fachlichem Wissen sowie mit Methoden-, Führungs- und Sozialkompetenz wahrzunehmen.

Aufgrund der großen Nachfrage erfolgt nun eine zweite, aktualisierte Auflage.

Wir wünschen allen Leserinnen und Lesern dieses Buches bei der Lektüre einen hohen Erkenntnisgewinn. Möge dieser die Basis für den erfolgreichen Abschluss zum/r „Geprüften Betriebswirt/in nach der Handwerksordnung" werden. Konstruktive Hinweise werden gerne geprüft.

Im Frühjahr 2018
Franz Falk | Michael Götz | Werner Rössle

Vorwort der Herausgeber 5

Vorwort der Autoren 9

Inhaltsverzeichnis 11

Abkürzungsverzeichnis 18

Teil I: Jahresabschluss und Jahresabschlussanalyse 19
Verf.: Michael Götz

1. Grundlagen des Rechnungswesens 20
1.1 Das betriebliche Rechnungswesen 20
1.2 Buchführungspflicht 23
1.3 Buchungsverfahren 25
1.4 Grundsätze ordnungsmäßiger Buchführung (GoB) 26
1.5 Unternehmensgröße und deren Folgen 28

2. Der Jahresabschluss 31
2.1 Bestandteile des Jahresabschlusses 33
2.2 Die Bilanz 34
2.3 Die Inventur 37
2.4 Die Gewinn- und Verlustrechnung 39
2.5 Der Anhang 46
2.6 Der Lagebericht 47
2.7 Der Jahresabschluss: Bilanz und GuV 48

3. Bewertung 50
3.1 Grundsätze der Bewertung 50
3.1.1 Niederstwertprinzip 50
3.1.2 Grundsatz der Einzelbewertung 51
3.2 Anschaffungskosten 51
3.3 Herstellungskosten 53
3.4 Bilanzielle Abschreibungen 55
3.4.1 Planmäßige Abschreibungen 56
3.4.1.1 Lineare AfA 57
3.4.1.2 Degressive AfA 58
3.4.1.3 Degressiv-lineare AfA 59
3.4.1.4 Leistungsabschreibungen 60

3.4.2 Außerplanmäßige Abschreibungen 61
3.4.3 Geringwertige Wirtschaftsgüter 61
3.5 Bewertungsvereinfachungsverfahren 63
3.5.1 Sammelbewertung 63
3.5.2 Festbewertung 66

4. Auswertung des Jahresabschlusses 68
4.1 Schritte der Bilanzanalyse 68
4.1.1 Datenaufbereitung und Erstellen der Strukturdaten 68
4.1.2 Bilanzanalyse: Bildung von Kennzahlen 71
4.1.3 Bilanzkritik: Auswertung und Vergleich der Kennzahlen 72
4.1.4 Grenzen der Bilanzanalyse 72
4.2 Auswertung der Bilanz 73
4.2.1 Kennzahlen der Vermögensstruktur 74
4.2.1.1 Allgemeines zur Vermögensstruktur 74
4.2.1.2 Vermögenskennzahlen für den Betrieb 76
4.2.2 Kennzahlen der Kapitalstruktur 78
4.2.2.1 Allgemeines zur Kapitalstruktur 78
4.2.2.2 Kapitalkennzahlen für den Betrieb 80
4.2.3 Kennzahlen der Finanzstruktur 80
4.2.3.1 Allgemeines zur Finanzstruktur 80
4.2.3.2 Finanzstrukturkennzahlen für den Betrieb 82
4.2.4 Kennzahlen der Finanzlage 83
4.2.4.1 Allgemeines zur Finanzlage 83
4.2.4.2 Liquiditätskennzahlen für den Betrieb 84
4.3 Auswertung der GuV 85
4.3.1 Ergebnisstrukturanalyse 85
4.3.2 Aufwandstrukturkennzahlen 86
4.3.3 Umschlagskennzahlen 86
4.3.4 Cashflow-Analyse 89
4.4 Rentabilitätskennzahlen 91
4.4.1 Eigenkapitalrentabilität 93
4.4.2 Gesamtkapitalrentabilität 94
4.4.3 Umsatzrentabilität 95

Teil II: Finanzwirtschaft 97
Verf.: Franz Falk

1. Grundlagen der Finanzwirtschaft 97
1.1 Aufgabenstruktur der Finanzwirtschaft 98
1.2 Finanzwirtschaftliche Grundbegriffe 101
1.3 Finanzwirtschaftliche Zielsetzungen 102
1.3.1 Rentabilität 103
1.3.2 Sicherheit 104
1.3.3 Unabhängigkeit 104
1.3.4 Liquidität 105

2. Die Finanzplanung als Instrument zur Steuerung und Sicherung der Unternehmensliquidität 111
2.1 Der Kapitalbedarf als Ausgangspunkt 112
2.1.1 Ursachen und Einflussgrößen 112
2.1.2 Ermittlung des Kapitalbedarfs 112
2.2 Durchführung der Finanzplanung 114
2.2.1 Liquiditätsplanung 115
2.2.2 Planausgleich 117
2.2.3 Finanzkontrolle 118

3. Finanzierungsalternativen 119
3.1 Finanzierungsquellen 120
3.2 Außenfinanzierung durch Beteiligungskapital 121
3.2.1 Allgemeine Kriterien für die Wahl der Rechtsform 121
3.2.2 Rechtsform und Beteiligungskapital 127
3.3 Außenfinanzierung durch Fremdkapital 131
3.3.1 Die Kreditwürdigkeitsprüfung 132
3.3.2 Das Kreditrating 134
3.3.3 Die kurz- und mittelfristige Fremdfinanzierung 137
3.3.4 Die langfristige Fremdfinanzierung (Darlehensfinanzierung) 145
3.3.5 Die Kreditleihe 150
3.3.6 Exkurs: Mezzanin-Finanzierung (Mezzanin-Kapital) 152
3.4 Die Innenfinanzierung 155
3.4.1 Selbstfinanzierung 155
3.4.2 Finanzierung durch Abschreibungen 156
3.4.3 Finanzierung durch Rückstellungen 157
3.4.4 Umfinanzierung 157
3.5 Exkurs: Außenhandelsfinanzierung 158

4. Leasing und Factoring als Finanzierungshilfen 163

4.1 Leasing 163
4.2 Factoring 165

5. Finanzierungsregeln und -empfehlungen (Finanzierungsgrundsätze) 167

6. Investitionsplanung und Investitionsentscheidung 170

6.1 Definition und Einteilungskriterien 170
6.2 Investition und Risiko 171
6.3 Aufgaben der Investitionsrechnung 172
6.4 Verfahren der Investitionsrechnung 172
6.4.1 Die statischen Verfahren 173
6.4.2 Die dynamischen Verfahren 175
6.4.3 Beurteilung der Verfahren 178

Teil III: Kosten- und Leistungsrechnung (Werner Rössle) 181

Verf.: Werner Rössle

1. Die Kosten- und Leistungsrechnung (KLR) als Teil des betrieblichen Rechnungswesens 181

1.1 Aufgaben des betrieblichen Rechnungswesens 181
1.2 Begriffe der Kosten- und Leistungsrechnung 182
1.2.1 Übersicht 182
1.2.2 Abgrenzung der Begriffe Auszahlung, Ausgabe, Aufwand und Kosten 183
1.2.3 Abgrenzung der Begriffe Einzahlung, Einnahme, Ertrag und Leistung 185

2. Aufgaben, Prinzipien und Aufbau der Kosten- und Leistungsrechnung 190

2.1 Aufgaben der Kosten- und Leistungsrechnung für die Unternehmensführung 190
2.2 Prinzipien der Kosten- und Leistungsrechnung 191
2.3 Aufbau der Kosten- und Leistungsrechnung 192
2.3.1 Gliederung nach Objekten: Kostenarten-, Kostenstellen- und Kostenträgerrechnung 193
2.3.2 Gliederung nach dem Zeitbezug: Vor-, Nach-, Zwischen- und auftragsbegleitende Kalkulation 194
2.3.3 Gliederung nach dem Grad der Kostennormierung: Ist-, Normal- und Plankostenrechnung 195

2.3.4 Gliederung nach dem verrechneten Volumen der Kosten auf den Kostenträger: Voll- und Teilkostenrechnung 197
2.3.5 Gliederung nach der Zeitfolge 198
2.3.6 Gliederung nach der Prozessfolge: Prozesskostenrechnung 198

3. Kostenarten und Kostenartenrechnung 200

3.1 Aufgaben der Kostenartenrechnung 200
3.2 Einteilungsmöglichkeiten der Kostenarten 201
3.2.1 Einteilung der Kosten nach der Entstehung 201
3.2.2 Einteilung der Kosten nach der Verrechnung bzw. Zurechnung 205
3.2.3 Einteilung der Kosten nach der Abhängigkeit vom Beschäftigungsgrad 206

4. Kalkulatorische Kosten und ihre Bedeutung für unternehmerische Entscheidungen 211

4.1 Einteilung der Kosten nach der Ausgabenwirksamkeit 211
4.2 Kalkulatorische Kostenarten 212
4.2.1 Kalkulatorische Abschreibungen 212
4.2.2 Kalkulatorische Zinsen 212
4.2.3 Kalkulatorische Wagnisse (Kalkulatorische Risiken) 215
4.2.4 Kalkulatorischer Unternehmerlohn 216
4.2.5 Kalkulatorische Raumkosten (Miete) 216

5. Kostenstellenrechnung durch Kostenerfassung und -verrechnung im Betriebsabrechnungsbogen (BAB) 218

5.1 Die Aufgaben der Kostenstellenrechnung 219
5.2 Die Bildung von Kostenstellen 219
5.3 Die Zurechnung von Gemeinkosten auf Kostenstellen im Betriebsabrechnungsbogen (BAB) 220
5.4 Die Ermittlung von Gemeinkostenzuschlagssätzen 224

6. Die Kostenträgerrechnung auf der Basis von Vollkosten 228

6.1 Ziele und Bereiche der Kostenträgerrechnung 228
6.2 Die Kostenträgerstückrechnung 230
6.2.1 Aufgaben 230
6.2.2 Kalkulationsarten 230
6.2.3 Divisionskalkulation 231
6.2.4 Äquivalenzziffernkalkulation 232
6.2.5 Zuschlagskalkulation 232

7. Die Maschinenstundensatzrechnung 236

7.1 Gründe für die Maschinenstundensatzrechnung 236
7.2 Grundlagen der Maschinenstundensatzrechnung 237
7.3 Die Ermittlung der maschinenabhängigen Kosten 238
7.4 Die Errechnung des Maschinenstundensatzes 240

8. Von der differenzierenden (differenzierten) Zuschlagskalkulation zum Stundenverrechnungssatz 243

8.1 Grundlagen 244
8.2 Ermittlung des Stundenverrechnungssatzes 244

9. Die Kostenträgerzeitrechnung 248

9.1 Aufgaben der Kostenträgerzeitrechnung 248
9.2 Die Kostenträgerzeitrechnung als Ergebnisrechnung 249

10. Die Kostenrechnung auf der Basis von Teilkosten oder: Von der Voll- zur Teilkostenrechnung 253

10.1 Kostenrechnungssysteme 254
10.2 Kostenrechnungssysteme auf der Basis von Vollkosten (Vollkostenrechnung) 254
10.3 Kostenrechnungssysteme auf der Basis von Teilkosten (Teilkostenrechnung) 258
10.3.1 Der Vergleich von Voll- und Teilkosten 258
10.3.2 Grundüberlegungen zur Teilkostenrechnung 258
10.3.3 Die Auflösung in fixe und variable Kosten (Kostenauflösung) 259
10.3.4 Arten (Systeme) der Teilkostenrechnung 260
10.3.4.1 Einstufige Deckungsbeitragsrechnung 261
10.3.4.2 Mehrstufige Deckungsbeitragsrechnung (Fixkostendeckungsrechnung) 268
10.3.5 Möglichkeiten zur Ermittlung von Preisuntergrenzen 269
10.3.6 Deckungsbeitrag und Engpass 270

11. Vergleich zwischen Voll- und Teilkostenrechnung 273

11.1 Beurteilung der Vollkostenrechnung 273
11.2 Beurteilung der Teilkostenrechnung 274
11.3 Anwendungsmöglichkeiten der Teilkostenrechnung 275
11.4 Vor- und Nachteile der Teilkostenrechnung 275

12. Kostenmanagement 277
12.1 Kostenplanung 278
12.2 Soll-Ist-Vergleiche 278
12.3 Kostensenkung und Kostenkontrolle 279
12.4 Ansätze zur Kostensenkung 280

Literaturhinweise zu Teil III 283

Die Autoren 285

Stichwortverzeichnis 287

Abkürzungsverzeichnis

AfA	Absetzung für Abnutzung
AHK	Anschaffungs- und Herstellungskosten
AO	Abgabenordnung
AV	Anlagevermögen
aRAP	aktiver Rechnungsabgrenzungsposten
BAB	Betriebsabrechnungsbogen
BilMoG	Bilanzrechtsmodernisierungsgesetz
BilRUG	Bilanzrichtlinienumsetzungsgesetz
CF	Cashflow
EK	Eigenkapital
EStG	Einkommensteuergesetz
FiBu	Finanzbuchhaltung
FiFo	First-in-First-out
FK	Fremdkapital
GK	Gesamtkapital
GKV	Gesamtkostenverfahren
GoB	Grundsätze ordnungsmäßiger Buchführung
GuV	Gewinn- und Verlustrechnung
GWG	Geringwertiges Wirtschaftsgut
HB	Handelsbilanz
HGB	Handelsgesetzbuch
HiFo	Highest-in-First-out
KAGB	Kapitalanlagengesetzbuch
KLR	Kosten- und Leistungsrechnung
LiFo	Last-in-First-out
LoFo	Lowest-in-First-out
pRAP	passiver Rechnungsabgrenzungsposten
RAP	Rechnungsabgrenzungsposten
RHB	Roh-, Hilfs- und Betriebsstoffe
StB	Steuerbilanz
UBGG	Gesetz über Unternehmensbeteiligungsgesellschaften
UKV	Umsatzkostenverfahren
UV	Umlaufvermögen
VG	Vermögensgegenstand

Teil I: Jahresabschluss und Jahresabschlussanalyse

Verf.: Michael Götz

1. Grundlagen des Rechnungswesens

Handlungssituation

Handlungssituation (Fallbeispiel)

Sie sind in einem größeren Holzbaubetrieb beschäftigt. Dieser Betrieb ist ein alteingesessener, gutgehender Holzbaubetrieb, der vor 32 Jahren als handwerklicher Einzelbetrieb gegründet worden ist und noch immer in dieser Rechtsform geführt wird. Der Betriebsinhaber, selber Schreinermeister, leitet den Betrieb nach wie vor. Der Holzbaubetrieb hat seine Angebotsschwerpunkte in den Bereichen Zimmerei sowie Fassadenerneuerung und Wärmedämmung. In diesem Handwerksbetrieb sind Sie als Zimmerermeister schwerpunktmäßig für die Betriebsleitung verantwortlich. Neben Ihnen sind noch 4 weitere Meister, 35 Facharbeiter sowie 6 Gesellen beschäftigt. Darüber hinaus arbeiten im Büro 2 Kräfte für die Auftragsabwicklung und das Bestellwesen, davon eine nur halbtags. Die kaufmännischen Themen wie Rechnungsstellung, Überwachung der Zahlungseingänge, Mahnwesen sowie die gesamte Buchhaltung wird von einer angestellten Bilanzbuchhalterin erledigt. Sie wird durch einen externen Steuerberater bei der Erstellung des Jahresabschlusses und in der Kommunikation gegenüber dem Finanzamt unterstützt.

Die wirtschaftliche Lage ist insgesamt gut. Der Betrieb war in der Lage, seinen Umsatz im letzten Geschäftsjahr nachhaltig zu steigern. Dies macht sich auch in einer leichten Steigerung des Gewinns bemerkbar. Der Betriebsinhaber und Sie gehen davon aus, dass diese positive Entwicklung weiter anhält.

Der Betriebsinhaber ist schon älter. Um ihn zu entlasten, hat er Ihnen immer mehr Aufgaben auch aus der Unternehmensleitung übergeben mit der Absicht, dass Sie, wenn Sie in die verschiedenen kaufmännischen und rechtlichen Themen eingearbeitet sind, ihn sukzessive ersetzen können. Langfristiges Ziel ist es, dass Sie die Gesamtleitung des Betriebs übernehmen.

Nachdem der Betriebsinhaber Sie im letzten Jahr in den Personalbereich eingeführt hatte, hat er im Zielvereinbarungsgespräch für das aktuelle Jahr mit Ihnen festgelegt, dass Sie in die Bereiche Buchhaltung, Jahresabschluss und Jahresabschlussanalyse Schritt für Schritt eingearbeitet werden. Dazu begleiten Sie die Leiterin der Buchhaltung bei allen wesentlichen Aktivitäten.

Der erste Schritt besteht nun darin, dass Sie die Routinen der Finanzbuchhaltung kennenlernen. Dazu werden Sie für die nächsten Wochen alle Tätigkeiten der Buchhaltung begleiten, damit Sie die Führungsthemen im Rahmen der Buchführung des Betriebes kennen und die kaufmännischen Zusammenhänge verstehen.

1.1 Das betriebliche Rechnungswesen

Grundlage für jede Form von Auswertung, Analyse und Vergleichsrechnung - und damit auch für die Jahresabschlussanalyse - stellt das betriebliche Rechnungswesen dar. Unter dem **betrieblichen Rechnungswesen** werden alle Verfahren verstanden, deren Aufgabe es ist, alle im Unternehmen und zwischen der Umwelt (z. B. Kunden, Lieferanten) auftretenden (Geschäfts-)Vorfälle und Tatbestände mengenmäßig (Leistungsströme) und wertmäßig (Geldströme) zu erfassen, zu dokumentieren und zu überwachen. Auch werden alle Verfahren zur Aufbereitung und Analyse dieser Daten zum betrieblichen Rechnungswesen gerechnet.

Funktionen des Rechnungswesens

Das betriebliche Rechnungswesen mit seinen Teilbereichen erfüllt verschiedene Funktionen:

- **Dokumentationsfunktion:** Alle buchungsrelevanten Geschäftsvorfälle werden systematisch erfasst. Die Aufzeichnung der Geschäftsvorfälle nach Art und Zeitpunkt ihres Entstehens dient als Nachweis für eine in erster Linie externe Rechenschaftslegung.
- **Informationsfunktion:** Außenstehenden soll ein Einblick in die wirtschaftliche Situation des Unternehmens geben werden. Internen Entscheidern soll das betriebliche Rechnungswesen wichtige Informationen sowie Kennzahlen als Basis für unternehmerische Entscheidungen liefern.
- **Kontrollfunktion:** Der Vergleich zwischen Soll- und Ist-Daten ermöglicht im Falle von Abweichungen eine Analyse sowie das Ergreifung von unternehmerischen Maßnahmen, vor allem, um die Wirtschaftlichkeit zu verbessern.
- **Dispositionsfunktion:** Das erhobene Zahlenmaterial wird als Grundlage für die unternehmerischen Planungen und Entscheidungen zur Verfügung gestellt.

Externes Rechnungswesen

Das Rechnungswesen wird in externes und internes Rechnungswesen unterteilt. Das **externe Rechnungswesen** wird vor allem im Handelsrecht und Steuerrecht geregelt und umfasst die Finanzbuchhaltung. Die **Finanzbuchhaltung** (auch Geschäftsbuchhaltung genannt) dient dazu, Unternehmensexternen unter Einhaltung der handels- und steuerrechtlichen Vorschriften ein realistisches Abbild der Vermögens-, Finanz- und Ertragslage des Unternehmens zu vermitteln. Dabei werden die Geschäftsvorfälle der Vergangenheit im Rahmen der gesamten Unternehmenstätigkeit dokumentiert, zur Rechenschaftslegung strukturiert und in der Bilanz sowie der Gewinn- und Verlustrechnung (GuV) zusammengefasst. Die Finanzbuchhaltung erfüllt so in erster Linie die Dokumentationsfunktion. Weitere Spezialrechnungen wie z. B. Bewegungsbilanz, Kapitalflussrechnung oder Eigenkapitalspiegel können aus der Finanzbuchhaltung abgeleitet werden.

Für die Finanzbuchhaltung geben gesetzliche Regeln vor,

- wer sie zu erstellen hat (Buchführungspflicht),
- wie sie zu erstellen ist (Grundsätze ordnungsmäßiger Buchführung und Buchungsverfahren) und
- wer die Ergebnisse - mindestens - erhält (Adressaten).

Zu den Adressaten der Ergebnisse der Finanzbuchhaltung gehören u. a. die Finanzbehörden, Kapitalgeber (Eigentümer und Geschäftsbanken), Arbeitnehmer und Gewerkschaften, Kunden und Lieferanten sowie die Öffentlichkeit (v. a. bei Kapitalgesellschaften). Dabei haben die verschiedenen Adressaten unterschiedliche Informationsbedürfnisse, die sich auch in den unterschiedlichen Bewertungen und Interpretationen widerspiegeln.

Adressaten	Informationsbedürfnis
Finanzbehörde	Ermittlung des gesetzeskonformen und periodengerechten Gewinns als Grundlage für die erfolgsabhängige Besteuerung. Ziel: Steueraufkommen
Anteilseigner und Aktionäre	Ermittlung des ausschüttbaren Gewinns, Darstellung der zukünftigen Ertragssituation. Ziel: möglichst hohe Ausschüttung
Geschäftsbanken	Finanzielle und wirtschaftliche Lage des Unternehmens, Fähigkeit des Unternehmens, seinen Tilgungs- und Zinsverpflichtungen nachkommen zu können. Ziel: möglichst niedrige Ausschüttung, Substanzerhaltung
Kunden und Lieferanten	Wirtschaftliche und finanzielle Lage und Entwicklung. Ziel: Stabilität der Geschäftsbeziehung
Arbeitnehmer und Gewerkschaften	Sicherheit der Arbeitsplätze und des Einkommens. Ziel: Beschäftigungssicherung

Adressaten und Informationsbedürfnisse

Internes Rechnungswesen

Im Gegensatz zum externen Rechnungswesen gibt es beim **internen Rechnungswesen** keine gesetzlichen Regelungen für die Erstellung. Beim internen Rechnungswesen stehen die Informationen für Entscheidungs-, Planungs- und Kontrollprozesse im Vordergrund. Die Unternehmenssteuerung orientiert sich an der internen, betriebsorientierten Darstellung und Bewertung der Geschäftsvorfälle, bei der nur der Teil des Leistungsprozesses berücksichtigt wird, der mit dem eigentlichen Betriebszweck im Zusammenhang steht. Zum internen Rechnungswesen zählen vor allem die Kosten- und Leistungsrechnung, aber auch Planungsrechnungen und Statistiken.

Das Ziel der **Kosten- und Leistungsrechnung** (auch Betriebsbuchhaltung genannt) ist die Ermittlung der Selbstkosten der hergestellten Produkte und Dienstleistungen. Fokus der Kostenrechnung ist dabei die innerbetriebliche Leistungserstellung. Sie orientiert sich am leistungsbezogenen Verbrauch von Gütern und Dienstleistungen. Ziel ist die Kontrolle der Unternehmensprozesse im Hinblick auf die Wirtschaftlichkeit sowie die Planung, Überwachung und Steuerung der betrieblichen Prozesse.

Bei den **Planungsrechnungen** handelt es sich um Vorschaurechnungen. Sie stellen Soll-Zahlen für die zukünftige betriebliche Entwicklung für verschiedene Planungsbereiche auf.

Die **Statistiken** sind Vergleichsrechnungen, in denen wiederkehrende Vorgänge miteinander verglichen werden. Sie erstellen vor allem Auswertungen von Zahlen aus der Buchführung und der Kosten- und Leistungsrechnung.

externes Rechnungswesen	internes Rechnungswesen	
Finanzbuchhaltung	**Kosten- und Leistungsrechnung**	**Statistik**
• die lückenlose, zeitlich und sachlich richtige Erfassung aller Geschäftsvorfälle, die zu einer Veränderung von Vermögen und Kapital führen • ist eine Zeitrechnung • Ergebnis am Periodenende: - Bilanz - Gewinn- und Verlustrechnung	• die Erfassung, Verteilung und Zurechnung der Kosten für die betriebliche Leistungserstellung und -verwertung • Es werden der leistungsbezogene Erfolg pro Stück (= Kostenträgerstückrechnung) und pro Zeitraum (= Kostenträgerzeitrechnung) ermittelt. • Kostenartenrechnung Kostenstellenrechnung (Betriebsabrechnungsbogen) Kostenträgerrechnung	Einzelerscheinungen werden gesammelt, analysiert und (u. a. grafisch) dargestellt. Der Vergleich erfolgt als: - Zeitvergleich - Soll-Ist-Vergleich - Betriebsvergleich - Verfahrensvergleich - ... **Planungsrechnung** Finanzplan Investitionsplan Fertigungsplan Beschaffungsplan ...

Externes und internes Rechnungswesen

1.2 Buchführungspflicht

Die Buchführungspflicht ist gesetzlich hauptsächlich im Handelsgesetzbuch (HGB), im Einkommensteuergesetz (EStG) und in der Abgabenordnung (AO) geregelt. Darüber hinaus gibt es eine Vielzahl an Spezialgesetzen, abhängig von Branche und Rechtsform des Unternehmens.

Buchführungspflicht

Die **handelsrechtliche Buchführungspflicht** knüpft an die Kaufmannseigenschaft an. Nach § 238 Abs. 1 HGB ist jeder Kaufmann verpflichtet, Bücher zu führen und die Lage seines Vermögens nach den Grundsätzen ordnungsmäßiger Buchführung ersichtlich zu machen. Kaufmann ist, wer ein Handelsgewerbe betreibt (§§ 1 - 6 HGB).

Die **steuerliche Buchführungspflicht** ist in der Abgabenordnung zu finden. Dabei unterscheidet die Abgabenordnung zwei Arten von Buchführungspflicht:

- Nach § 140 AO wird die handelsrechtliche Vorschrift zur Buchführungspflicht übernommen. Demnach sind alle, die nach handelsrechtlichen Vorschriften buchführungspflichtig sind, dies auch nach dem Steuerrecht **(abgeleitete Buchführungspflicht)**.
- § 141 Abs. 1 AO legt darüber hinaus fest, dass unabhängig von der Kaufmannseigenschaft auch dann Buchführungspflicht besteht, wenn folgende monetäre Größen überschritten sind (**originäre Buchführungspflicht**): An zwei aufeinanderfolgenden Geschäftsjahren beträgt der Umsatz mindestens 600.000,- € bzw. der Gewinn aus Gewerbebetrieb mindestens 60.000,- € (Stand 1.3.2018).

Das 2009 verabschiedete Bilanzmodernisierungsgesetz (BilMoG) hat insgesamt 34 verschiedene Gesetze und Verordnungen angepasst. Eine wichtige Zielsetzung war u. a. die Vereinheitlichung bzw. Angleichung von Handelsrecht und Steuerrecht. Diese Vereinfachungen und Entlastungen wurden mit dem Bilanzrichtlinien-Umsetzungsgesetz (BilRUG), das seit Juli 2015 in Kraft ist, weitergeführt. Bei der Buchführungspflicht wurde dazu in § 241a HGB die Befreiung von der Buchführungspflicht analog zu § 141 Abs. 1 AO ermöglicht. Kaufleute sind nun handelsrechtlich von der Buchführungspflicht befreit, wenn in zwei aufeinanderfolgenden Geschäftsjahren der Umsatz 600.000,- € bzw. der Jahresüberschuss 60.000,- € nicht übersteigt.

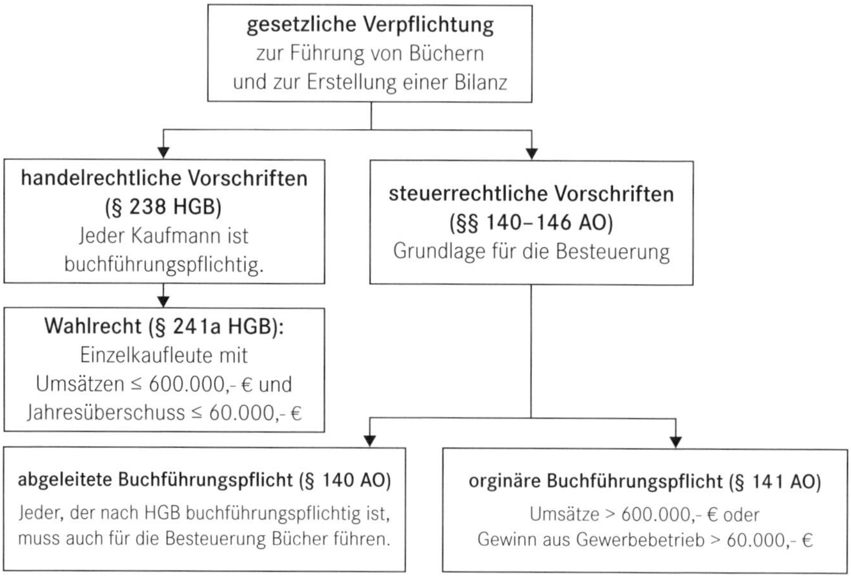

Buchführungspflicht (Stand 1.3.2018)

1.3 Buchungsverfahren

Das Handelsgesetz schreibt keine konkrete Buchführungsmethode vor. Vielmehr muss die Buchführung „so beschaffen sein, dass sie einem sachverständigen Dritten innerhalb angemessener Zeit einen Überblick über die Geschäftsvorfälle und über die Lage des Unternehmens vermitteln kann“ (§ 238 Abs. 1 HGB). Diese gesetzliche Anforderung wird nach herrschender Meinung nur von der doppelten Buchführung erfüllt.

Bereits im 15. Jahrhundert haben die Kaufleute in den italienischen Handelsstädten Genua und Venedig die heute noch verwendete Systematik der doppelten Buchführung für die Darstellung ihrer Geschäftsvorfälle entwickelt. Nördlich der Alpen hat zuerst die Handelsfamilie der Fugger diese übernommen und zwischen 1511 und 1579 jährliche Bilanzen erstellt. Die ersten Jahresabschlüsse dienten ihnen dabei zur Selbstinformation.

Doppelte Buchführung

Die **doppelte Buchführung** ermittelt den Erfolg (Gewinn oder Verlust) des Unternehmens sowohl in der Bilanz wie auch in der Gewinn- und Erfolgsrechnung. Da in Bilanz und GuV rechnerisch der Erfolg gleich sein muss, ist die Richtigkeit der Buchungen der Geschäftsvorfälle somit überprüfbar. Jeder buchungsfähige Geschäftsvorfall wird durch zwei wertgleiche Buchungen abgebildet, einer Soll- und einer Haben-Buchung.

Einfache Buchführung

Ist der Betrieb nicht buchführungspflichtig, kann er den Erfolg mit der **einfachen Buchführung** (der sog. Einnahmenüberschussrechnung) ermitteln. Die Gewinnermittlung erfolgt durch Gegenüberstellung der Betriebseinnahmen und Betriebsausgaben. Bestandsveränderungen bleiben unberücksichtigt. Damit ist jedoch keine periodengerechte Gewinnermittlung möglich.

Kameralistik

Bund, Länder und Kommunen sowie Körperschaften des öffentlichen Rechts (z. B. Handwerkskammern) verwenden die **Kameralistik**, die als Buchführungssystematik für die öffentliche Verwaltung entwickelt worden ist. In dieser werden nur die Einnahmen und Ausgaben abgebildet, ein Werteverzehr wird dort genauso wenig erfasst wie die Bestände. Ziel der Kameralistik ist die Überwachung des Postulats, dass der Staat nur so viel ausgeben kann, wie er auch einnimmt (Ideal des ausgeglichenen Haushalts).

Buchführungssysteme

doppelte Buchführung	einfache Buchführung	Kameralistik
Umfasst die systematische Erfassung aller Aufwendungen und Erträge sowie die Darstellung der Bestände. Es handelt sich um eine geschlossene Darstellung der Vermögens- und Ertragslage des Unternehmens. Die Ermittlung des Gewinns erfolgt doppelt: - in der Bilanz (Wo befindet sich der Gewinn?), - in der GuV (Wie kommt er zustande?).	Verbuchung der Betriebseinnahmen und Betriebsausgaben Nachteile: - Periodengerechte Gewinnermittlung ist nicht möglich. - Es fehlt eine Vermögensübersicht. - Bestandveränderungen werden nicht berücksichtigt. - Spätere Umstellung auf die doppelte Buchführung (z. B. wegen der AO-Grenzen) kann teuer werden.	für Behörden und Verwaltung Einnahmen- und Ausgabenrechnung Trennung von Einnahmen/Ausgaben (Soll-Stellung) und Zahlungsvorgängen (Ist)

Buchführungssysteme

1.4 Grundsätze ordnungsmäßiger Buchführung (GoB)

Nach § 238 Abs. 1 HGB ist jeder Kaufmann verpflichtet, „Bücher zu führen und in diesen seine Handelsgeschäfte und die Lage seines Vermögens nach den Grundsätzen ordnungsmäßiger Buchführung ersichtlich zu machen“. Der Begriff „Grundsätze ordnungsmäßiger Buchführung“ wird zwar im Handelsgesetz verwendet, dort aber nicht unmittelbar definiert. Es handelt sich um einen sogenannten unbestimmten Rechtsbegriff, dessen Konkretisierung durch Rechtsprechung, Vertreter der Betriebswirtschaftslehre und fachkundige Praktiker erfolgt. Ein wesentlicher Vorteil dieses unbestimmten Rechtsbegriffs ist die Möglichkeit der Anpassung und Verfeinerungen der Methoden des betrieblichen Rechnungswesens an Veränderungen der Umwelt (z. B. Einsatz IT-gestützter Buchhaltungsprogramme).

Grundsätze ordnungsmäßiger Buchführung (GoB)

Im Laufe der Zeit haben sich folgende Grundsätze ordnungsmäßiger Buchführung herausgebildet:

- **Richtigkeit und Willkürfreiheit**
  Die einzelnen Buchungen müssen mit realen Sachverhalten übereinstimmen und den Geschäftsvorfällen entsprechend bezeichnet werden. Die Werte müssen unter Berücksichtigung der Grundsätze ordnungsmäßiger Bilanzierung korrekt ermittelt werden. Werden Schätzwerten verwendet (z. B. für den Ausweis von Pensionsrückstellungen), müssen diese innerhalb objektiv bestimmbarer sachbezogener Grenzen ermittelt werden.

- **Klarheit (Qualität der äußeren Gestaltung)**
  Dieser Grundsatz regelt die Form der Aufzeichnung der Geschäftsvorfälle sowie die Darstellung der Bilanz und der GuV. Geschäftsvorfälle, Bilanzpositionen und Erfolgsbestandteile müssen eindeutig bezeichnet und so geordnet sein, dass sie verständlich und übersichtlich sind. Daraus werden zwei wichtige Prinzipien abgeleitet:
  - **Einzelbewertung:** Vermögensgegenstände und Schulden müssen im Rahmen der Erstellung der Bilanz einzeln erfasst und einzeln bewertet werden.
  - **Saldierungsverbot:** Grundsätzlich dürfen Aktiv- und Passivposten sowie Aufwände und Erträge nicht miteinander verrechnet werden.
- **Vollständigkeit**
  Alle Wertänderungen stellen buchungspflichtige Geschäftsvorfälle dar, die erfasst werden müssen. Aus dem Grundsatz der Vollständigkeit leitet sich die Pflicht zur Durchführung einer **Inventur** und zur Aufstellung des **Inventars** ab (§ 240 HGB). Darüber hinaus müssen auch mögliche Risiken erfasst werden, soweit sie heute hinreichend bekannt sind. Dies erfolgt in Form von Bildung von Rückstellungen. Außerdem leitet sich aus diesem Grundsatz die Forderung ab, dass die Schlussbilanz des alten Jahres und die Anfangsbilanz des neuen Jahres identisch sein müssen.
- **Abgrenzungsgrundsätze**
  Ziel der Abgrenzungsgrundsätze ist eine periodengerechte Ermittlung des Gewinns. Neben einer Abgrenzung unter zeitlichen Aspekten erfolgt auch eine sachliche Abgrenzung.

  Eine **zeitliche Abgrenzung** (§ 250 HGB) erfolgt dann, wenn Einnahmen und Ertrag bzw. Ausgaben und Aufwendungen nicht im selben Geschäftsjahr liegen. Voraussetzung dafür ist, dass es sich um GuV-relevante Geschäftsvorfälle mit einem strengen Zeitraumbezug handelt, z. B. Mieteinnahmen und -ausgaben, Zinseinnahmen und -ausgaben oder Versicherungen. Die Aufwendungen bzw. Erlöse sind entsprechend zeitanteilig zu periodisieren. Dazu werden in der Bilanz **Rechnungsabgrenzungsposten** (RAP) gebildet. Der aktive Rechnungsabgrenzungsposten (aRAP) beinhaltet Ausgaben des Berichtsjahres, die im Folgejahr zu Aufwand werden, der passive Rechnungsabgrenzungsposten (pRAP) beinhaltet Einnahmen des Berichtsjahres, die im Folgejahr zu Erlösen werden.

  Bei der **sachlichen Abgrenzung** wird die Frage geklärt, wann Erlöse und Aufwendungen einer Periode zugerechnet werden können. Erlöse können in einer Periode erst dann GuV-wirksam gebucht werden, wenn die Lieferung erfolgte bzw. die Dienstleistung erbracht und die Rechnung gestellt worden ist **(Realisationsprinzip)**. Im Gegensatz dazu müssen Aufwendungen bereits GuV-wirksam so früh wie möglich erfasst werden, also bereits dann, wenn sie mit ausreichender Sicherheit bekannt sind, auch wenn sie noch nicht eingetreten sind **(Imparitätsprinzip)**.

- **Grundsatz der Stetigkeit**
  Ziel des Grundsatzes der Stetigkeit ist es, dass die Jahresabschlüsse über die Zeit hinweg vergleichbar sind. Zum einen sollen die Gliederungsbegriffe und Gliederungsschemata **(formelle Bilanzkontinuität)**, zum anderen die Verfahren und Bewertungen der Mengen und Werte der einzelnen Posten über die Zeit hinweg gleich sein **(materielle Bilanzkontinuität)**.
- **Grundsatz der Vorsicht**
  Der im HGB verankerte Gläubigerschutzgedanke prägt sehr stark die Regeln für Ansatz und Bewertung der Bilanzpositionen: Danach rechnet sich der vorsichtige Kaufmann eher schlechter, als er ist. Durch die daraus resultierende vorsichtige Gewinnermittlung wird die Haftungssubstanz des Unternehmens eher gestärkt.
- **Grundsatz der Unternehmensfortführung**
  Dieser Grundsatz (§ 252 Abs. 1 HGB) ist vor allem für die Bewertung von Vermögen und Kapital ausschlaggebend, da davon ausgegangen wird, dass das Unternehmen und die Unternehmensführung auf Dauer angelegt sind.

1.5 Unternehmensgröße und deren Folgen

Größenklassen

Die Pflichten zur Aufstellung, Prüfung und Offenlegung des Jahresabschlusses werden an die Merkmale Bilanzsumme, Umsatzerlöse und durchschnittliche Mitarbeiterzahl geknüpft. Dabei wird zwischen kleinen, mittelgroßen und großen Kapitalgesellschaften unterschieden. Die Größenklassen werden in § 267 HGB definiert.

	Bilanzsumme	Umsatzerlöse	Arbeitnehmerzahl (Jahresdurchschnitt)
kleine Kapitalgesellschaften	bis 6 Mio. €	bis 12 Mio. €	bis 50
mittelgroße Kapitalgesellschaften	6 Mio. € bis 20 Mio. €	12 Mio. € bis 40 Mio. €	51 bis 250
große Kapitalgesellschaften	über 20 Mio. €	über 40 Mio. €	über 250

Größenklassen (Stand 23.07.2015 BilRUG)

Für die Zuordnung zu einer Größenklasse müssen mindestens 2 der 3 Kriterien auf zwei aufeinanderfolgenden Abschlussstichtagen erfüllt sein (§ 267 Abs. 4 HGB). Sie gelten dann aber schon für den Bilanzstichtag bzw. das Jahr des 2. Geschäftsjahres und nicht erst für das Folgejahr. Kapitalmarktorientierte Kapitalgesellschaften zählen automatisch immer zu den großen Kapitalgesellschaften.

Die Folgen für die Aufstellung, Prüfung und Offenlegung in Abhängigkeit der Größenzuordnung sind in der nachfolgenden Tabelle dargestellt:

Kleine Kapitalgesellschaft	**Mittlere Kapitalgesellschaft**	**Große Kapitalgesellschaft**
• verkürzte Bilanz • verkürzte GuV • verkürzter Anhang • kein Anlagengitter • kein Lagebericht	• vollständige Bilanz • vollständige GuV • ausführlicher Anhang • Anlagengitter • Lagebericht	• vollständige Bilanz • vollständige GuV • ausführlicher Anhang • Anlagengitter • Lagebericht
Aufstellung innerhalb von 6 Monaten und Veröffentlichung innerhalb von 12 Monaten nach Geschäftsjahresende	Aufstellung innerhalb von 3 Monaten und Veröffentlichung innerhalb von 12 Monaten nach Geschäftsjahresende	Aufstellung innerhalb von 3 Monaten und Veröffentlichung innerhalb von 12 Monaten nach Geschäftsjahresende
keine Prüfung durch einen Abschlussprüfer	Prüfung des Jahresabschlusses durch einen Abschlussprüfer oder vereidigten Buchprüfer	Prüfung des Jahresabschlusses durch einen Abschlussprüfer
Einreichung von Bilanz und Anhang beim Betreiber des elektronischen Bundesanzeigers	Einreichung von Bilanz, GuV, Anhang und Lagebericht beim Betreiber des elektronischen Bundesanzeigers	Einreichung von Bilanz, GuV, Anhang und Lagebericht beim Betreiber des elektronischen Bundesanzeigers

Aufstellung, Prüfung und Offenlegung in Abhängigkeit der Größenzuordnung

Kleinstkapitalgesellschaft im HGB

Neben diesen drei Größenordnungen wurde die **Kleinstkapitalgesellschaft** im HGB zusätzlich definiert (§ 267a HGB), mit folgenden Grenzen:

- Bilanzsumme bis 350.000,- €,
- Umsatzerlöse bis 700.000,- €,
- Zahl der durchschnittlich beschäftigten Mitarbeiter bis 10 Mitarbeiter.

Für die Kleinstkapitalgesellschaft gelten unterschiedliche Vereinfachungen, die in den jeweiligen Paragraphen des HGBs beschrieben werden, so z. B. bei der Gliederungstiefe von Bilanz und GuV (siehe Abschnitte 2.3 und 2.4). Nicht zu den Kleinstkapitalgesellschaften zählen folgende Unternehmen (§ 267a Abs. 3 HGB):

- Investmentgesellschaften i. S. d. § 1 Abs. 11 KAGB,
- Unternehmensbeteiligungsgesellschaften i. S. d. § 1a Abs. 1 UBGG,
- Unternehmen, deren einziger Zweck darin besteht, Beteiligungen an anderen Unternehmen zu erwerben und zu halten.

Fragen zur Kompetenzüberprüfung

1. Wie ist das betriebliche Rechnungswesen strukturiert? In welche Teilbereiche kann es eingeteilt werden?
2. Welche Funktionen erfüllt das betriebliche Rechnungswesen?
3. Wer kann das betriebliche Rechnungswesen als Informationsquelle nutzen?
4. Wer ist buchführungspflichtig? Welche Arten von Buchführungspflicht gibt es?
5. Welche grundsätzlichen Möglichkeiten gibt es, Geschäftsvorfälle abzubilden (Buchungsverfahren)?
6. Nach welchen generellen Regelungen und Grundsätzen bzw. Anforderungen wird gebucht?
7. Erläutern Sie, was man unter dem Grundsatz der Abgrenzung versteht.
8. Welche Auswirkungen haben unterschiedliche Unternehmensgrößen auf die Rechnungslegung?
9. Was versteht man unter einer Kleinstkapitalgesellschaft?

2. Der Jahresabschluss

Handlungssituation

Handlungssituation (Fallbeispiel)

Sie haben die verschiedenen Bereiche der Buchhaltung kennengelernt. Sie haben gesehen, wie die verschiedenen Geschäftsvorfälle verbucht werden. Sie haben sich damit auseinandergesetzt, welche grundsätzlichen Regeln und Konzepte die Buchhaltung steuern.

Zum Jahresende ziehen Sie für die Jahresabschlusstätigkeiten sowie für die Aufstellung des Jahresabschlusses einen Steuerberater hinzu. Zusammen mit der Leiterin der Finanzbuchhaltung und dem Steuerberater werden Sie den Jahresabschluss für den Betrieb zum ersten Mal erstellen. Vorbereitend dazu setzen Sie sich mit dem Steuerberater zusammen, um die grundlegenden Begriffe und Konzepte im Rahmen der Erstellung des Jahresabschlusses durchzusprechen.

Basierend auf diesen Erläuterungen nehmen Sie für die konkrete Erstellung der Bilanz und der GuV die Saldenabschlüsse der Buchhaltung. Sie erhalten aus der Buchhaltung die folgenden zwei Saldenlisten für die Bestands- und für die Ertragskonten, ergänzt um die jeweiligen Vorjahreswerte.

Konto	Konten-Bezeichnung	Bestandskonten Berichtsjahr		Bestandskonten Vorjahr	
		Soll	**Haben**	**Soll**	**Haben**
0100	Werkstatt, Lager- und Geschäftsgebäude	494.500,-		550.000,-	
0150	Grundstück	68.000,-		68.000,-	
0200	Maschinen	205.300,-		231.000,-	
0210	techn. Anlagen	112.000,-		136.400,-	
0300	Lkw	144.000,-		162.000,-	
0310	Pkw	126.000,-		65.000,-	
0400	Betriebsausstattung	105.000,-		132.500,-	
0420	Büroausstattung	30.800,-		58.000,-	
0510	Geschäfts- oder Firmenwert	5.500,-		4.000,-	
0640	Wertpapiere des Anlagevermögens	1.500,-		1.500,-	
0700	langfr. Verbindlichk. geg. Kreditinstituten		399.900,-		636.500,-
0800	Eigenkapitalkonto		505.000,-		490.000,-
0910	Steuerrückstellungen				
0930	aktive Rechnungsabgrenzung	13.500,-		10.100,-	
0940	passive Rechnungsabgrenzung		22.000,-		18.000,-
1000	Kasse	5.600,-		4.700,-	
1100	Postgiro	66.000,-		154.200,-	
1110	Bank	20.000,-		20.000,-	
1400	Ford. aus Lieferungen und Leistungen	698.000,-		600.600,-	
1440	zweifelhafte Forderungen				
1600	Verbindlichkeiten Lieferungen/Leistungen		965.000,-		334.900,-
1610	Verbindlichkeiten geg. Kreditinstituten		1.220.000,-		1.600.600,-
1620	Treuhandkonto Lohnsteuer				
1630	Treuhandkonto Sozialabgaben (AG)				
1640	Verpfl. aus gesetzl. Sozialabgaben (AG)				
1690	sonstige kurzfristige Verbindlichkeiten		120.000,-		85.000,-
1500	geleistete Anzahlungen				
1700	erhaltene Anzahlungen		646.000,-		606.900,-
1900	Geld- und Sachentnahme		-104.000,-		-120.500,-
0920	sonstige kurzfristige Rückstellungen		115.000,-		20.000,-
3090	Rohstoffe	100.000,-		100.000,-	
3290	Hilfs- und Betriebsstoffe	100.000,-		100.000,-	
3390	Kleinmaterial	101.500,-		138.900,-	
3690	unfertige Erzeugnisse	1.460.000,-		1.155.000,-	
3790	selbst hergestellte Fertigerzeugnisse	220.000,-		115.000,-	
		4.077.200,-	**3.888.900,-**	**3.806.900,-**	**3.671.400,-**
	Jahresüberschuss/Gewinn vor Gewinnverwendung		**188.300,-**		**135.500,-**
		4.077.200,-	**4.077.200,-**	**3.806.900,-**	**3.806.900,-**

Konto	Konten-Bezeichnung	Erfolgskonten Berichtsjahr		Erfolgskonten Vorjahr	
		Aufwand	Erträge	Aufwand	Erträge
4000	Material (Rohstoff)	2.441.000,-		2.261.250,-	
4040	bezogene baufertige Teile	1.946.000,-		1.905.250,-	
4100	Sammelkonto Löhne und Gehälter	1.856.000,-		1.785.000,-	
4130	Sammelkonto gesetzliche Sozialabgaben (AG)	763.000,-		724.500,-	
4180	freiwillge Sozialleistungen	26.000,-		24.700,-	
4200	Kleinmaterial	96.000,-		91.650,-	
4260	Schmierstoffe, Öle, Fette	15.000,-		15.350,-	
4390	fremdstrom, Gas, Wasser	90.500,-		88.000,-	
4400	betriebliche Steuern	30.200,-		28.900,-	
4450	Versicherungen und sonst. Aufwendungen	54.400,-		51.560,-	
4500	Miete, Pacht	15.600,-		15.200,-	
4520	Porti, Telefongebühren	31.800,-		30.300,-	
4530	Büromaterial	35.000,-		33.300,-	
4570	Kfz-Unterhalt	83.000,-		78.700,-	
8090	Erlöse aus selbst hergestellten Erzeugnissen		8.007.300,-		7.973.860,-
8600	Erlösschmälerungen zu Handwerkserlösen	34.000,-		32.300,-	
8790	Bestandsveränderungen		112.000,-		-270.000,-
9000	außerordentliche Aufwendungen	4.200,-		4.300,-	
9050	außerordentliche Erträge		5.200,-		4.500,-
9100	betriebsfremde Aufwendungen				
9150	betriebsfremde Erträge		16.000,-		12.400,-
9300	Zins- und Diskontaufwendungen	256.000,-		245.600,-	
9410	Erträge aus Wertpapieren des Finanzanlagevermögens		7.500,-		7.100,-
9500	bilanzielle Abschreibungen auf Gebäude	27.200,-		25.900,-	
9510	bilanzielle Abschreibungen auf Kfz	64.800,-		61.600,-	
9520	bilanzielle Abschreibungen auf sonstiges AV	58.000,-		58.500,-	
9530	bilanzielle Abschreibungen auf GWG	15.000,-		14.200,-	
9550	bilanzielle Abschreibungen auf das Umlaufvermögen	17.000,-		16.300,-	
		7.959.700,-	8.148.000,-	7.592.360,-	7.727.860,-
	Jahresüberschuss/Gewinn vor Gewinnverwendung	**188.300,-**		**135.500,-**	
		8.148.000,-	**8.148.000,-**	**7.727.860,-**	**7.727.860,-**

Auf Basis dieser Saldenlisten werden die Bilanz und die GuV erstellt. Dazu lernen Sie zunächst die verschiedenen Bestandteile des Jahresabschlusses kennen.

2.1 Bestandteile des Jahresabschlusses

Jahresabschluss

Der Jahresabschluss ist das wichtigste Ergebnis der Finanzbuchhaltung. Die Bestandteile sowie deren Detailtiefe sind von der Unternehmensform und der Unternehmensgröße abhängig (siehe Abschnitt 1.5). Grundsätzliche Aufgabe des Jahresabschlusses ist es, die Verhältnisse des Vermögens und der Schulden darzustellen (§ 242 Abs. 1 HGB).

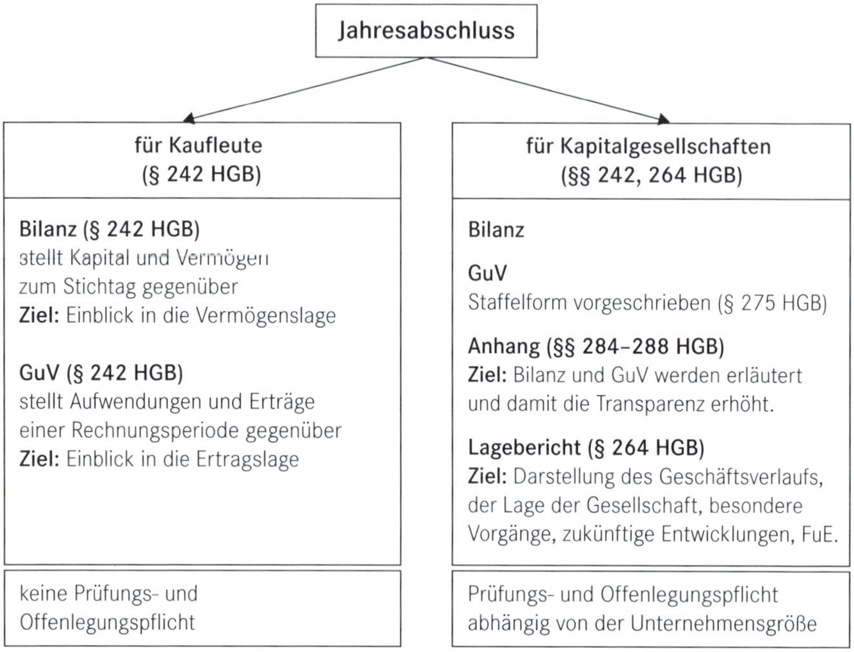

Der Jahresabschluss

Bestandteile des Jahresabschluss

Der jährlich zu erstellende Jahresabschluss setzt sich zusammen aus der Bilanz und der Gewinn- und Verlustrechnung, bei Kapitalgesellschaften ergänzt um Anhang und Lagebericht. Neben diesen in der Regel jährlich erstellten Abschlussbestandteilen dient dem Unternehmer in der Praxis vor allem die Hauptabschlussübersicht der Konten unterjährig als Informationsquelle und Kontrollinstrument.

Die Anforderungen an den Jahresabschluss für eine Kapitalgesellschaft sind deutlich strenger als für einen Einzelkaufmann oder eine Personengesellschaft. Bei Personengesellschaften hat jeder Gesellschafter das Recht, alle Bücher und Aufzeichnungen einzusehen. Bei Kapitalgesellschaften ist dies jedoch nicht der Fall. Deshalb sorgen strengere, zusätzliche Anforderungen an den Jahresabschluss dafür, dass die Interessen der Anteilseigner geschützt bleiben.

Der Gesetzgeber gibt für die Bilanz (§ 266 HGB) wie auch für die GuV (§ 275 HGB) vor, wie diese gegliedert sein müssen. Es ist möglich, neue Positionen und neue Zwischensummen in die Bilanz und in die GuV aufzunehmen (§ 265 Abs. 5 HGB).

2.2 Die Bilanz

Bilanz

Am Ende eines Geschäftsjahres hat der Kaufmann „einen das Verhältnis des Vermögens und der Schulden darstellenden Abschluss“ zu erstellen (§ 242 Abs. 1 HGB). In der Bilanz werden Vermögen und Kapital zu einem Stichtag gegenübergestellt. Auch wenn alle im Handelsregister eingetragenen Kaufleute das Recht haben, ein vom Kalenderjahr abweichendes Geschäftsjahr zu wählen, entspricht in der Regel das Geschäftsjahr dem Kalenderjahr, die Bilanz wird in der Regel zum 31.12. erstellt. Bei der Bilanz handelt es sich um eine Stichtags- bzw. Zeitpunktrechnung. Die Bilanz wird in Kontoform erstellt und enthält im Gegensatz zum Inventar nur Wertangaben.

Die erste Bilanz **(Gründungsbilanz)** ist bei Gründung oder bei Übernahme zu erstellen. Regelmäßig wiederkehrend wird eine Bilanz am Ende eines jeden Geschäftsjahres erstellt **(laufende Bilanz)**. Die letzte Bilanz **(Veräußerungsbilanz)** wird bei Liquidation oder Verkauf des Unternehmens erstellt.

Das Geschäftsjahr darf maximal 12 Monate umfassen (§ 240 Abs. 2 HGB), kann aber in begründeten Fällen auch kürzer sein. Dies ist beispielsweise der Fall, wenn die Gründung des Unternehmens unterjährig erfolgt und das Geschäftsjahr dem Kalenderjahr entspricht. Dieses so verkürzte erste Geschäftsjahr wird als **Rumpfgeschäftsjahr** bezeichnet.

Die Bilanz hat folgenden Grundaufbau:

Bilanzaufbau

Bilanz zum 31.12.20xx

Aktiva		**Passiva**
Vermögens**formen**		Vermögens**quellen**
I. Anlagevermögen **II. Umlaufvermögen**		**I. Eigenkapital** **II. Fremdkapital** **langfristig** **kurzfristig**
Gesamtvermögen	=	**Gesamtkapital**

Wie ist Kapital angelegt?	**Woher kommt das Kapital?**
Auf der Aktivseite der Bilanz wird die Verwendung des Kapitals ausgewiesen (Mittelverwendung bzw. Investition).	Auf der Passivseite der Bilanz wird die Herkunft der finanziellen Mittel ausgewiesen (Mittelherkunft bzw. Finanzierung).

Aufbau einer Bilanz

Das Fremdkapital wird in kurz- und langfristiges Fremdkapital unterschieden (Gesamtlaufzeit von weniger als fünf bzw. mehr als fünf Jahren).

Betriebswirtschaftlich sieht man auf der linken Seite die Mittelverwendung (Investition), auf der rechten Seite die Mittelherkunft (Finanzierung). Beide Seiten müssen immer gleich lang sein, d. h. die Summe aller Vermögenswerte ist immer gleich der Summe aller Kapitalwerte. Damit erklärt sich auch der Hintergrund für die italienische Bezeichnung „bilancia“ (deutsch: Waage).

Exkurs: Handels- und Steuerbilanz

Für die Erstellung einer Bilanz gibt es zwei voneinander in der Zielsetzung abweichende Regelwerke: das Handelsrecht und das Steuerrecht.

Handelsbilanz

Der Kaufmann ist nach § 242 HGB verpflichtet, einen Abschluss zu erstellen. Dieser auf den handelsrechtlichen Vorschriften erstellte Abschluss wird verkürzt **Handelsbilanz** (HB) genannt. Maßgeblich für die Handelsbilanz ist vor allem das Handelsrecht. Aber auch das GmbH-Gesetz und das Aktiengesetz beinhalten Regelungen, die die Handelsbilanz mitgestalten.

Das Handelsrecht ist sehr stark vom **Gläubigerschutzgedanken** geprägt (siehe Abschnitt 1.4). Das Unternehmen wird primär aus Sicht eines Kreditgebers betrachtet und bewertet, dessen Hauptinteresse in der Fähigkeit des Unternehmens liegt, die erhaltenen Kredite zurückzuzahlen. Bei der Bewertung der Vermögensgegenstände und Schulden lässt sich das Handelsrecht von der Fiktion des „Vorsichtigen Kaufmanns" leiten, der sich eher schlechter rechnet, als er ist. Dies führt implizit dazu, dass durch entsprechende Bewertungen des Vermögens und der Schulden der Gewinn niedriger ausgewiesen und dadurch die Haftungssubstanz des Betriebs gestärkt wird.

Steuerbilanz

Das Steuerrecht fordert bei der Erstellung der **Steuerbilanz** (StB), dass sie auf der nach handelsrechtlichen Vorschriften erstellten Handelsbilanz basieren muss (§ 5 Abs. 1 EStG). Es handelt sich bei der Steuerbilanz somit um eine aus der Handelsbilanz abgeleitete Bilanz. Dieses Prinzip, dass handelsrechtliche Vorschriften die Grundlage für die Erstellung der Steuerbilanz darstellen, wird als **Maßgeblichkeitsprinzip** der Handelsbilanz für die Steuerbilanz bezeichnet.

Im Gegensatz zur Handelsbilanz hat der Fiskus als Hauptadressat der Steuerbilanz ein Interesse an einem möglichst hohen Gewinnausweis als Grundlage für die Besteuerung: Je höher der Gewinn ist, desto höher sind die darauf zu leistenden Steuern aus Einkommen und Ertrag. Deswegen enthält das Einkommensteuergesetz eigene zusätzliche Vorschriften für die Erstellung der Steuerbilanz. Diese sollen in der Regel verhindern, dass der Gewinn durch die Anwendung der handelsrechtlichen Bewertungswahlrechte zu niedrig ausgewiesen wird. Dazu werden die Bilanzierungswahlrechte **(formeller Bilanzansatz)** des Handelsrechts durch das Steuerrecht eingeschränkt. Mit Inkrafttreten des BilMoG sind jedoch bereits die Bilanzierungswahlrechte des Handelsrechts sehr stark eingeschränkt und denen des Steuerrechts angeglichen worden. Ein noch gültiges handelsrechtliches Wahlrecht betrifft das Disagio, das in der HB aktiviert werden kann. In der StB hingegen ist die Aktivierung des Disagios Pflicht. Neu durch das BilMoG geschaffen ist das Ansatzwahlrecht in der HB, einen selbst erstellten immateriellen Vermögensgegenstand (z. B. ein Patent) zu aktivieren.

Aber auch bei den Bewertungswahlrechten **(materieller Bilanzansatz)** kann es zu Unterschieden zwischen der HB und der StB kommen. So sind z. B. in der HB mehr Abschreibungsmethoden zulässig als in der StB.

Bis zum Inkrafttreten des BilMoG war es vor allem für kleine und mittelgroße Unternehmen üblich, eine sogenannte **Einheitsbilanz** zu erstellen, die gleichzeitig sowohl den handelsrechtlichen wie auch den steuerrechtlichen Vorschriften entsprochen hat. Mit dem BilMoG und seinen vielfältigen Neuregelungen ist dies jedoch praktisch nicht mehr möglich.

2.3 Die Inventur

Der Kaufmann hat zu Beginn des Handelsgewerbes und zum Schluss eines jeden Geschäftsjahres seine Vermögensgegenstände und Schulden zu verzeichnen und dabei den Wert der einzelnen Vermögensgegenstände und Schulden anzugeben (§ 240 HGB). Dazu führt er eine Inventur durch.

Inventur

> Die **Inventur** ist die Bestandsaufnahme aller Vermögensgegenstände und Schulden nach Art, Menge und Wert zu einem Stichtag. Der Nachweis bei körperlichen Vermögensgegenständen erfolgt dabei durch Zählen, Wiegen und Messen **(körperliche Inventur)**. Bei immateriellen Vermögensgegenständen wie Patenten und Warenzeichen sowie bei Forderungen und Schulden ersetzt die **Buchinventur** die körperliche Inventur. Die Bestände ergeben sich dabei auf Basis der Bücher, gegebenenfalls ergänzt durch weitere Belege wie z. B. Saldenmitteilungen. Diese werden beispielsweise von Banken oder Lieferanten ausgestellt (z. B. Saldenmitteilung der Bank für das Kontokorrentkonto).

Inventurverfahren

Es gibt drei verschiedene Inventurverfahren:

- Bei der **Stichtagsinventur** (§ 240 HGB) erfolgt die Bestandsaufnahme zum Bilanzstichtag bzw. innerhalb von 10 Tagen vor oder nach dem Stichtag. Eine Bestandsveränderung zwischen dem Bilanzstichtag, die mengen- und wertmäßige Fortschreibung bzw. Rückrechnung von Zu- und Abgängen, erfolgt auf Basis von Belegen.
- Bei der **verlegten Stichtagsinventur** (§ 241 Abs. 3 HGB) wird die Inventur innerhalb von drei Monaten vor bzw. zwei Monaten nach dem Bilanzstichtag durchgeführt, wenn der Wert des Bestands zum Bilanzstichtag fortgeschrieben werden kann (wertmäßige Fortschreibung).

- Voraussetzung für die **permanente Inventur** (§ 241 Abs. 3 HGB) ist, dass der Bestand mittels Lagerbücher (z. B. EDV-untergestützte Lagerverwaltung) zum Bilanzstichtag errechnet werden kann. Zu- und Abgänge müssen einzeln nach Tag, Art und Menge belegmäßig erfasst werden. Es muss einmal pro Jahr eine körperliche Bestandsaufnahme durchgeführt werden. Die permanente Inventur kann nicht angewendet werden, wenn es sich um besonders wertvolle Bestände oder um Artikel mit unkontrollierbaren Abgängen handelt.

Daneben gibt es auch noch die **Stichprobeninventur** (§ 241 Abs. 1 HGB). Dabei wird auf Basis anerkannter mathematisch-statistischer Methoden nur ein Teil der Bestände erfasst und dann auf die Gesamtheit rechnerisch geschlossen.

Inventar

Das Ergebnis der Inventur wird im Inventar zusammengefasst. Das **Inventar** ist ein detailliertes Bestandsverzeichnis, in dem alle Vermögensgegenstände und Schulden zu einem Stichtag nach Art, Menge und Wert aufgelistet sind. Die Inventarlisten werden vom Inventurteam unterschrieben und gelten nach der Unterzeichnung als Urkunden.

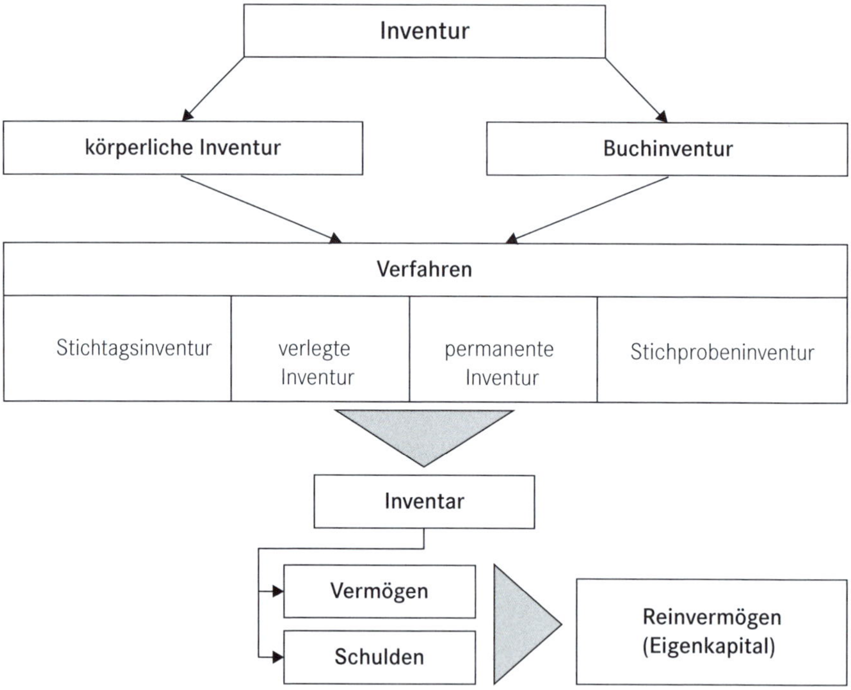

Inventur und Inventar

Beim Übergang vom Inventar zur Bilanz werden zunächst gleichartige Positionen des Inventars zu Gruppen zusammengefasst. So werden beispielsweise alle einzelnen Verbindlichkeiten an Lieferanten zu der Position „Verbindlichkeiten aus Lieferungen und Leistungen" gruppiert. Danach wird nur noch der aufsummierte Eurobetrag in die Bilanz übernommen, die Mengenangaben bleiben unberücksichtigt. Aus der Differenz zwischen Vermögen einerseits und Schulden andererseits wird dann das **Reinvermögen**, also das Eigenkapital, ermittelt.

2.4 Die Gewinn- und Verlustrechnung

Gewinn- und Verlustrechnung

In der GuV werden für eine Abrechnungsperiode (in der Regel das Geschäftsjahr) die Erträge den Aufwendungen entweder in Kontenform oder in Staffelform gegenübergestellt. Im Gegensatz zur Bilanz ist die GuV eine Zeitraumrechnung, sie spiegelt alle GuV-relevanten Geschäftsvorfälle zwischen den beiden Bilanzstichtagen wieder. Während in der Bilanz erkennbar ist, wo der Gewinn im Unternehmen enthalten ist, gibt die GuV Auskunft darüber, wie der Gewinn entstanden ist. Grundsätzlich kann die GuV als Unterkonto des Kapitalkontos verstanden werden; d. h. das Saldo der GuV, der Gewinn oder der Verlust, wird auf das Kapitalkonto übertragen.

Bei Kapitalgesellschaften ist für den Aufbau der GuV die Staffelform vorgeschrieben (§ 275 HGB). Dabei werden die Erträge (mit plus) und Aufwendungen (mit minus) nach gesetzlichen Regeln strukturiert untereinander aufgelistet. Mit den Umsatzerlösen startend kommt man über mehrere Zwischenstufen zum Jahresgewinn oder -verlust. Dabei werden verschiedene GuV-Positionen zu Zwischenergebnissen saldiert. Diese erleichtern die Verständlichkeit der Erfolgsrechnung und machen sie damit aussagekräftiger.

Die GuV in der Staffelform lässt sich betriebswirtschaftlich ganz allgemein in folgende saldierte Zwischenergebnisse strukturieren.

Aufbau einer GuV

Grundsätzlicher Aufbau einer GuV in Staffelform:

+ betriebliche Erträge
- betriebliche Aufwendungen

= Betriebsergebnis
+/- Finanzergebnis

= Gesamtergebnis
- Steuern

= Jahresüberschuss/Jahresfehlbetrag
nach Steuern vom Einkommen und Ertrag

Für die Erstellung der GuV in der Staffelform gibt das HGB zwei Alternativen vor: das Gesamtkostenverfahren (§ 275 Abs. 2 HGB) und das Umsatzkostenverfahren (§ 275 Abs. 3 HGB). Diese beiden Verfahren unterscheiden sich darin, wie das Betriebsergebnis ermittelt wird.

Gesamtkostenverfahren

Das **Gesamtkostenverfahren** (auch Produktionsrechnung genannt) ist das im Handwerk gebräuchliche Verfahren. Beim Gesamtkostenverfahren werden alle Aufwendungen allen damit erstellten betrieblichen Leistungen gegenübergestellt. Dabei ist es unerheblich, ob diese zu Umsätzen geführt haben oder nicht. Die Umsätze bzw. Erlöse werden um die Bestandsveränderung an fertigen und unfertigen Erzeugnissen sowie um die selbst aktivierten Vermögensgegenstände des Anlagevermögens korrigiert. Diese bilden zusammen mit den sonstigen betrieblichen Erträgen die Betriebsleistung. Da beim Gesamtkostenverfahren alle Aufwände einer Periode erfasst werden, werden diese nach den Aufwandsarten gegliedert.

Gliederung des Gesamtkostenverfahrens nach § 275 Abs. 2 HGB:

1. Umsatzerlöse
2. Erhöhung oder Verminderung des Bestands an fertigen und unfertigen Erzeugnissen
3. andere aktivierte Eigenleistungen
4. sonstige betriebliche Erträge
5. Materialaufwand:
   a) Aufwendungen für Roh-, Hilfs- und Betriebsstoffe und für bezogene Waren
   b) Aufwendungen für bezogene Leistungen
6. Personalaufwand:
   a) Löhne und Gehälter
   b) soziale Abgaben und Aufwendungen für Altersversorgung und für Unterstützung, davon für Altersversorgung
7. Abschreibungen:
   a) auf immaterielle Vermögensgegenstände des Anlagevermögens und Sachanlagen
   b) auf Vermögensgegenstände des Umlaufvermögens, soweit diese die in der Kapitalgesellschaft üblichen Abschreibungen überschreiten
8. sonstige betriebliche Aufwendungen
9. Erträge aus Beteiligungen, davon aus verbundenen Unternehmen
10. Erträge aus anderen Wertpapieren und Ausleihungen des Finanzanlagevermögens, davon aus verbundenen Unternehmen
11. sonstige Zinsen und ähnliche Erträge, davon aus verbundenen Unternehmen
12. Abschreibungen auf Finanzanlagen und auf Wertpapiere des Umlaufvermögens
13. Zinsen und ähnliche Aufwendungen, davon an verbundene Unternehmen
14. Steuern vom Einkommen und vom Ertrag
15. Ergebnis nach Steuern
16. sonstige Steuern
17. Jahresüberschuss/Jahresfehlbetrag

Umsatzkostenverfahren

Das **Umsatzkostenverfahren** (auch Funktionsrechnung genannt) ist im Handwerk wegen des komplexeren Aufwands beim Buchen nicht gebräuchlich. Es wird von großen Kapitalgesellschaften verwendet, vor allem, wenn diese international agieren und auf internationalen Finanzmärkten aktiv sind. Das Umsatzkostenverfahren ist die in angelsächsisch geprägten Märkten übliche GuV-Darstellung. Beim Umsatzkostenverfahren werden den Umsätzen nur diejenigen Aufwendungen gegenübergestellt, die auch für die verkauften Produkte und Dienstleistungen angefallen sind. Bestandsänderungen und aktivierte Eigenleistungen bleiben dementsprechend unberücksichtigt. Beim Umsatzkostenverfahren werden die Aufwände nach den Funktionsbereichen (Produktion, Vertrieb, Einkauf, Verwaltung etc.) gegliedert.

Gliederung des Umsatzkostenverfahrens nach § 275 Abs. 3 HGB:

1. Umsatzerlöse
2. Herstellungskosten der zur Erzielung der Umsatzerlöse erbrachten Leistungen
3. Bruttoergebnis vom Umsatz
4. Vertriebskosten
5. allgemeine Verwaltungskosten
6. sonstige betriebliche Erträge
7. sonstige betriebliche Aufwendungen
8. Erträge aus Beteiligungen, davon aus verbundenen Unternehmen
9. Erträge aus anderen Wertpapieren und Ausleihungen des Finanzanlagevermögens, davon aus verbundenen Unternehmen
10. sonstige Zinsen und ähnliche Erträge, davon aus verbundenen Unternehmen
11. Abschreibungen auf Finanzanlagen und auf Wertpapiere des Umlaufvermögens
12. Zinsen und ähnliche Aufwendungen, davon an verbundene Unternehmen
13. Steuern vom Einkommen und vom Ertrag
14. Ergebnis nach Steuern
15. sonstige Steuern
16. Jahresüberschuss/Jahresfehlbetrag.

GuV-Gliederung nach dem BilRUG

Mit dem BilRUG wurden diese beiden GuV-Gliederungen grundlegend geändert: die außerordentlichen Erträge und die außerordentlichen Aufwendungen werden nicht mehr in der GuV nach § 275 HGB explizit ausgewiesen. Vielmehr finden sich diese jetzt in der Position „sonstige betriebliche Erträge" (für die außerordentlichen Erträge) bzw. in der Position „sonstige betriebliche Aufwendungen" (für die außerordentlichen Aufwendungen). Sollten außerordentliche Erträge oder Aufwendungen von außergewöhnlicher Größenordnung oder von außergewöhnlicher Bedeutung sein, müssen diese einzeln im Anhang dargestellt und erläutert werden (§ 285 Nr. 31 HGB).

Erleichterungen

Das HGB ermöglicht bei der Aufstellung der GuV einige **Erleichterungen für kleine und mittelgroße Kapitalgesellschaften**. Eine der wichtigsten dieser Erleichterungen ist, dass:

- beim Gesamtkostenverfahren die Positionen 1 bis 5,
- beim Umsatzkostenverfahren die Positionen 1 bis 3 sowie 6

zu einer Position mit der Bezeichnung „Rohergebnis" zusammengefasst werden können (§ 276 HGB).

Darüber hinaus können **Kleinstkapitalgesellschaften** (§ 267a HGB) anstelle der Gliederungsvorschriften die GuV auch folgendermaßen verkürzt darstellen:

1. Umsatzerlöse
2. sonstige Erträge
3. Materialaufwand
4. Personalaufwand
5. Abschreibungen
6. sonstige Aufwendungen
7. Steuern
8. Jahresüberschuss/Jahresfehlbetrag.

Bei Einzelunternehmen und Personengesellschaften sieht das HGB keine spezielle Form vor. Es gibt auch keine gesetzlichen Gliederungsvorschriften. Die GuV kann in Staffelform analog zu § 275 HGB oder in Kontenform erstellt werden. Bei der Darstellung in Kontenform (siehe nachfolgendes Beispiel) werden die Aufwendungen auf der linken, die Erträge auf der rechten Seite entsprechend ihrer Kontendarstellung ausgewiesen. Der Gewinn wird auf der Soll- oder Aufwandsseite ausgewiesen, der Verlust auf der Haben- oder Ertragsseite. Die Vollständigkeit der Auflistung aller Erträge und Aufwendungen ist die einzige Bedingung für diese Form der GuV-Darstellung (§ 246 Abs. 1 HGB).

GuV-Konto

Soll		Haben	
Materialaufwand	28.500,00	Umsatzerlöse	140.000,00
Personalaufwand	63.740,30	sonst. betrieb.	
Zinsaufwand	2.320,10	Erlöse	13.450,40
Abschreibungen	23.740,00		
Mietaufwand	7.000,00		
Instandhaltung	4.650,00		
Betriebssteuern	900,00		
Gewinn	22.600,00		
	153.450,40		153.450,40

Beispiel eines GuV-Kontos

In diesem Beispiel erwirtschaftet der Einzelunternehmer einen Gewinn. Der Gewinn steht im Soll und wird in das Eigenkapitalkonto abgeschlossen.

Exkurs: Die GuV als Datenbasis für die Kosten- und Leistungsrechnung

Finanzbuchhaltung und KLR

Die Finanzbuchhaltung einerseits und die Kosten- und Leistungsrechnung (KLR) andererseits sind sehr eng miteinander verbunden. Die Hauptquelle für die Kostenrechnung sind die in der Finanzbuchhaltung gebuchten Geschäftsvorfälle. In der Finanzbuchhaltung wird der Werteverzehr, unabhängig vom Zusammenhang zum Betriebszweck, nach gesetzlichen Regeln als Aufwand erfasst und bewertet. Dagegen berücksichtigt die Kostenrechnung bei der Ermittlung der Selbstkosten nur den betriebsbedingten, nach eigenen Regeln bewerteten Werteverzehr von Waren und Dienstleistungen als Kosten.

Dementsprechend wird nicht der gesamte in der GuV ausgewiesene Aufwand an die KLR übergeben, sondern nur der **Zweckaufwand**. Dies sind die Aufwendungen, die direkt für den Betriebszweck angefallen sind. Unberücksichtigt bleiben dagegen die neutralen Aufwendungen, die

- betriebsfremd (z. B. Spende),
- periodenfremd (z. B. Gewerbesteuernachzahlung) oder
- außerordentlich (z. B. nicht durch Versicherungen abgedeckte Sturmschäden) sind.

Der Zweckaufwand wird in der Kostenartenrechnung der KLR aus der GuV übernommen. Der Zweckaufwand, der dem Grunde und der Höhe nach unmittelbar in der Kostenartenrechnung berücksichtigt wird, heißt **Grundkosten**. Der Zweckaufwand, der zwar dem Grund, aber nicht der Höhe nach übernommen wird, wird als Anderskosten bezeichnet. Bei den **Anderskosten** werden die Wertansätze zum Zwecke einer betriebswirtschaftlich korrekten Kalkulation nach anderen als den gesetzlichen Regeln ermittelt. Neben den Anderskosten werden in der Kostenartenrechnung schließlich noch weitere Kosten berücksichtigt, die auch dem Grunde nach in der Finanzbuchhaltung nicht erfasst werden. Diese zusätzlichen Kosten für die Kalkulation heißen **Zusatzkosten**. Anders- und Zusatzkosten bilden zusammen die **kalkulatorischen Kosten**.

Bei den Anderskosten handelt es sich um die **kalkulatorischen Abschreibungen,** die **kalkulatorischen Zinsen** und das **kalkulatorische Wagnis**, bei den Zusatzkosten um den **kalkulatorischen Unternehmerlohn** und die **kalkulatorische Miete**.

Eine tiefergehende Begriffsklärung von Aufwand und den verschiedenen Kostenbegriffen findet sich im Teil Kosten- und Leistungsrechnung.

Der Zusammenhang soll in folgender Darstellung grafisch verdeutlicht werden.

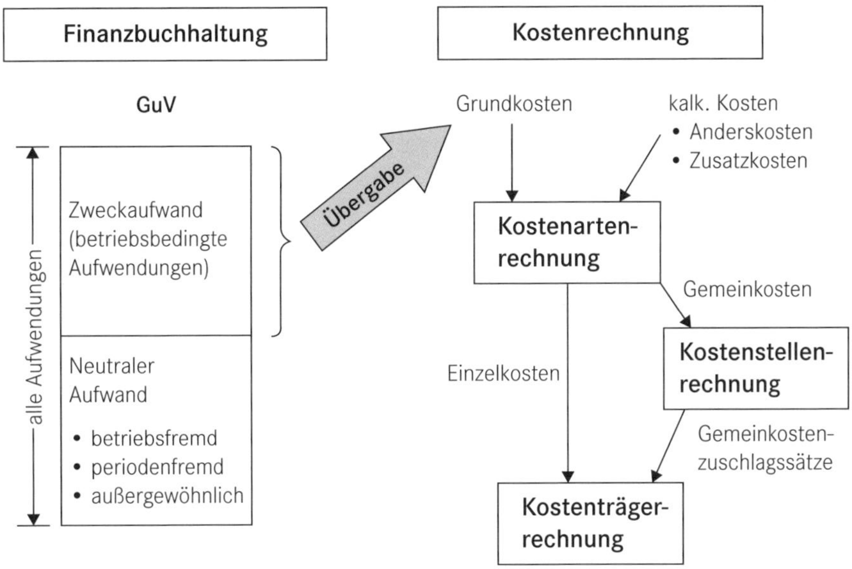

2.5 Der Anhang

Anhang

Für Kapitalgesellschaften ist der Anhang ein verpflichtender Bestandteil des Jahresabschlusses (§ 264 Abs. 1 HGB). Eine seiner Hauptaufgaben liegt darin, die Bestandteile der Bilanz und GuV näher zu erläutern, um so ein den tatsächlichen Verhältnissen entsprechendes besseres Bild der Vermögens-, Finanz- und Ertragslage des Unternehmens zu vermitteln.

Es gibt keine Vorgaben, wie der Anhang gegliedert sein muss. Der Grundsatz der Klarheit und Übersichtlichkeit fordert jedoch, dass die Informationen des Anhangs klar strukturiert und vor allem im Zeitablauf in gleichbleibender Form dargestellt werden sollen.

Der **Umfang des Anhangs** hängt sehr stark von der Größenordnung der Kapitalgesellschaft ab. Generell müssen im Anhang alle die Angaben aufgenommen werden, die zu den einzelnen Posten der Bilanz oder der GuV vorgeschrieben sind oder die Posten betreffen, die durch Ausübung eines Ansatzwahlrechts nicht in die Bilanz oder in die GuV aufgenommen wurden (§ 284 Abs. 1 HGB).

Wesentliche Quelle vertiefender Informationen sind die Pflichtangaben zu den angewandten Bilanzierungs- und Bewertungsmethoden der verschiedenen Posten der Bilanz und GuV. Auch Abweichungen von Bilanzierungs- und Bewertungsmethoden müssen angegeben und begründet sowie deren Einfluss auf die Vermögens-, Finanz- und Ertragslage beschrieben werden (§ 284 Abs. 1 und 3 HGB).

Anlagespiegel

Der **Anlagespiegel** soll den Ausweis in der Bilanz auf den Positionen des Anlagevermögens deutlich transparenter machen. Deswegen ist er ein Pflichtbestandteil des Anhangs (§ 284 Abs. 3 HGB). Der Anlagespiegel wird oft in drei Bereiche aufgeteilt: ein Bereich mit den Anschaffungs- und Herstellungskosten, ein Bereich mit den Abschreibungen und ein Bereich mit den Buchwerten. Dabei werden für das Geschäftsjahr (GJ) diese Werte pro Anlagenklasse dargestellt.

	Anschaffungs- und Herstellungskosten					Abschreibungen				Buchwerte	
"Anlage-vermögen"	"Stand zu Beginn des GJ"	"Zugänge (im GJ)"	"Abgänge (GJ)"	Umbuchungen	"Stand am Ende des GJ"	"kumulierte Abschreibungen"	"Abschreibungen"	"Zuschreibungen"	"Stand Ende des GJ"	"Buchwert GJ"	"Buchwert Vorjahr"
"Grundstück mit Gebäude"	43.564	0	0	0	43.564	34.567	+1.200	0	35.767	7.797	8.120
"Grundstück ohne Gebäude"	12.987	0	0	0	12.987	0	0	0	0	12.987	12.987
Maschinen	60.321	+3.567	-212	+256	63.932	23.760	+8.945	-120	32.585	27.736	28.500

Beispiel eines Anlagespiegels

Abgesehen von den vertiefenden Erläuterungen zu den quantitativen Daten der Bilanz und GuV werden aber auch qualitative Angaben zu verschiedenen Bereichen gemacht. Neben den wesentlichen und für das Verständnis der Bilanz- und GuV-Werte maßgeblichen Erläuterungen des § 284 HGB listet der § 285 HGB in den Nummern 1 bis 34 weitere sonstige Pflichtangaben auf. Bei Unternehmen, die zu den kleinen und mittelgroßen Kapitalgesellschaften gehören, entfällt jedoch ein Großteil dieser Pflichtangaben zur Erleichterung (§ 288 HGB).

2.6 Der Lagebericht

Lagebericht

Große und mittelgroße Kapitalgesellschaften erstellen nach § 264 Abs. 1 HGB zusätzlich zu Bilanz, GuV und Anhang einen Lagebericht. Der Lagebericht gehört nicht zum eigentlich Jahresabschluss, er ergänzt diesen aber durch zusätzliche Informationen (erweiterter Jahresabschluss). Der Lagebericht soll nach § 289 HGB zusätzlich zum einen über die Entwicklung im abgelaufenen Geschäftsjahr berichten, zum anderen aber auch über wesentliche Vorgänge informieren, die nach dem Ende des Geschäftsjahres eingetreten sind.

Pflicht- und Sollangaben

Die Pflichtangaben sind in § 289 Abs. 1 und Abs. 3 HGB enthalten:

- Darstellung des Geschäftsverlaufs und der Lage der Kapitalgesellschaft
- voraussichtliche Entwicklung mit ihren wesentlichen Chancen und Risiken
- Informationen über Auftragslage
- Darstellung der Vermögenslage
- Darstellung der Finanzlage
- Darstellung der Ertragslage
- Informationen über die wirtschaftlichen Verhältnisse
- Darstellung der Branchenentwicklung
- Beschreibung der bestandsgefährdenden Risiken.

Die Sollangaben sind in § 289 Abs. 2 HGB enthalten:

- Vorgänge besonderer Bedeutung nach Schluss des Geschäftsjahres
- Informationen zu spezifischen Risiken (z.B. Ziele und Methoden des Risikomanagements, Preisänderungen, Ausfall- und Liquiditätsrisiken)
- Erläuterungen zum Forschungs- und Entwicklungsbereich
- Informationen zu bestehenden Zweigniederlassungen
- Darstellung des Vergütungssystems der Gesellschaft.

Dementsprechend enthält der Lagebericht folgende Teilberichte:

- Wirtschaftsbericht
- Nachtragsbericht
- Prognosebericht
- Forschungs- und Entwicklungsbericht
- Zweigniederlassungsbericht
- Vergütungsbericht
- Übernahmebericht
- Risikomanagementbericht
- Erklärung zur Unternehmensführung.

Der Lagebericht ist somit nicht nur eine vergangenheitsorientierte, sondern auch eine zukunftsbezogene Informationsquelle. Da eine wesentliche Aufgabe darin liegt, Anleger und Gläubiger weitreichender zu informieren, werden auch Risiken und Chancen sehr klar dargestellt und erläutert.

2.7 Der Jahresabschluss: Bilanz und GuV

Jahres-abschluss: Bilanz und GuV

Basierend auf den beiden Saldenlisten sind jetzt Bilanz und GuV erstellt. Die GuV ist in der Staffelform nach dem Gesamtkostenverfahren erstellt.

HGB-Bilanz

Aktiva | **Passiva**

	Berichtsjahr in €	Vorjahr in €		Berichtsjahr in €	Vorjahr in €
immat. Vermögen	5.500,-	4.000,-	Eigenkapital	505.000,-	490.000,-
Grundstück	68.000,-	68.000,-	Entnahmen	-104.000,-	-120.500,-
Gebäude	494.500,-	550.000,-	Jahresüberschuss	188.300,-	135.500,-
Anlagen/Maschinen	317.300,-	367.400,-	**Eigenkapital**	**589.300,-**	**505.000,-**
Fuhrpark	270.000,-	227.000,-	langfrist. Rückstellungen		
Betriebs-/Geschäftsausst.	135.800,-	190.500,-	langfrist. Verbindlichkeiten	399.900,-	636.500,-
Finanzanlagen	1.500,-	1.500,-	**langfrist. Fremdkapital**	**399.900,-**	**636.500,-**
Anlagevermögen gesamt	**1.292.600,-**	**1.408.400,-**	erhaltene Anzahlungen	646.000,-	606.900,-
RHB	301.500,-	338.900,-	kurzfrist. Rückstellungen	115.000,-	20.000,-
unfertige Leistungen	1.460.000,-	1.155.000,-	kurzfrist. Verbindlichkeiten	2.305.000,-	2.020.500,-
fert. Erzeugnisse	220.000,-	115.000,-	passiver RAP	22.000,-	18.000,-
geleistete Anzahlungen	0,-	0,-	**kurzfristiges FK gesamt**	**3.088.000,-**	**2.665.400,-**
kurzfristige Forderungen	698.000,-	600.600,-	**Gesamtkapital**	**4.077.200,-**	**3.806.900,-**
Bankguthaben	86.000,-	174.200,-			
Kasse	5.600,-	4.700,-			
aktiver RAP	13.500,-	10.100,-			
Umlaufvermögen gesamt	**2.784.600,-**	**2.398.500,-**			
Gesamtvermögen	**4.077.200,-**	**3.806.900,-**			

HGB-Gewinn-und-Verlust-Rechnung

			Berichtsjahr in €	Vorjahr in €
1)	Umsatzerlöse abzüglich Erlösschmälerung	+	7.973.300,-	7.941.560,-
2)	Bestandsveränderung an Erzeugnissen (+/-)	±	+112.000,-	-270.000,-
3)	Eigenverbrauch, sonstige aktivierte Eigenleistung	+	0,-	0,-
4)	sonstige betriebliche Erträge	+	5.200,-	4.500,-
5)	Materialaufwendung	./.	4.387.000,-	4.166.500,-
6)	Personalaufwand	./.	2.645.000,-	2.534.200,-
7)	bilanzielle Abschreibungen	./.	165.000,-	160.200,-
8)	sonstige betriebliche Aufwendungen	./.	455.700,-	437.260,-
9)	Erträge aus Beteiligungen	+	16.000,-	12.400,-
10)	Erträge aus anderen Wertpapieren und Ausleihungen	+	0,-	0,-
11)	sonstige Zinsen und ähnliche Erträge	+	7.500,-	7.100,-
12)	bilanzielle Abschreibungen auf Umlaufvermögen	./.	17.000,-	16.300,-
13)	Zinsen und ähnliche Aufwendungen	./.	256.000,-	245.600,-
14)	Steuern auf Einkommen und Ertrag	./.	0,-	0,-
15)	**= Ergebnis nach Steuern**	**=**	**188.300,-**	**135.500,-**
16)	sonstige Steuern	./.	0,-	0,-
17)	**= Jahresüberschuss**	**=**	**188.300,-**	**135.500,-**

Fragen zur Kompetenzüberprüfung

1. Was genau ist ein Jahresabschluss und wie ist dieser zusammengesetzt?
2. Welche Inhalte und Zusammensetzung haben Bilanz und GuV?
3. Wozu wird für die Erstellung der Bilanz eine Inventur benötigt?
4. Welche Aufgaben haben Anhang und Lagebericht und wer muss diese erstellen?
5. Wie hängen die beiden wesentlichen Bereiche des Rechnungswesens Finanzbuchhaltung und Kosten- und Leistungsrechnung zusammen?

3. Bewertung

Handlungs-
situation

Handlungssituation (Fallbeispiel)

Sie haben mit dem Steuerberater durchgesprochen, wie der Jahresabschluss aufgebaut und aus welchen Bestandteilen er zusammengesetzt ist. Sie haben alle Jahresabschlussarbeiten betreut. Auf Basis der Finanzbuchhaltung hat der Steuerberater die Bilanz und GuV erstellt (siehe Abschnitt 2.7).

Zusammen mit der Buchhalterin haben Sie jetzt einen Termin, um mit dem Steuerberater die verschiedenen Positionen der Bilanz durchzugehen. Ziel dabei ist es zu verstehen, was sich hinter den Werten der verschiedenen Positionen verbirgt und vor allem, wie diese zustande kommen.

Am Beispiel des Kaufs eines Kleintransporters zum 12.1. des Berichtsjahres in Höhe von insgesamt 36.000,– € wird erläutert, wie ein Abschreibungsplan erstellt wird. Dazu werden die möglichen Abschreibungsverfahren bei einer betriebsgewöhnlichen Nutzungsdauer von 6 Jahren diskutiert.

3.1 Grundsätze der Bewertung

Wertansatz

Die Vermögensgegenstände des Anlage- und Umlaufvermögens werden in der Bilanz wertmäßig ausgewiesen. Sowohl das HGB wie auch das Steuerrecht legen fest, mit welchen Wertansätzen die einzelnen Vermögensgegenstände bewertet werden. Dabei wird jeder einzelne Vermögensgegenstand einzeln nach dem Grundsatz des Niederstwertprinzips bewertet.

3.1.1 Niederstwertprinzip

Ein Vermögensgegenstand kann verschiedene Wertansätze haben, z. B. die Anschaffungs- und Herstellungskosten (AHK), den Buchwert, die Wiederbeschaffungskosten, den Zeitwert, den Börsen- und Marktwert oder den Teilwert, um nur einige zu nennen.

Niederst-
wertprinzip

Das HGB wird sehr stark von der Idee des Gläubigerschutzes geprägt. Damit eng verbunden ist die Vorstellung des vorsichtigen Kaufmanns, der sich eher schlechter rechnet, als er ist. Dies spiegelt sich im dort verankerten **Niederstwertprinzip** wieder: Liegen für einen Vermögensgegenstand mehrere Wertansätze vor, so wird für die Bewertung der niedrigste verwendet.

Zum Bilanzstichtag liegen in der Regel mindestens zwei verschiedene Wertansätze vor. Der **Buchwert** ergibt sich aus den AHK abzüglich eventueller Abschreibungen. Der **Marktwert** gibt den Wert des Vermögensgegenstandes wider, der zum Bilanzstichtag am Markt erzielt werden könnte. Sollte es keinen Markt dafür geben, so wird nach § 255 Abs. 4 HGB der **Wiederbeschaffungswert** angesetzt, also der Wert, der für ein vergleichbares Gut im vergleichbaren Zustand bezahlt werden müsste. Steuerrechtlich (§ 6 Abs. 1 EStG) wird anstelle des Wiederbeschaffungswertes der **Teilwert** angesetzt, also „der Betrag, den ein Erwerber des ganzen Betriebs im Rahmen des Gesamtkaufpreises für das einzelne Wirtschaftsgut [anteilig, Anm. d. Verf.] ansetzen würde".

Bei der Bewertung der Vermögensgegenstände wird auch berücksichtigt, dass das Anlagevermögen dem Grunde nach dem Unternehmen dauerhaft bzw. langfristig zur Verfügung steht und das Umlaufvermögen im Produktionsprozess sehr kurzfristig umgesetzt wird. Beim Umlaufvermögen wird deswegen das **strenge Niederstwertprinzip** angewendet, bei dem immer der niedrigere Wert angesetzt wird, auch wenn dieser nur vorübergehend niedriger ist. Beim **gemilderten Niederstwertprinzip**, das beim Anlagevermögen zur Anwendung kommt, wird der niedrigere Wert nur dann angesetzt, wenn dieser dauerhaft niedriger ist.

3.1.2 Grundsatz der Einzelbewertung

Grundsatz der Einzelbewertung

Der Grundsatz der Einzelbewertung besagt, dass jeder Vermögensgegenstand einzeln und für sich bewertet werden muss (§ 252 Abs. 1 Satz 3 HGB). Dies bedeutet, dass für jeden einzelnen Vermögensgegenstand das Niederstwertprinzip Anwendung findet. Es gibt aber auch Vermögensgegenstände, bei denen eine Einzelbewertung wirtschaftlich nicht sinnvoll (z. B. bei Massenteilen im Bereich von RHB wie Holzbalken oder Schrauben und Nägeln) oder physisch gar nicht mehr möglich ist (z. B. bei Heizöl). Für diese Fälle sieht das HGB Bewertungsvereinfachungsverfahren vor, bei denen vom Grundsatz der Einzelbewertung abgewichen werden kann.

3.2 Anschaffungskosten

Ein Vermögensgegenstand kann entweder von außen beschafft, also gekauft werden, oder im eigenen Betrieb hergestellt werden. Bei einem Kauf sind handelsrechtlich in § 255 Abs. 1 HGB sowie steuerrechtlich in § 6 EStG die Anschaffungskosten definiert.

Anschaffungskosten

Nach § 255 Abs. 1 HGB wird ein gekaufter Vermögensgegenstand mit dem Betrag aktiviert, der in Summe anfällt, um ihn in einen betriebsbereiten Zustand zu versetzen. Zu den Anschaffungskosten zählen somit nach HGB:

	Kaufpreis (netto)
-	Anschaffungspreisminderung
+	Aufwendungen zur Erreichung eines betriebsbereiten Zustands
+	Anschaffungsnebenkosten
+	nachträgliche Anschaffungskosten
=	**Anschaffungskosten**

Anschaffungspreisminderungen sind Skonti, Boni, Rabatte, Nachlässe und Ähnliches. Zu den Anschaffungsnebenkosten gehören z. B. Transportkosten, Transportversicherung, Zölle oder Maklergebühren. Nachträgliche Anschaffungskosten kommen in der Regel beim Erwerb von Grundstücken und Gebäuden vor und sind vertraglich geregelt. Nicht als Anschaffungskosten aktivierungsfähig dagegen sind Gemeinkosten (z. B. Verrechnung der Beschaffungsabteilung im Rahmen der internen Leistungsverrechnung) oder Kosten der Finanzierung (z. B. Kosten für einen kurzfristigen Kontokorrentkredit zur Zwischenfinanzierung, um das Skonto ziehen zu können).

Beispiel

Beispiel

Im Holzbauunternehmen wurde im Januar eine Hobelmaschine im Rahmen einer Erweiterungsinvestition angeschafft, da der Auftragseingang kontinuierlich zunimmt. Dadurch werden die Kapazität des Betriebs gesteigert sowie die Kosten der Bearbeitung durch neueste Fertigungstechnologie deutlich gesenkt. Der Kaufpreis für diese Hobelmaschine betrug 120.000,- €. Da diese innerhalb von 10 Tagen überwiesen wurde, wurde 3 % Skonto gezogen. Die Frachtkosten betrugen 560,- €, für die Transportversicherung wurden weitere 220,- € bezahlt. Für den Anschluss der Hobelmaschine stellte ein Elektrobetrieb eine Rechnung über 750,- €.

Für die Ermittlung der Anschaffungskosten legte die Bilanzbuchhalterin folgende Berechnung vor:

	120.000,- €	Kaufpreis
-	3.600,- €	Skonto (Anschaffungspreisminderung)
+	750,- €	Anschluss durch einen Elektriker
+	560,- €	Fracht
+	220,- €	Transportversicherung
=	**117.930,- €**	**Anschaffungskosten**

In Abstimmung mit dem Steuerberater wird der Zugang der Hobelmaschine zum Anlagevermögen mit einem Anschaffungswert von 117.930,- € bewertet.

3.3 Herstellungskosten

Wird ein Vermögensgegenstand nicht gekauft, sondern selber hergestellt, so wird dieser mit den **Herstellungskosten** aktiviert (§ 255 Abs. 2 ff HGB).

Herstellungskosten

Vor dem Inkrafttreten des BilMoGs gab es im Handels- und im Steuerrecht voneinander abweichende Wahlrechte für die verschiedene Bestandeile der Herstellungskosten. Dies führte dazu, dass die handelsrechtlichen und die steuerrechtlichen Wertansätze für die Herstellungskosten voneinander abweichen konnten. Mit dem BilMoG wurden die handels- und steuerrechtlichen Wahlrechte so weit vereinheitlicht, dass es zu keiner unterschiedlichen Ermittlung der Herstellungskosten mehr kommt.

Zu den Herstellungskosten gehören die Materialeinzelkosten, die Fertigungseinzelkosten und die Sondereinzelkosten der Fertigung sowie angemessene Teile der Materialgemeinkosten, der Fertigungsgemeinkosten und des Werteverzehrs des Anlagevermögens, soweit dieser durch die Fertigung veranlasst ist (§ 255 Abs. 2 HGB).

Wahlrecht

Ein Wahlrecht besteht für angemessene Teile der Kosten der allgemeinen Verwaltung sowie angemessene Aufwendungen für soziale Einrichtungen des Betriebs, für freiwillige soziale Leistungen und für die betriebliche Altersversorgung, soweit diese auf den Zeitraum der Herstellung entfallen (§ 255 Abs. 2 HGB).

Fremdkapitalzinsen dürfen grundsätzlich nicht zu den Herstellungskosten gerechnet werden. Handelt es sich aber hierbei um Zinsen für Fremdkapital, das zur Finanzierung der Herstellung eines Vermögensgegenstands dient, dürfen diese Zinsen angesetzt werden, soweit sie auf den Zeitraum der Herstellung entfallen (§ 255 Abs. 3 HGB).

Verbot

Grundsätzlich dürfen in den Herstellungskosten keine Vertriebskosten berücksichtigt werden, da die Vertriebskosten nur dann anfallen, wenn ein Vermögensgegenstand verkauft wird. Außerdem dürfen keine Forschungskosten mit eingerechnet werden, da sie dem Produkt nicht direkt zurechenbar sind (§ 255 Abs. 2 HGB).

Die Ermittlung der Herstellungskosten kann auch analog zum Schema der Kostenträgerstückrechnung für die differenzierte Zuschlagskalkulation ermittelt werden. Die differenzierte Zuschlagskalkulation wird ausführlich im Teil Kosten- und Leistungsrechnung beschrieben.

	Handelsrecht	Steuerrecht
Materialeinzelkosten	Pflicht	Pflicht
Fertigungseinzelkosten	Pflicht	Pflicht
Sondereinzelkosten der Fertigung	Pflicht	Pflicht
Materialgemeinkosten	Pflicht	Pflicht
Fertigungsgemeinkosten	Pflicht	Pflicht
Verwaltungsgemeinkosten	Wahlrecht	Wahlrecht
Vertriebsgemeinkosten	Verbot	Verbot
Herstellungskosten	$\sum$	$\sum$

Herstellungskosten nach Handels- und Steuerrecht

Zu dem im Rahmen der Herstellungskosten verwendeten „Kosten"-Begriff wird im nachfolgenden Exkurs im Vergleich zur Kostenrechnung differenzierter eingegangen.

Exkurs: Herstellkosten vs. Herstellungskosten

Herstellkosten vs. Herstellungskosten

Auch wenn die Begriffe Herstellungskosten und Herstellkosten sehr verwandt klingen und sich inhaltlich auch phasenweise sehr ähneln oder gar decken, so gibt es doch wichtige Unterschiede zwischen dem in der Finanzbuchhaltung verwendeten Begriff der Herstellungskosten und dem in der Kostenrechnung verwendeten Begriff der Herstellkosten.

In der Finanzbuchhaltung stellen die **Herstellungskosten** den Wert dar, mit dem ein selbst erstellter Vermögensgegenstand in der Bilanz aktiviert wird. Der Wert ermittelt sich auf Basis aufwandsgleicher Kosten, also ausschließlich aus Werten, die unmittelbar aus der GuV kommen. In die Herstellungskosten dürfen somit keine kalkulatorischen Kosten einfließen. Die Höhe des Wertansatzes kann durch die Ausübung des Wahlrechts für den Ansatz der Verwaltungsgemeinkosten sowie der sonstigen Sozialaufwendungen höher oder niedriger ausfallen.

In der Kostenrechnung werden bei den **Herstellkosten** neben den aus der GuV stammenden Grundkosten auch die kalkulatorischen Kosten mit einbezogen. Auf der anderen Seite dürfen die Verwaltungsgemeinkosten grundsätzlich nicht eingerechnet werden. Erst bei der Ermittlung der Selbstkosten werden diese berücksichtigt.

3.4 Bilanzielle Abschreibungen

Abschreibungen

Der Erfolg einer Periode ergibt sich durch die Gegenüberstellung von Aufwendungen und Erträgen. Wichtig dabei ist die periodengerechte Gewinnermittlung. Dazu müssen die Aufwendungen und Erträge dem Geschäftsjahr zugewiesen werden, in dem diese verursacht worden sind.

Vermögensgegenstände unterliegen wegen ihrer technischen Nutzung oder Alterung einer Abnutzung. Dieser Werteverzehr der Anschaffungs- und Herstelllungskosten der Vermögensgegenstände muss deswegen über die betriebsgewöhnliche Nutzungsdauer auf die verschiedenen Nutzungsperioden verteilt werden.

Beim Anlagevermögen wird zwischen abnutzbaren und nicht abnutzbaren Anlagevermögen unterschieden. Zum nicht abnutzbaren Anlagevermögen gehören beispielsweise Grund und Boden, Beteiligungen, Wertpapiere des Anlagevermögens sowie langfristige Forderungen. Beispiele für abnutzbares Anlagevermögen sind Betriebs- und Geschäftsausstattung, Maschinen oder Fuhrpark.

Der Werteverzehr wird als Aufwand in Form von Abschreibungen buchhalterisch erfasst. Dabei wird zwischen planmäßiger und außerplanmäßiger Abschreibung unterschieden.

Bei der **planmäßigen Abschreibung** werden die AHK des abnutzbaren Anlagevermögens planmäßig über die betriebsgewöhnliche Nutzungsdauer als Aufwand verteilt. Treten unvorhergesehene bzw. außergewöhnliche Wertminderungen auf, werden diese in Form von **außerplanmäßigen Abschreibungen** berücksichtigt. Beim abnutzbaren und nicht abnutzbaren Anlagevermögen werden außerplanmäßige Abschreibungen nur dann vorgenommen, wenn diese dauerhaft sind **(gemildertes Niederstwertprinzip)**. Beim Umlaufvermögen dagegen werden Wertminderungen in Form von außerplanmäßigen Abschreibungen immer berücksichtigt, auch wenn diese nur vorübergehend sind **(strenges Niederstwertprinzip)**.

Abschreibung		
	planmäßig nur bei abnutzbarem AV Die AHK werden über die betriebsgewöhnliche Nutzungsdauer verteilt.	
	außerplanmäßig Unvorhersehbare Ereignisse führen zu einer Wertminderung.	nicht abnutzbares AV z. B. der Grundstückswert sinkt wegen Versumpfung
		abnutzbares AV z. B. Unfall bei einem Kfz
		UV niedrigerer Wiederbeschaffungswert, niedrigere Markt- oder Börsenpreise

Planmäßige und außerplanmäßige Abschreibungen

Da die AHK über die Nutzungsdauer verteilt werden, hat der Vermögensgegenstand am Ende seiner Nutzungsdauer einen Wert von null. Damit der Vermögensgegenstand z.B. bei der Inventur nicht vergessen werden kann, hat man in Zeiten der papiergeführten Anlagenbuchhaltung diesen mit einem Wert von 1,– € in der Anlagenbuchhaltung geführt, den sog. Erinnerungswert. Bei EDV-gestützten Buchhaltungsprogrammen ist dies nicht mehr notwendig, da die Information, ob der Vermögensgegenstand noch im Betrieb ist, anders abgespeichert wird (z.B. durch ein Abgangskennzeichen).

3.4.1 Planmäßige Abschreibungen

Planmäßige Abschreibungen

Unabhängig von der tatsächlichen Wertminderung verlangt der Gesetzgeber, dass alle Vermögensgegenstände, deren Nutzung zeitlich begrenzt ist, planmäßig über die betriebsgewöhnliche Nutzungsdauer abgeschrieben werden. Dazu muss ein Abschreibungsplan erstellt werden (§ 253 Abs. 3 HGB).

Für die Aufstellung eines **Abschreibungsplans** werden verschiedene Größen benötigt. Ausgangsbasis für die Ermittlung der Abschreibungsbeträge sind die AHK, die bereits im vorhergehenden Abschnitt erläutert wurden. Der Beginn der planmäßigen AfA erfolgt immer **zeitanteilig**, also zum Ersten des Monats, in dem der Vermögensgegenstand angeschafft oder hergestellt bzw. in Betrieb genommen worden ist. Für die Ermittlung der **betriebsgewöhnlichen Nutzungsdauer** werden die vom Bundesfinanzministerium veröffentlichten AfA-Tabellen verwendet, in denen für die verschiedenen Klassen von Wirtschaftsgütern die Nutzungsdauern unter Berücksichtigung der betriebstypischen Beanspruchung aufgelistet werden. Der Begriff **AfA** steht hier für **Absetzung für Abnutzung** und ist der steuerliche Begriff für den betriebswirtschaftlich-handelsrechtlichen Begriff Abschreibung. Als Letztes muss noch festgelegt werden, nach welcher Methode die Abschreibungen ermittelt werden sollen. Dafür stehen verschiedene Verfahren zur Auswahl. Neben zeitabhängigen Abschreibungsverfahren (lineare AfA, degressive AfA, degressiv-lineare AfA) gibt es auch die leistungsbezogene Abschreibung.

Diese verschiedenen Abschreibungsverfahren sollen am Beispiel des Kaufs eines Kleintransporters veranschaulicht werden: Die Anschaffung des Kleintransporters erfolgt im Januar, die gesamten Anschaffungskosten betragen 36.000,- €, aus der AfA-Tabelle für die allgemein verwendbaren Anlagegüter wird eine betriebsgewöhnliche Nutzungsdauer von 6 Jahren entnommen.

3.4.1.1 Lineare AfA

Lineare Abschreibung

Bei der linearen Abschreibung werden die Abschreibungsbeträge in gleich bleibender Höhe auf die Nutzungsdauer verteilt. Zur Ermittlung des jährlichen Abschreibungsbetrags werden die AHK durch die Nutzungsdauer dividiert.

Daraus ergibt sich folgender **Abschreibungsplan:**

	Restbuchwert 1.1.	AfA-Betrag	Restbuchwert 31.12.
Jahr 1	36.000,- €	6.000,- €	30.000,- €
Jahr 2	30.000,- €	6.000,- €	24.000,- €
Jahr 3	24.000,- €	6.000,- €	18.000,- €
Jahr 4	18.000,- €	6.000,- €	12.000,- €
Jahr 5	12.000,- €	6.000,- €	6.000,- €
Jahr 6	6.000,- €	6.000,- €	0,- €

Der Restbuchwert (oder auch Buchwert) ist der Wert des Vermögensgegenstandes, wie er in der Finanzbuchhaltung geführt wird, unabhängig vom tatsächlichen Wert. Der Buchwert ergibt sich aus den AHK abzüglich der planmäßigen Abschreibungsbeträge.

Betriebswirtschaftlich geht man bei der linearen Abschreibung von der Vorstellung aus, dass der Nutzen des Wirtschaftsgutes über die Zeit hinweg gleichbleibend ist. Dementsprechend sollen die Abschreibungen die Perioden gleichmäßig belasten. Dies führt zu einer konstanten Wertminderung.

Handels- und Steuerrecht

Die lineare Abschreibung ist sowohl handelsrechtlich wie auch steuerrechtlich zulässig.

3.4.1.2 Degressive AfA

Degressive Abschreibung

Grundsätzlich war die degressive AfA-Methode nur für bewegliche abnutzbare Anlagegüter erlaubt. Die Abschreibungsbeträge werden prozentual auf Basis des Restbuchwertes ermittelt. Dazu wird ein maximaler AfA-Prozentsatz festgelegt, der zuletzt in den Jahren 2009 und 2010 bei 25% lag. Dies bedeutet, dass der jährliche Abschreibungsbetrag 25% des jeweiligen Restbuchwertes beträgt. Der degressive Abschreibungsbetrag wird dadurch begrenzt, dass der AfA-Prozentsatz nicht mehr als das 2,5-Fache des linearen AfA-Satzes betragen darf.

Im aktuellen Beispiel liegt der lineare AfA-Satz bei einer Nutzungsdauer von 6 Jahren bei 16,67% (= 100/6 in%), das 2,5-Fache davon beträgt 41,7%. Damit liegt der degressive AfA-Satz unter dem linearen AfA-Satz, es kann degressiv mit 25% vom Restbuchwert abgeschrieben werden. Der erste AfA-Betrag ergibt sich aus 36.000,- € × 25% = 9.000,- €. Der Abschreibungsbetrag für das zweite Jahr errechnet sich aus dem Restbuchwert zu Beginn des zweiten Jahres multipliziert mit dem degressiven AfA-Satz.

Daraus ergibt sich folgender **Abschreibungsplan:**

	Restbuchwert 1.1.	AfA-Betrag	Restbuchwert 31.12.
Jahr 1	36.000,- €	9.000,- €	27.000,- €
Jahr 2	27.000,- €	6.750,- €	20.250,- €
Jahr 3	20.250,- €	5.063,- €	15.187,- €
Jahr 4	15.187,- €	3.797,- €	11.390,- €
Jahr 5	11.390,- €	2.848,- €	8.542,- €
Jahr 6	8.542,- €	8.542,- €*	0,- €

(alle Werte kaufmännisch auf volle Euro gerundet)

* Da die Nutzungsdauer 6 Jahre beträgt, wird im letzten Jahr der Restbuchwert komplett abgeschrieben.

Betriebswirtschaftlich geht man bei der degressiven Abschreibung von der Idee aus, dass Vermögensgegenstände, die einem technischen Fortschritt oder einer Mode unterliegen, gerade zu Beginn ihrer Nutzungsdauer deutlich mehr an Wert als in den späteren Nutzungsjahren verlieren. Auch steigen mit zunehmender Nutzungsdauer die anfallenden Instandhaltungs- oder Reparaturaufwendungen. Dieser ansteigende Kostenverlauf wird bei der degressiven Abschreibung berücksichtigt.

Handels- und Steuerrecht

Diese Form der Abschreibung war steuerrechtlich nur noch zeitweise zulässig und hat deswegen an Bedeutung verloren. In folgender Tabelle sind die Gültigkeitsjahre für das degressive AfA-Verfahren sowie die jeweils gültigen AfA-Sätze zusammengefasst.

Anschaffung im Jahr	degressiver AfA-Satz	maximal bzgl. linearer AfA
bis 2000	30%	3-fach
2001 bis 2005	20%	2-fach
2006 und 2007	30%	3-fach
2008	nicht erlaubt	
2009 und 2010	25%	2,5-fach
ab 2011	nicht erlaubt	

Auch wenn die degressive AfA aktuell nicht mehr zulässig ist, so kann diese Form der Abschreibung jedoch jederzeit steuerrechtlich wieder zulässig werden. Handelsrechtlich kann die degressive Art nach wie vor verwendet werden.

3.4.1.3 Degressiv-lineare AfA

Degressiv-lineare Abschreibung

Bei der degressiven AfA sinken die Abschreibungsbeträge im Zeitablauf. Wegen der betriebsgewöhnlichen Nutzungsdauer wird dann der Vermögensgegenstand im letzten Jahr vollständig abgeschrieben. Dies führt dazu, dass der Abschreibungsbetrag im letzten Jahr unverhältnismäßig hoch ist. Um diesem Effekt Rechnung zu tragen, hat der Gesetzgeber erlaubt (§ 7 Abs. 3 Satz 1 EStG und § 3 EStG), während der betriebsgewöhnlichen Nutzungsdauer einmalig die Abschreibungsmethode von degressiv auf linear zu wechseln. Dadurch hat man zu Beginn den Vorteil der höheren Abschreibungen, vermeidet aber die zu einem späteren Zeitpunkt zu niedrigen Abschreibungsbeträge und damit einen starken Anstieg des Aufwands im letzten Jahr.

Wechsel zur linearen Abschreibung

Den Wechselzeitpunkt von degressiv auf linear legt der Unternehmer fest. Unter der Annahme, möglichst früh möglichst viel abzuschreiben, gilt als Faustregel, dass abhängig vom degressiven AfA-Satz die letzten folgenden Jahre linear abgeschrieben werden sollten:

- bei 30% die letzten 3 Jahre
- bei 25% die letzten 4 Jahre
- bei 20% die letzten 5 Jahre.

Um dies zahlenmäßig zu zeigen, wird für das Beispiel unterstellt, dass der Kleintransporter im Januar 2010 zu 36.000,- € angeschafft wurde. Der entsprechende lineare AfA-Satz läge mit 41,7% höher als der degressive AfA-Satz von 25%. Zu Beginn des dritten Jahres wird von degressiver auf lineare AfA gewechselt. Es ergibt sich somit folgender **Abschreibungsplan:**

	Restbuchwert 1.1.	**AfA-Betrag**	**Restbuchwert 31.12.**
Jahr 1	36.000,00 €	9.000,00 €	27.000,00 €
Jahr 2	27.000,00 €	6.750,00 €	20.250,00 €
Jahr 3	20.250,00 €	5.062,50 €	15.187,50 €
Jahr 4	15.187,50 €	5.062,50 €	10.125,00 €
Jahr 5	10.125,00 €	5.062,50 €	5.062,50 €
Jahr 6	5.062,50 €	5.062,50 €	0,00 €

Mit der Absicht, möglichst viel möglichst früh abzuschreiben, ist diese Form der Abschreibung **betriebswirtschaftlich** sehr gut geeignet, da damit die Steuerbelastung auf einen späteren Zeitpunkt verschoben wird. Neben der damit verbundenen Liquiditäts- und Zinsvorteile durch die Steuerstundung kann eine mögliche spätere Steuersenkung sogar zu einer Steuerersparnis, auf die Nutzungsdauer gesehen, führen.

3.4.1.4 Leistungsabschreibung

Leistungsabschreibung

Bei den bisher beschriebenen Abschreibungsformen wurden die AHK auf die betriebsgewöhnliche Nutzungsdauer verteilt. Damit sind also alle zeitabhängig. Es kann aber auch vorkommen, dass für ein Wirtschaftsgut eine **betriebsgewöhnliche Leistungsmenge** festgelegt werden kann. Der Werteverzehr kann dann auch durch die tatsächliche Inanspruchnahme bzw. erbrachte Leistungsmenge ermittelt werden. Voraussetzungen dafür sind, dass die Leistungsabgabe auch messbar oder nachweisbar ist und es sich bei dem Wirtschaftsgut um ein bewegliches Anlagevermögen handelt. Dabei wird zunächst der Abschreibungsbetrag pro Leistungseinheit ermittelt, indem die AHK durch die betriebsgewöhnliche Gesamtleistungsmenge dividiert werden. Der zu buchende Abschreibungsbetrag errechnet sich durch Multiplikation der tatsächlichen Leistungsmenge mit dem Abschreibungsbetrag pro Leistungsmenge.

Beispiel

Die Gesamtfahrleistung eines Spezialfahrzeugs beträgt 300.000 Kilometer, die Anschaffungskosten liegen bei 240.000,- €. Daraus ergibt sich ein AfA-Betrag von 0,80 € pro gefahrenen Kilometer. Auf Basis des Kilometerzählers wurden im Berichtsjahr 75.000 Kilometer zurückgelegt.

Die Leistungsabschreibung beträgt 75.000 Kilometer × 0,80 € /km = 60.000,- €.

Beispiel

Diese weitgehend zeitunabhängige Form der Abschreibung entspricht am ehesten den betriebswirtschaftlichen Anforderungen einer verursachungsgerechten Ermittlung der Abschreibungsbeträge. Die Leistungsabschreibung ist sinnvoll, wenn die Abnutzung in den einzelnen Jahren stark unterschiedlich ist. Bei hoher Betriebsleistung (und damit indirekt hohen Betriebseinnahmen) wird auch ein hoher Werteverzehr gebucht und vice versa.

3.4.2 Außerplanmäßige Abschreibungen

Außerplanmäßige Abschreibung

Soll bei einem Anlagevermögen auf einen niedrigeren Wert abgeschrieben werden, erfolgt dies mit einer außerplanmäßigen Abschreibung. Bei außerplanmäßigen Abschreibungen auf Anlagevermögen muss die Wertminderung dauerhaft sein (gemildertes Niederstwertprinzip). Dies ist beispielsweise bei einem Unfallschaden am Kfz der Fall.

Auch Umlaufvermögen kann außerplanmäßig abgeschrieben werden. Bei Roh-, Hilfs- und Betriebsstoffen erfolgt dies beispielsweise, wenn zum Bilanzstichtag der Marktwert niedriger als der Buchwert ist. Aber auch Forderungen können außerplanmäßig abgeschrieben werden. Zunächst werden einwandfreie Forderungen mit dem Nennwert im Umlaufvermögen unter der Position „Forderungen" geführt. Wenn trotz mehrfachen Mahnens ein Kunde seine Außenstände nicht bezahlt, werden diese Forderungen zwar nach wie vor mit dem Nennwert geführt, aber zum Zwecke der Klarheit auf ein Konto „zweifelhafte Forderungen" umgebucht. Sind die Forderungen uneinbringlich, werden diese aus diesem Konto als außerplanmäßige Abschreibung auf Forderungen ausgebucht.

3.4.3 Geringwertige Wirtschaftsgüter

Geringwertige Wirtschaftsgüter

Bisher wurde davon ausgegangen, dass nach der Beschaffung eines Vermögensgegenstandes dessen Abnutzung oder Verbrauch über die betriebsgewöhnliche Nutzungsdauer als Aufwand erfolgswirksam verteilt wird. Hat jedoch der Vermögensgegenstand einen niedrigen Wert, so ist auf der einen Seite der buchhalterische Aufwand relativ hoch, auf der anderen Seite spielt die Zuordnung der erfolgswirksamen Abnutzung zu einer bestimmten Periode nur noch eine untergeordnete Rolle. Deswegen bietet das Steuerrecht dem Unternehmen für Gegenstände von geringem Wert eine Vereinfachung an: die aufwandsbezogene Verrechnung von geringwertigen Wirtschaftsgütern. Ein Vermögensgegenstand, der selbstständig nutzbar, einzeln bewertbar und abnutzbar ist, wird als **geringwertiges Wirtschaftsgut (GWG)** bezeichnet, wenn die Anschaffungskosten unter einer bestimmten Wertgrenze liegen. Dabei werden für die Ermittlung dieser nur die Nettobeträge betrachtet. Trotzdem muss das GWG aktiviert werden, Zugang sowie Abschreibung werden damit im Anlagengitter ausgewiesen.

Anschaffungskosten

Vermögensgegenstände mit Anschaffungskosten bis einschließlich 250,– € werden als **geringstwertige Wirtschaftsgüter** bezeichnet und unmittelbar als Aufwand gebucht. Damit werden diese Vermögensgegenstände nicht im Anlagengitter aufgelistet.

Für **Gegenstände über 250,– €** bietet das Einkommensteuergesetz **zwei Alternativen** an:

Das **800-Euro-Verfahren:** Die Wertgrenzen für das GWG liegen zwischen 250,01 € und einschließlich 800,00 €. Jedes einzelne GWG wird aktiviert. Für die Abschreibung besteht ein Wahlrecht: Entweder erfolgt die Abschreibung über die betriebsgewöhnliche Nutzungsdauer, oder die AHK werden im Jahr des Zugangs zu 100% abgeschrieben (Vollabschreibung).

Das **Sammelposten-Verfahren:** Die Wertgrenzen für das GWG liegen zwischen 250,01 € und einschließlich 1.000,00 €. Für die GWGs wird ein gemeinsamer Sammelposten pro Geschäftsjahr gebildet. Dieser Sammelposten wird über 5 Jahre linear abgeschrieben. Dabei spielt es keine Rolle, ob das GWG noch im Betrieb genutzt wird oder schon ausgeschieden ist (z. B. Totalschaden, Verlust).

Der Betrieb kann jedes Jahr neu wählen, ob er die 800-Euro-Regelung oder die Sammelposten-Regelung für ein Geschäftsjahr in Anspruch nehmen möchte. Das gewählte Verfahren gilt dann einheitlich für alle GWGs, die in diesem Jahr angeschafft werden.

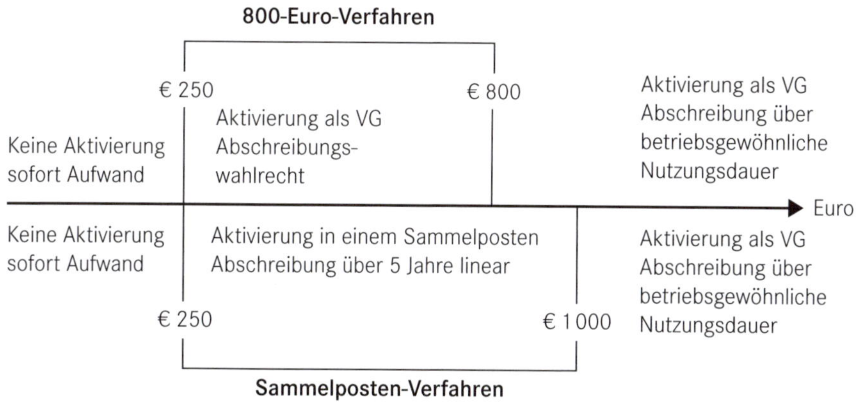

3.5 Bewertungsvereinfachungsverfahren

Bewertungsvereinfachungsverfahren

Vermögensgegenstände werden nach dem Grundsatz der Einzelbewertung bewertet. Ist jedoch bei Vermögensgegenständen des Umlaufvermögens, vor allem bei Vorräten (Roh-, Hilfs- und Betriebsstoffen, Ersatzteile, Kleinmaterialien, Handelswaren) die Einzelbewertung nur mit unverhältnismäßig hohem Aufwand verbunden oder physisch gar nicht möglich, so kann von der Einzelbewertung abgesehen und Bewertungsvereinfachungsverfahren angewendet werden. Zu den Bewertungsvereinfachungsverfahren gehören die Sammel- und Gruppenbewertung sowie die Festbewertung, die auch für Teile des Anlagevermögens angewendet werden kann.

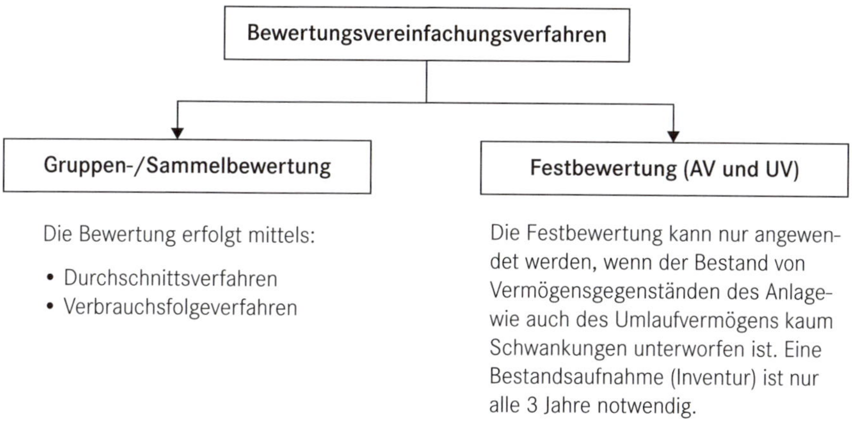

3.5.1 Sammelbewertung

Sammelbewertung

Bei der Sammelbewertung wird der Wert der Vermögensgegenstände, die zum Zeitpunkt der Inventur aufgenommen werden, im Nachhinein nach bestimmten Regeln ermittelt.

Grundsätzlich wird zwischen der **Durchschnittsbewertung** und dem **Verbrauchsfolgeverfahren** unterschieden. Bei der Durchschnittsbewertung erfolgt die Ermittlung des Wertansatzes für die Vermögensteile nach einem ermittelten Durchschnittswert. Bei dem Verbrauchsfolgeverfahren wird eine Verbrauchsfolge für die Bewertung unterstellt.

Die Vorgehensweise soll an einem **Beispiel** verdeutlich werden. Bei der Inventur wird für einen Rohstoff ein Endbestand von 200 kg festgestellt. Der Anfangsbestand waren 150 kg, während des Jahres wurde das Lager viermal wieder aufgefüllt. In der folgenden Tabelle befinden sich die Preise bzw. Werte für die verschiedenen Zugänge und den Anfangsbestand.

	Menge	Preis/kg	Gesamtpreis
Anfangsbestand 1.1.	150 kg	7,80 €	1.170,00 €
Zugang 14.1.	100 kg	9,00 €	900,00 €
Zugang 13.3.	200 kg	7,00 €	1.400,00 €
Zugang 23.8.	200 kg	8,50 €	1.700,00 €
Zugang 12.12.	100 kg	8,00 €	800,00 €
Summe	**750 kg**		**5.970,00 €**
Endbestand	**200 kg**		

Bei der **Durchschnittsmethode** wird der durchschnittliche Wert der Zugänge und des Anfangsbestands ermittelt.

Dieser wird dann für die Bewertung des Inventurbestands verwendet.

Durchschnittspreis: 5.970,00 €/750 kg = 7,96 €/kg
Gesamtwert: 200 kg × 7,96 €/kg = 1.592,00€

Der Durchschnittswert liegt bei 7,96 €/kg. Damit hat der Endbestand einen Gesamtwert von 1.592,00 €.

Bei den Verbrauchsfolgeverfahren wird für die Wertermittlung eine Verbrauchsfolge unterstellt.

LiFo

Beim **Last-in-First-out-Verfahren (LiFo)** wird davon ausgegangen, dass die Vermögensgegenstände, die als Letztes ins Lager gegangen sind, als Erstes verbraucht worden sind. Dementsprechend befinden sich im Lager diejenigen, die als Erstes zugegangen sind. Der Endbestand wird dann mit diesen Werten bewertet.

LiFo-Wert:	150 kg	7,80 €	1.170,00 €
	50 kg	9,00 €	450,00 €
		LiFo-Wert des Endbestands:	**1.620,00 €**

Der Bestand von 200 kg setzt sich zusammen aus dem Anfangsbestand von 150 kg (à 7,80 €) und 50 kg des ersten Zugangs (à 9,00 €). Dies führt zu einem Wert für den Endbestand von 1.620,- €.

Beim **First-in-First-out-Verfahren (FiFo)** wird davon ausgegangen, dass die Vermögensgegenstände, die als Erstes ins Lager gegangen sind, auch als Erstes verbraucht worden sind. Dementsprechend befinden sich im Lager diejenigen, die als Letztes zugegangen sind. Der Endbestand wird dann mit diesen Werten bewertet. FiFo

FiFo-Wert:	100 kg	8,00 €	800,00 €
	100 kg	8,50 €	850,00 €
		FiFo-Wert des Endbestands:	**1.650,00 €**

Der letzte Zugang erfolgte mit 100 kg à 8,00 € am 12.12., vom Zugang vom 23.8. sind weitere 100 kg à 8,50 € im Lager. Dies führt zu einem Wert für den Endbestand von 1.650,- €.

Im Gegensatz zu LiFo und FiFo unterstellen die beiden nächsten Verfahren eine fiktive Verbrauchsfolge.

Beim **Highest-in-First-out (HiFo)** wird davon ausgegangen, dass die teuersten Gegenstände als Erstes verbraucht worden sind. Bei der Inventur befinden sich noch diejenigen Gegenstände im Lager, die mit dem niedrigsten Preis zugegangen sind. HiFo

HiFo-Wert:	200 kg	7,00 €	1.400,00 €
		HiFo-Wert des Endbestands:	**1.400,00 €**

Der Zugang mit dem niedrigsten kg-Preis von 7,00 € war am 13.3. mit 200 kg. Dieser ist noch im Lager, der Endbestand hat damit einen Wert von 1.400,00 €.

Beim **Lowest-in-First-out (LoFo)** wird davon ausgegangen, dass die günstigsten Gegenstände als Erstes verbraucht worden sind. Bei der Inventur befinden sich noch diejenigen Gegenstände im Lager, die mit dem höchsten Preis zugegangen sind. LoFo

LoFo-Wert:	100 kg	9,00 €	900,00 €
	100 kg	8,50 €	850,00 €
LoFo-Wert des Endbestands:			**1.750,00 €**

Der Zugang mit den höchsten kg-Preisen von 9,00 €/kg bzw. 8,50 €/kg waren am 14.1. mit 100 kg bzw. am 23.8. mit 100 kg. Damit hat der Endbestand einen Wert von 1.750,00 €.

Betrachtet man die verschiedenen Verfahren, so können diese den GoB sowie den handels- und steuerrechtlichen Vorschriften genügen. Die Zulässigkeit der Anwendung kann der folgenden Matrix entnommen werden.

	GoB	HGB	EStR
Durchschnittsbewertung	ja	ja	ja
Last-in-First-out	ja	ja	ja
First-in-First-out	ja	ja	nein
Highest-in-First-out	ja	nein	nein
Lowest-in-First-out	nein	nein	nein

3.5.2 Festbewertung

Festbewertung

Bei der Festbewertung liegt die Vereinfachung in einer nur noch alle 3 Jahre notwendigen Inventur. Die Festbewertung kann bei Sachanlagevermögen und bei Roh-, Hilfs- und Betriebsstoffen angewendet werden, wenn ihr Bestand, Wert und die Zusammensetzung über die Jahre hinweg gleich bleiben. Voraussetzung ist, dass sowohl Menge wie auch Preis gleich bleiben, der Wert nachrangig ist und sie regelmäßig ersetzt werden (§ 240 Abs. 3 HGB).

Fragen zur Kompetenzüberprüfung

1. Was wird unter dem Niederstwertprinzip verstanden?
2. Was besagt der Grundsatz der Einzelbewertung?
3. Wie setzen sich die Anschaffungskosten zusammen? Was gehört nicht zu den Anschaffungskosten?
4. Wie sind die Herstellungskosten definiert? Wie unterscheiden sich die Herstellungskosten von den Herstellkosten?
5. Was ist die Aufgabe der Abschreibungen?
6. Welche zeitabhängigen Abschreibungsverfahren kennen Sie? Erläutern Sie diese!
7. Was sind außerplanmäßige Abschreibungen?
8. Nennen und erläutern Sie die Bewertungsvereinfachungsverfahren! Welche der Verbrauchsfolgeverfahren entsprechen den GoB, dem Handelsrecht und dem Steuerrecht?

4. Auswertung des Jahresabschlusses

Handlungssituation

Handlungssituation (Fallbeispiel)

Sie haben mit dem Steuerberater die Bilanz und GuV aufgestellt. Außerdem haben Sie anhand einzelner konkreter Vorfälle gesehen, wie die Wertansätze der Bilanz zustande kommen.

Im Folgenden werden Sie den bereits erstellten Jahresabschluss, der sich aus der Bilanz und der GV zusammensetzt, auswerten. Dazu werden Sie die Bilanz und GuV nach betriebswirtschaftliche Gesichtspunkten umstrukturieren. Als Nächstes werden Sie die Vermögens-, Finanz- und Ertragslage mit geeigneten Kennzahlen untersuchen und bei Bedarf Maßnahmen zur Verbesserung der Situation definieren.

4.1 Schritte der Bilanzanalyse

Schritte der Bilanzanalyse

Mit dem Begriff Jahresabschlussanalyse ist die zielgerichtete und methodische Untersuchung der Bestandteile des Jahresabschlusses, also von Bilanz, GuV und, soweit vorhanden, auch Anhang und Lagebericht gemeint, um entscheidungsrelevante Informationen über die Vermögens-, Finanz- und Ertragslage sowie idealerweise über zukünftige betriebswirtschaftliche Entwicklungen des Betriebes zu gewinnen. Die Vermögens- und Finanzlage des Betriebes spiegelt sich in den Bestandszahlen der Bilanz wider. Die Ertragslage findet sich überwiegend in den Bewegungsdaten der GuV. Da im Zentrum der Auswertung die Bilanz steht, wird auch oft der eigentlich zu enge Begriff Bilanzanalyse dafür verwendet.

Hauptziele der Jahresabschlussanalyse sind die Untersuchung der finanziellen Stabilität des Betriebs und seine Ertragskraft.

4.1.1 Datenaufbereitung und Erstellen der Strukturdaten

Datenaufbereitung

Je besser die Daten der Quellen aufbereitet sind, desto besser ist die Qualität der Analyse. Die Daten der Bilanz und der GuV liegen bisher nach handels- bzw. steuerrechtlichen Kriterien vor. Diese so veröffentlichten Daten eignen sich noch nicht für eine betriebswirtschaftliche Auswertung, da sie bilanzpolitisch gestaltbar sind. Dementsprechend wird die nach gesetzlichen Vorschriften erstellte Bilanz und GuV in eine sogenannte Struktur-Bilanz und Struktur-GuV überführt. Dazu werden unter Berücksichtigung der betriebswirtschaftlichen Zielsetzung Gruppierungen, Zusammenfassungen und Korrekturen vorgenommen. Selbstverständlich sollten diese Änderungen über die Jahre hinweg gleich sein, um eine sinnhafte Auswertung im Zeitablauf gewährleisten zu können.

Erstellen von Strukturdaten

In der Bilanz werden verschiedene Positionen zusammengefasst bzw. auf verschiedene andere Positionen aufgeteilt. So werden beispielsweise die beiden Rechnungsabgrenzungsposten anderen Positionen hinzugerechnet. Langfristige Rückstellungen werden je nach ihrem Charakter dem Eigenkapital bzw. den Verbindlichkeiten zugerechnet. Bei Kapitalgesellschaften werden beispielsweise ausstehende Einlagen mit dem Eigenkapitalkonto verrechnet.

Da die Empfehlungen in der Literatur sehr uneinheitlich sind, wird im Folgenden auf der Aktivseite die Position „Aktive Rechnungsabgrenzungsposten" mit der Position „Kasse" zur Position „Liquide Mittel" hinzugerechnet. Auf der Passivseite wird die Position „Passive Rechnungsabgrenzungsposten" den „kurzfristigen Verbindlichkeiten" hinzugerechnet. Weitere Anpassungen bleiben unberücksichtigt.

Struktur-HGB-Bilanz

Aktiva | **Passiva**

	Berichtsjahr in €	Vorjahr in €		Berichtsjahr in €	Vorjahr in €
immat. Vermögen	5.500,-	4.000,-	Eigenkapital	505.000,-	490.000,-
Grundstück	68.000,-	68.000,-	Entnahmen	-104.000,-	-120.500,-
Gebäude	494.500,-	550.000,-	Jahresüberschuss	188.300,-	135.500,-
Anlagen/Maschinen	317.300,-	367.400,-	**Eigenkapital**	**589.300,-**	**505.000,-**
Fuhrpark	270.000,-	227.000,-	langfrist. Rückstellungen	0,-	0,-
Betriebs-/Geschäftsausst.	135.800,-	190.500,-	langfrist. Verbindlichkeiten	399.900,-	636.500,-
Finanzanlagen	1.500,-	1.500,-	**langfrist. Fremdkapital**	**399.900,-**	**636.500,-**
Anlagevermögen gesamt	**1.292.600,-**	**1.408.400,-**	erhaltene Anzahlungen	646.000,-	606.900,-
RHB	301.500,-	338.900,-	kurzfrist. Rückstellungen	115.000,-	20.000,-
unfertige Leistungen	1.460.000,-	1.155.000,-	kurzfrist. Verbindlichkeiten	2.327.000,-	2.038.500,-
fert. Erzeugnisse	220.000,-	115.000,-	**kurzfristiges FK gesamt**	**3.088.000,-**	**2.665.400,-**
geleistete Anzahlungen	0,-	0,-	**Gesamtkapital**	**4.077.200,-**	**3.806.900,-**
kurzfristige Forderungen	698.000,-	600.600,-			
Bankguthaben	86.000,-	174.200,-			
liquide Mittel	19.100,-	14.800,-			
Umlaufvermögen gesamt	**2.784.600,-**	**2.398.500,-**			
Gesamtvermögen	**4.077.200,-**	**3.806.900,-**			

Die Aufbereitung der GuV erfolgt in Anlehnung an die Staffelform nach § 275 HGB. Für die Analyse der Erfolgsrechnung wird die Strukturierung nach betriebswirtschaftlichen Gesichtspunkten vorgenommen. Dazu werden für die Auswertung sinnvolle Zwischensummen gebildet. Damit werden die verschiedenen Bestandteile der GuV lesbar und besser interpretierbar gruppiert.

Struktur-Gewinn- und Verlustrechnung

			Berichtsjahr in €	Vorjahr in €
1)	Umsatzerlöse abzüglich Erlösschmälerung	+	7.973.300,-	7.941.560,-
2)	Bestandsveränderung an Erzeugnissen (+/-)	±	112.000,-	-270.000,-
3)	Eigenverbrauch, sonstige aktivierte Eigenleistung	+	0,-	0,-
4)	sonstige betriebliche Erträge	+	5.200,-	4.500,-
5)	**= Betriebsleistung bzw. betriebliche Erträge (1 + 2 + 3 + 4)**	=	**8.090.500,-**	**7.676.060,-**
6)	Materialaufwendung	./.	4.387.000,-	4.166.500,-
7)	Personalaufwand	./.	2.645.000,-	2.534.200,-
8)	bilanzielle Abschreibungen	./.	165.000,-	160.200,-
9)	sonstige betriebliche Aufwendungen	./.	455.700,-	437.260,-
10)	**= betriebliche Aufwendungen (6 + 7 + 8 + 9)**	=	**7.652.700,-**	**7.298.160,-**
11)	**= Betriebsergebnis (5 - 10)**	=	**437.800,-**	**377.900,-**
12)	Erträge aus Beteiligungen	+	16.000,-	12.400,-
13)	Erträge aus anderen Wertpapieren und Ausleihungen	+	0,-	0,-
14)	sonstige Zinsen und ähnliche Erträge	+	7.500,-	7.100,-
15)	bilanzielle Abschreibungen auf Umlaufvermögen	./.	17.000,-	16.300,-
16)	Zinsen und ähnliche Aufwendungen	./.	256.000,-	245.600,-
17)	**= Finanzergebnis (12 + 13 + 14 - 15 - 16)**	=	**-249.500,-**	**-242.400,-**
18)	**= Gesamtergebnis (11 +/- 17)**	=	**188.300,-**	**135.500,-**
19)	Steuern auf Einkommen und Ertrag	./.	0,-	0,-
20)	sonstige Steuern	./.	0,-	0,-
21)	**= Jahresüberschuss (18 - 19 - 20)**	=	**188.300,-**	**135.500,-**

Neben den Informationen, die aus der Struktur-Bilanz und der Struktur-GuV ermittelt werden, werden im Verlaufe der nachfolgenden Analyse bzw. Bildung von Kennzahlen weitere Informationen benötigt. Diese sind:

- kalkulatorischer Unternehmerlohn für das Berichtsjahr und das Vorjahr: 72.000,- €
- RHB zum 1.1. Vorjahr: 342.000,- €
- Forderungsbestand zum 1.1.Vorjahr: 581.000,- €
- Eigenkapital zum 1.1.Vorjahr: 485.000,- €
- Gesamtkapital zum 1.1.Vorjahr: 3.755.100,- €

4.1.2 Bilanzanalyse: Bildung von Kennzahlen

Bereits mit Einzelangaben aus dem Jahresabschluss sind erste Beurteilungen des Betriebes möglich. Aber auch wenn Angaben zu einzelnen Positionen der Bilanz oder GuV, wie z. B. die Höhe des Gewinns, Zahl der Mitarbeiter oder der Aufträge, interessante Aspekte wiedergeben, so bleiben doch komplexere betriebswirtschaftliche Zusammenhänge sowie betriebswirtschaftliche Relationen nur bruchstückhaft. Die Bildung und Auswahl der Kennzahlen ist das Kernstück der **Bilanzanalyse.**

Bildung von Kennzahlen

Deswegen werden verschiedene Kennzahlen gebildet, um mit möglichst einer Kennzahl komplexere Sachverhalte einfach beschreiben zu können oder betriebswirtschaftliche Zusammenhänge sichtbar zu machen, die allein auf Basis der einzelnen absoluten Zahlen so nicht ersichtlich wären. Auf Basis der Vielzahl an unterschiedlichen Kennzahlen, die alle Facetten des Betriebs untersuchen, entsteht Schritt für Schritt ein Bild, das der Komplexität des Betriebs gerecht wird.

Absolute und relative Kennzahlen

Absolute Kennzahlen liefern ein erstes Bild des Unternehmens. Zahlen wie Gewinn oder Umsatz können unmittelbar aus der GuV entnommen werden. Aber auch komplexere absolute Kennzahlen lassen sich errechnen, die eine hohe Aussagekraft haben, da sie komplexe Sachverhalte auf eine einzige Zahl verdichten. Als Beispiel gilt hier die Berechnung des Cashflows.

Bei der Berechnung von relativen Zahlen werden Zusammenhänge sichtbar gemacht, die den Grunddaten so nicht entnommen werden können. Bei den **Gliederungszahlen** wird ein Teil zum Gesamten in Beziehung gesetzt. Damit werden Strukturen sichtbar gemacht. Die Summe der Gliederungszahlen, also aller Teile zum Gesamten, ergeben 100%. Die meisten Kennzahlen der vertikalen Bilanzanalyse sind Gliederungszahlen. Bei den **Beziehungszahlen** werden unterschiedliche Zahlen zueinander in Relation gesetzt, um betriebswirtschaftlich sinnvolle Zusammenhänge aufzeigen zu können. Ein wichtiges Beispiel ist die betriebswirtschaftliche Forderung, dass langfristig gebundenes Vermögen auch langfristig finanziert sein soll (Goldene Bilanzregel). Die Kennzahlen der Anlagendeckung (Beziehungszahlen) vermitteln klare und eindeutige Kennzahlen, die diesen Zusammenhang quantitativ aufzeigen. Bei den **Indexzahlen** wird die Entwicklung einzelner Größen über die Zeit sichtbar gemacht. Dies geschieht, indem man ein Basisjahr wählt und für dieses die Größen, die beobachtet werden sollen, auf 100% setzt. Dann werden für die nachfolgenden Jahre die Entwicklungen dieser Größen bezogen auf dieses Basisjahr dargestellt. So kann man die Entwicklung des Umsatzes oder des Gewinns über die Zeit hinweg sehr gut nachvollziehen.

4.1.3 Bilanzkritik: Auswertung und Vergleich der Kennzahlen

Interne und externe Analyse

Die wichtigste Quelle für die Auswertung liefern selbstverständlich alle betriebsinternen Informationen und Daten. Diese **interne Analyse** wird vom Betriebsinhaber selber, unterstützt durch Externe wie z. B. Steuerberater, durchgeführt. Neben dem Jahresabschluss steht eine Vielzahl weiterer betriebsinterner Quellen zur Verfügung. Die **externe Analyse** kann sich dagegen nur auf die Daten beziehen, die öffentlich zugänglich sind. Dies ist in erster Linie der veröffentlichte Jahresabschluss. Darüber hinaus können aber auch weitere Informationen bezogen auf die Rahmenbedingungen erhoben werden:

- Wettbewerbsverhältnisse in der Branche
- Marktanteile, Kundenstruktur, Auftragslage
- Rechtsform, Größe
- Eigentumsverhältnisse.

Kennzahlenvergleich

Von großer Bedeutung ist die Analyse der Entwicklung der eigenen Kennzahlen im **Zeitvergleich**. Damit wird unmittelbar sichtbar, wie sich der eigene Betrieb entwickelt hat.

Daneben liefert aber auch der **Betriebsvergleich** und seine Entwicklung kritische Informationen für die eigenen Entscheidungen und Handlungsbedarfe. Die Quellen für die Vergleichsdaten dafür sind die von Innungen und Handwerkskammern herausgegebenen Branchenvergleiche. Verschiedene Betriebe geben an die Innungen ihre Informationen und Daten weiter. Diese werden anonymisiert und für verschiedene Unternehmensgrößen zusammengefasst. Somit kann man seinen Betrieb in Bezug auf Gewerk, Größe und Region zielgerichtet mit Durchschnittsbetrieben vergleichen. Weitere Quellen für Vergleichsdaten liefern Branchenverbände oder auch die Geschäftsbanken.

4.1.4 Grenzen der Bilanzanalyse

Grenzen der Bilanzanalyse

Die Bilanzanalyse soll auf Basis der Untersuchung der Vermögens-, Finanz- und Ertragslage Aussagen über zukünftige betriebswirtschaftliche Entwicklungen des Betriebes liefern. Bilanz und GuV geben aber immer nur ein Bild über die Vergangenheit, auch wenn dies bis zu einem gewissen Grad Rückschlüsse für die Zukunft zulässt. Aber für die Prognose müssen auch aktuelle wirtschaftliche Entwicklung sowie die Branchenveränderungen berücksichtigt werden.

Daneben können bilanzpolitische Maßnahmen und Instrumente die Aussagekraft der Bilanz und GuV verfälschen.

In der Bilanz und GuV gehen darüber hinaus nur die Daten aus der Finanzbuchhaltung ein. Bei diesen handelt es sich um den Gegenwert von finanziellen Vorgängen in Geldeinheiten. Bedeutsame Aspekte wie Qualität der Mitarbeiter, Qualität des Managements oder Qualität der Produkte, Kundenzufriedenheit oder mögliche anstehende wirtschaftliche Veränderungen bleiben dabei unberücksichtigt.

4.2 Auswertung der Bilanz

Bilanzauswertung

Bei der Analyse der Bilanz werden nach betriebswirtschaftlichen Zusammenhängen verschiedene Bilanzpositionen zueinander oder zur Bilanzsumme in Beziehung gesetzt. Da die Basis für die Kennzahlen die zum Zeitpunkt des Bilanzstichtags ermittelten Bestandswerte sind, handelt es sich um statische Bilanzkennzahlen.

Vertikale Bilanzanalyse

Werden nur Positionen einer Bilanzseite miteinander verglichen, nennt man dies **vertikale Bilanzanalyse**. Bei der Analyse der **Vermögensstruktur** werden nur die Positionen der Vermögensseite, bei der Analyse der **Kapitalstruktur** nur die Positionen der Kapitalseite betrachtet.

Horizontale Bilanzanalyse

Werden Positionen beider Bilanzseiten zueinander in Beziehung gesetzt, nennt man dies **horizontale Bilanzanalyse**. Bei der Analyse der **Finanzstruktur** wird die Art der Finanzierung des langfristig gebundenen Kapitals untersucht, bei der Analyse der **Liquidität** wird die Fähigkeit des Unternehmens untersucht, seinen Zahlungsverpflichtungen nachkommen zu können.

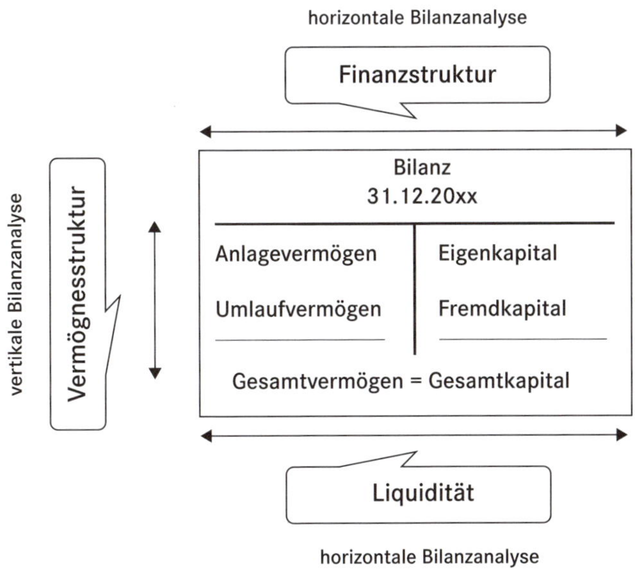

Bilanzanalyse

4.2.1 Kennzahlen der Vermögensstruktur

4.2.1.1 Allgemeines zur Vermögensstruktur

Bei der Analyse der Vermögensstruktur wird die Art und Zusammensetzung des Vermögens unter Berücksichtigung der Dauer der Vermögensbindung untersucht.

Kennzahlen der Vermögensstruktur

Die Kennzahlen für die Vermögensstruktur erlauben ohne weitere Vergleichswerte keine Bewertung der Situation des Unternehmens. Sie können vielmehr nur im Zeitvergleich bzw. im Branchenvergleich sinnvoll interpretiert werden. Sie dienen dann als Indiz für eine Verschlechterung der verschiedenen untersuchten Bilanzpositionen und legen so weitergehende Untersuchungen nahe. Für die Analyse stehen folgende Kennzahlen zur Verfügung:

Vermögensintensität

$$\text{Vermögensintensität} = \frac{\text{Anlagevermögen}}{\text{Umlaufvermögen}} \times 100 \text{ in } \%$$

Die **Vermögensintensität** ist die grundlegende Kennzahl für die Analyse der Vermögensstruktur.

Anlagenintensität

$$\text{Anlageintensität} = \frac{\text{Anlagevermögen}}{\text{Gesamtvermögen}} \times 100 \text{ in } \%$$

Die **Anlageintensität** gibt das Verhältnis des im Unternehmen langfristig gebundenen Vermögens zum Gesamtvermögen wider. Investitionen in Anlagevermögen sind im Unternehmen für eine lange Zeit gebunden. Sollte das Unternehmen zur Sicherung des Unternehmens Teile seines Anlagevermögens verkaufen müssen, ist dies kurzfristig nur mit zum Teil höheren Abschlägen auf den Restbuchwert und damit mit Mindererlösen möglich.

Umlaufintensität

$$\text{Umlaufintensität} = \frac{\text{Umlaufvermögen}}{\text{Gesamtvermögen}} \times 100 \text{ in } \%$$

Die **Umlaufintensität** gibt das Verhältnis des im Unternehmen kurzfristig gebundenen Vermögens zum Gesamtvermögen wider. Da sich das Gesamtvermögen aus Anlage- und Umlaufvermögen zusammensetzt, ergibt sich die Umlaufintensität rechnerisch auch unmittelbar aus der Anlageintensität:

Umlaufintensität = 100 % – Anlageintensität

Gerade in Handwerksbetrieben kann das Umlaufvermögen (vor allem Lagerbestände, unfertige Erzeugnisse und Forderungen) unkontrolliert anwachsen, also stärker, als es eine mögliche Umsatzsteigerung erwarten lassen würde. Eine über den Zeitablauf steigende Umlaufintensität (dies entspricht einer sinkenden Vermögensintensität) deutet auf eine unnötig hohe Kapitalbindung im Umlaufvermögen hin.

Bei der Ermittlung und vor allem dem Vergleich der Kennzahlen der Vermögensstruktur müssen zwei Aspekte besonders gewürdigt werden:

- Nicht alle Betriebe verfügen über eigene **Grundstücke und Gebäude** und weisen diese dementsprechend in der Bilanz aus. Grundstücke und Gebäude können auch aus haftungstechnischen Gründen mittels einer Betriebsaufspaltung ausgegliedert worden sein. Wegen ihres in der Regel hohen Wertes kann dies zu Verzerrungen der Kennzahlen führen. Deswegen wird empfohlen, bei einem Betriebsvergleich Grundstücke und Gebäude nicht zu berücksichtigen. Auch die Art der Finanzierung des Anlagevermögens hat eine größere Auswirkung, wenn Gegenstände des Anlagevermögens geleast statt gekauft werden. Dies muss bei einem Betriebsvergleich ebenfalls berücksichtigt werden.
- Außerdem sind die Höhe des notwendigen Anlagevermögens und damit die Anlageintensität sehr stark von der **Art der Branche** abhängig. Ein Betriebsvergleich ist nur bei gleicher Branche und Größe sinnvoll: So haben beispielsweise Maschinenbaubetriebe und Friseurbetriebe wegen ihres unterschiedlichen Geschäfts völlig unterschiedliche Anlageintensitäten.

Neben dem Betriebsvergleich ist vor allem der Vergleich der Kennzahlen über die Zeit hinweg von großer Bedeutung. Dies soll an einer im Zeitablauf sinkenden Anlageintensität und deren möglichen Interpretation dargestellt werden:

Generell kann gesagt werden: Je kleiner der Wert der Anlageintensität ist, desto flexibler kann ein Betrieb auf Veränderungen des Marktes bzw. der Marktnachfrage und damit auf Beschäftigungsschwankungen reagieren. Dies spiegelt sich in der Kostenrechnung wieder: Da Investitionen des Anlagevermögens zu hohen Fixkosten führen - unmittelbar in Form von Abschreibungen und mittelbar in Form von Zinszahlungen als Finanzierungkosten -, kann das Unternehmen kostenrechnerisch bei einer hohen Anlageintensität kaum auf Nachfrageänderungen und damit Beschäftigungsschwankungen reagieren. Bei einer niedrigen bzw. sinkenden Anlageintensität ist jedoch der Anteil der fixen Kosten an den Gesamtkosten geringer bzw. sinkend. Der Betrieb kann bei einer geringeren Auslastung seine Kostenstruktur deutlich flexibler anpassen.

Auf der anderen Seite kann eine sinkende Anlageintensität aber auch auf einen veralteten Maschinenpark schließen lassen, da Neu- oder sogar Ersatzinvestitionen unterlassen worden sind (Desinvestition). Dies kann Ausdruck einer negativen Absatzerwartung sein. Die unterlassenen Investitionen führen zu einer Überalterung des Maschinen- und Anlagebestands. Es kommt in Folge zu einem Investitionsstau. Für eine tiefergehende Analyse können die verschiedenen Bestandteile der Aktivseite der Bilanz detaillierter untersucht werden.

Sachanlage-
intensität

$$\text{Sachanlageintensität} = \frac{\text{Sachanlagevermögen}}{\text{Gesamtvermögen}} \times 100 \text{ in } \%$$

Eine hohe **Sachanlagenintensität** ist vor allem in anlageintensiven Branchen zu erwarten.

Vorrats-
intensität

$$\text{Vorratsintensität} = \frac{\text{Vorratsvermögen}}{\text{Gesamtvermögen}} \times 100 \text{ in } \%$$

Eine hohe **Vorratsintensität** zeigt eine große Vorratshaltung auf, die in der Regel durch kurzfristiges Fremdkapital finanziert ist. Dadurch werden hohe Zinszahlungen verursacht. Auf der anderen Seite stellt eine große Vorratshaltung die Produktion sicher, die positive Kunden- bzw. Lieferantenbewertung nach sich ziehen kann.

Forderungs-
intensität

$$\text{Forderungsintensität} = \frac{\text{Forderungsvermögen}}{\text{Gesamtvermögen}} \times 100 \text{ in } \%$$

Eine hohe und vor allem steigende **Forderungsintensität** deutet auf zu hohe Außenstände hin. Zum einen steigt damit das Risiko von Forderungsausfällen, zum anderen erhöht sich auch der Zinsverlust, da diese nicht beglichenen Forderungen noch zu keinem Zahlungsfluss geführt haben.

Zahlungsmit-
telintensität

$$\text{Zahlungsmittelintensität} = \frac{\text{liquide Mittel}}{\text{Gesamtvermögen}} \times 100 \text{ in } \%$$

Je höher die **Zahlungsmittelintensität** ist, desto negativer wirkt sich das auf die Zinslast aus; auf der anderen Seite führt dies aber auch dazu, dass der Betrieb kurzfristigen Liquiditätsbedarf leichter decken kann.

4.2.1.2 Vermögenskennzahlen für den Betrieb (Beispiel)

Beispielbe-
rechnung

Berechnet man die Kennzahlen der Vermögensstruktur auf Basis der Struktur-Bilanz (siehe Werte aus Abschnitt 4.1.1), kommt man für das Berichtsjahr und das Vorjahr zu folgenden Werten:

	Berichtsjahr	Vorjahr
Vermögensstruktur	46,4%	58,7%
Anlageintensität	31,7%	37,0%
Umlaufintensität	68,3%	63,0%

Da sich das Gesamtvermögen aus Anlagevermögen und Umlaufvermögen zusammensetzt, liefern diese drei Kennzahlen den gleichen Analysewert.

Deutlich wird, dass die Anlageintensität sinkt, die Umlaufintensität steigt. Zunächst ist dies positiv zu bewerten, da bei sinkender Anlageintensität davon ausgegangen werden kann, dass die Fixkostenbelastung abnimmt und damit die Fähigkeit des Betriebes zunimmt, flexibler die Kosten an Nachfrageänderungen anzupassen.

Auf der anderen Seite kann die steigende Umlaufintensität durch eine zu hohe Zunahme der Positionen des Umlaufvermögens zustande kommen. Die Bildung der Umlaufintensität ist damit der Startpunkt für tiefergehende Analysen. Bei steigendem Umsatz, wie dies hier der Fall ist, kann damit auch z. B. der Bestand an Forderungen oder die Höhe der unfertigen Erzeugnisse und Roh-, Hilfs- und Betriebsstoffe entsprechend steigen. Solange der Anstieg des Umlaufvermögens vollständig auf die Umsatzsteigerung zurückzuführen ist, steigt das Umlaufvermögen kontrolliert. Erhöht sich jedoch das Umlaufvermögen stärker, als dies durch die erhöhte Betriebsleistung zu erwarten wäre, steigt das Umlaufvermögen unkontrolliert. Um dies überprüfen zu können, werden folgende weitergehende Kennzahlen gebildet.

$$\frac{\text{Fertigerzeugnisse und Waren}}{\text{Betriebsleistung}} \times 100 \text{ in } \%$$

$$\frac{\text{unfertige Erzeugnisse und RHB}}{\text{Betriebsleistung}} \times 100 \text{ in } \%$$

$$\frac{\text{Forderungen}}{\text{Betriebsleistung}} \times 100 \text{ in } \%$$

Für die beiden Geschäftsjahre ergeben sich folgende Werte:

	Berichtsjahr	**Vorjahr**
Fertigerzeugnisse und Waren/Betriebsleistung	2,7%	1,5%
unfertige Erzeugnisse und RHB/Betriebsleistung	21,8%	19,5%
Forderungen/Betriebsleistung	8,6%	7,8%

Alle drei Kennzahlen sind im Vergleich zum Vorjahr gestiegen. Wäre das Umlaufvermögen analog zur Betriebsleistung gestiegen, wären diese Kennzahlen über beide Jahre hinweg konstant geblieben, durch Rationalisierung bzw. aufgrund des Lernfaktors hätten diese sogar leicht sinken können. Dies bedeutet, dass das Umlaufvermögen in Relation zum Betriebsergebnis zu stark und damit unkontrolliert gestiegen ist. Es ist zu viel Umlaufvermögen gebunden, die damit verbundenen Kosten können vermieden werden.

Der Unternehmer hat nun verschiedene Ansatzpunkte, die Prozesse seines Betriebs zu optimieren. Diese werden für die verschiedenen Bereiche in Stichworten beschrieben:

- Forderungsmanagement:
  verstärktes Mahnen, regelmäßige und frühzeitige Zahlungserinnerungen, Gewährung von Skonto, gegebenenfalls Verkauf der Forderungen (Factoring).
- Lager (unfertige Erzeugnisse und RHB):
  Verhandlung mit Lieferanten (Erhöhung der Preisnachlässe), Lagerverwaltung optimieren, Bestellwesen überprüfen.
- Fertigerzeugnisse und Waren:
  Herstellung an Bestellungen anpassen, Warenstruktur überprüfen.

An diesem kleinen Beispiel wird sichtbar, wie diese Umsatzrelationen die Kennzahlen für die Vermögensstruktur ergänzen und verfeinern. Der Ursache für die Verschlechterungen der Bilanzkennzahl wird auf den Grund gegangen. Am Ende der Analysen erhält der Unternehmer klare Ansatzpunkte, seine Prozesse und damit seinen Geschäftserfolg zu optimieren.

4.2.2 Kennzahlen der Kapitalstruktur

4.2.2.1 Allgemeines zur Kapitalstruktur

Kennzahlen der Kapitalstruktur

Bei der Analyse der Kapitalstruktur wird die Zusammensetzung und Fristigkeit des Kapitals untersucht. Weiterhin wird die Zusammensetzung der Finanzierung des Unternehmens beurteilt.

Statischer Verschuldungsgrad

$$\text{(statischer) Verschuldungsgrad} = \frac{\text{Fremdkapital}}{\text{Eigenkapital}}$$

Der **statische Verschuldungsgrad** gibt an, um wie viel das Fremdkapital das Eigenkapital übersteigt. Je höher der Verschuldungsgrad, desto abhängiger ist der Betrieb von Fremdkapitalgebern. Diese Kennzahl ist vor allem in ihrer zeitlichen Entwicklung interessant. Der Verschuldungsgrad ist stark von der Struktur des Vermögens und seiner Finanzierung abhängig: Fremdfinanzierte Grundstücke und Gebäude verringern den Eigenkapitalanteil beträchtlich und führen so zu einem sehr hohen Verschuldungsgrad.

$$\text{Eigenkapitalquote} = \frac{\text{Eigenkapital}}{\text{Gesamtkapital}} \times 100 \text{ in } \%$$

Eigenkapitalquote

Die **Eigenkapitalquote** gibt das Verhältnis des im Unternehmen dauerhaft (da unkündbar) gebundenen Kapitals zum Gesamtkapital wider. Je höher die Eigenkapitalquote ist, desto unabhängiger ist der Betrieb von Kreditgebern (hohe Finanzierungssolidität). Der Betrieb ist außerdem kreditwürdiger, da das Haftungskapital im Sinne des Reinvermögens (als Differenz von Gesamtvermögen und Schulden) größer ist. Die damit verbundene niedrigere Zinsquote erhöht zudem bei Nachfrage- und Beschäftigungsschwankungen die finanzielle Stabilität.

Auf der anderen Seite ist eine zu hohe Eigenkapitalquote unter betriebswirtschaftlichen Gesichtspunkten nicht immer zwangsläufig erstrebenswert, da die Finanzierung des Betriebs über einbehaltene Gewinne wegen der Besteuerung dieser (z. B. Körperschaftsteuer bei Kapitalgesellschaften) relativ teuer ist. Auf der anderen Seite wirken Fremdkapitalzinsen als Aufwand steuermindernd. Auch unter Rentabilitätsgesichtspunkten ist eine zu hohe Eigenkapitalquote nicht sinnvoll (Leverage-Effekt).

Erfahrungswerte aus der betrieblichen Praxis empfehlen eine Eigenkapitalquote von etwa 20 % bis 50 %. Für eine konkrete Empfehlung müssen jedoch im Detail Unternehmensgröße, Rechtsform, Branche und spezielle Unternehmensrisiken berücksichtigt werden.

$$\text{Fremdkapitalquote} = \frac{\text{Fremdkapital}}{\text{Gesamtkapital}} \times 100 \text{ in } \%$$

Fremdkapitalquote

Die **Fremdkapitalquote** gibt den Anteil des Fremdkapitals am Gesamtvermögen wider. Sie zeigt die Abhängigkeit von Fremdkapitalgebern an. Dabei gilt generell, dass die Fremdfinanzierung umso besser ist, je höher der Anteil des langfristigen Fremdkapitals ist. Da sich das Gesamtkapital aus Eigen- und Fremdkapital zusammensetzt, ergibt sie sich rechnerisch auch unmittelbar aus der Eigenkapitalquote:

$$\text{Fremdkapitalquote} = 100\,\% - \text{Eigenkapitalquote}$$

Für eine tiefergehende Analyse lassen sich die einzelnen Bestandteile der Kapitalseite detaillierter untersuchen.

4.2.2.2 Kapitalkennzahlen für den Betrieb (Beispiel)

Beispielberechnung

Berechnet man die Kennzahlen der Kapitalstruktur auf Basis der Struktur-Bilanz (siehe Werte aus Abschnitt 4.1.1), kommt man für das Berichtsjahr und das Vorjahr zu folgenden Werten:

	Berichtsjahr	Vorjahr
Verschuldungsgrad	5,92	6,54
Fremdkapitalquote	85,6 %	86,7 %
Eigenkapitalquote	14,4 %	13,3 %

Die Eigenkapitalquote konnte von 13,3% auf 14,4% leicht zunehmen. Auch wenn diese Entwicklung positiv ist, so ist die Eigenkapitalquote immer noch deutlich von der Zielsetzung 20 % bis 50 % entfernt.

Eine mögliche Maßnahme kann sein, den Gewinn vollständig im Unternehmen zu belassen, um die Eigenkapitalbasis weiter dauerhaft zu steigern. Damit wird die finanzielle Stabilität erhöht. Das kann bei zukünftigen Kreditverhandlungen zu niedrigeren Fremdkapitalzinsen führen.

4.2.3 Kennzahlen der Finanzstruktur

4.2.3.1 Allgemeines zur Finanzstruktur

Kennzahlen der Finanzstruktur

> Die Untersuchung der Finanzstruktur folgt der betriebswirtschaftlichen Forderung, dass langfristig gebundenes Vermögen langfristig finanziert sein soll. Diese Forderung wird als die **„Goldene Bilanzregel“** bezeichnet.

Die Fristigkeit der Finanzierung soll der Fristigkeit der Investition folgen **(Fristenkongruenz)**. Da das Investitionsrisiko beim langfristig gebundenen Vermögen (Anlagevermögen) im Allgemeinen höher als beim kurzfristig gebundenen Vermögen (Umlaufvermögen) ist, soll das langfristig gebundene Vermögen auch entsprechend langfristig finanziert werden. Es ergeben sich dabei grundsätzlich drei verschiedene Finanzierungssituationen.

Goldene Bilanzregel

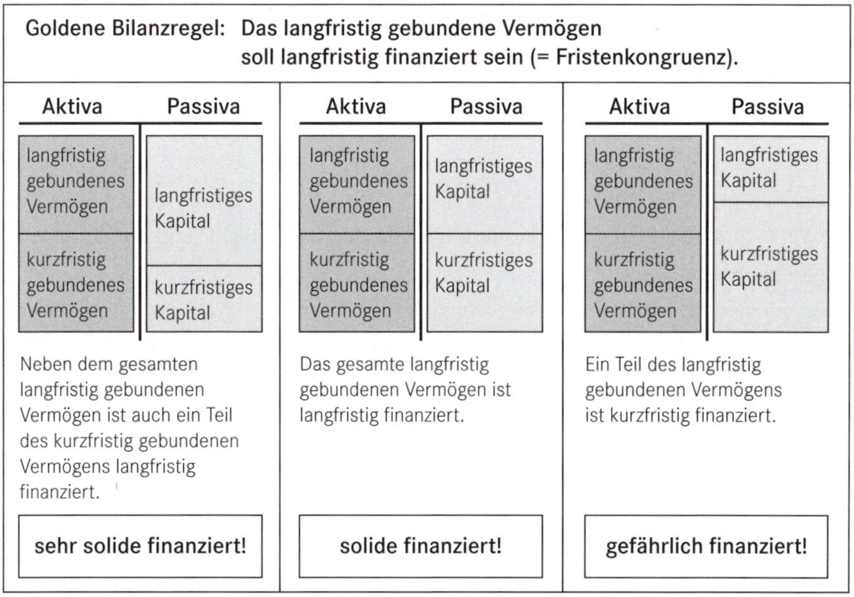

Finanzierungssituationen

Die Fristenkongruenz und damit die Goldene Bilanzregel werden mit den Kennzahlen der Anlagendeckung überprüft.

Anlagendeckung I

$$\text{Anlagendeckung I} = \frac{\text{Eigenkapital}}{\text{Anlagevermögen}} \times 100 \text{ in } \%$$

Das Eigenkapital steht dem Unternehmen dauerhaft zur Verfügung. Dementsprechend wird bei der **Anlagendeckung I** geprüft, inwieweit das Eigenkapital das Anlagevermögen deckt. Ideal wäre eine Anlagendeckung I von mindestens 100 %. Dies ist in der Praxis in den seltensten Fällen erreicht, insbesondere bei anlagenintensiven Handwerksbetrieben.

Anlagendeckung II

$$\text{Anlagendeckung II} = \frac{\text{Eigenkapital + langfr. Fremdkapital}}{\text{Anlagevermögen}} \times 100 \text{ in } \%$$

Bei der **Anlagendeckung II** wird zum Eigenkapital das dem Unternehmen langfristig zur Verfügung stehende Fremdkapital hinzugerechnet. Eigenkapital und langfristiges Fremdkapital müssen zusammen mindestens das Anlagevermögen decken. Damit kommt es zur klaren Forderung, dass die Anlagendeckung II immer mindestens 100 % betragen muss. Ist dies der Fall, ist die Goldene Bilanzregel eingehalten.

Je höher die Anlagendeckung I und vor allem die Anlagendeckung II ist, desto solider ist der Betrieb finanziert. Damit können kurzfristige Kredite bzw. deren Kündigung den

Betrieb kaum oder gar nicht gefährden. Die Einhaltung der Goldenen Bilanzregel mit einer Anlagendeckung II größer als 100% wird sehr stark auch von den Banken gefordert.

4.2.3.2 Finanzstrukturkennzahlen für den Betrieb (Beispiel)

Beispielberechnung

Berechnet man die Kennzahlen der Finanzstruktur auf Basis der Struktur-Bilanz (siehe Werte aus Abschnitt 4.1.1), kommt man für das Berichtsjahr und das Vorjahr zu folgenden Werten:

	Berichtsjahr	Vorjahr
Anlagendeckung I	45,6%	35,9%
Anlagendeckung II	76,5%	81,1%

Die Anlagendeckung I hat sich leicht erhöht, ist aber weit von den gewünschten 100% entfernt. Aber deutlich wichtiger ist der Wert der Anlagendeckung II, da damit die Forderung der Goldenen Bilanzregel am besten überprüft werden kann. Die Anlagendeckung II liegt nicht nur deutlich unter 100%, sie verschlechtert sich auch noch im Berichtsjahr. Sucht man in der Bilanz die Ursachen dafür, so ist erkennbar, dass die kurzfristigen Verbindlichkeiten sehr stark angestiegen sind. So wurden offenbar ausgelaufene langfristige Darlehen durch kurzfristige Verbindlichkeiten ersetzt. Auch wurde ein kleinerer Teil der Neuinvestitionen kurzfristig finanziert.

Wegen der sehr schlechten Situation der Anlagendeckung II hat der Unternehmer unmittelbaren Handlungsbedarf. Ihm stehen verschiedene Maßnahmen zur Verfügung:

- Umwandlung von kurzfristige in langfristige Verbindlichkeiten:
  Der Unternehmer sollte als Erstes mit seiner Hausbank über eine Umschuldung sprechen und kurzfristige Kredite in langfristige umwandeln.
- Verzicht auf bzw. Minderung der Gewinnausschüttung:
  Der erwirtschaftete Gewinn sollte nicht ausgeschüttet werden, sondern im Unternehmen verbleiben, um die Eigenkapitalbasis zu stärken.
- Erhöhung des Eigenkapitals durch Einlagen:
  Kurzfristige Verbindlichkeiten können durch zusätzliches Eigenkapital (Erhöhung der eigenen Einlagen, zusätzliche Gesellschafter) abgelöst werden.
- Verkauf nicht betriebsnotwendigen Anlagevermögens:
  Es kann auch geprüft werden, ob im Betrieb nicht mehr benötigte Anlagen vorhanden sind, die dann verkauft werden könnten.

Ziel dieser Maßnahmen sollte es sein, die Anlagendeckung II auf einen Wert von mindestens 100 % zu erhöhen.

4.2.4 Kennzahlen der Finanzlage

4.2.4.1 Allgemeines zur Finanzlage

Kennzahlen der Finanzlage

Mit den Liquiditätskennzahlen wird untersucht, wie sehr das Unternehmen in der Lage ist, seinen fälligen Zahlungsverpflichtungen (Verbindlichkeiten, Schulden, Schuldentilgung etc.) rechtzeitig nachzukommen.

Die Liquiditätskennzahlen beziehen sich auf Positionen, die sehr kurzfristig sind. Sie spiegeln kurzfristige Geschäftsvorfälle wieder. Da bis zur Bilanzveröffentlichung ein längerer Zeitraum vergeht, sind diese zum Zeitpunkt der Bilanzveröffentlichung bereits veraltet und damit nicht mehr aussagekräftig. So kann sich z. B. die Höhe des Bankguthabens durch eine Überweisung einer größeren Verbindlichkeit kurz nach dem Bilanzstichtag stark reduzieren, mit entsprechender Auswirkung auf die Liquiditätskennzahl. Außerdem sind diese kurzfristigen Bilanzpositionen durch bilanzpolitische Maßnahmen am leichtesten zu beeinflussen (z. B. Rechnungsstellung oder Zahlung von Verbindlichkeiten vor oder nach dem Bilanzstichtag). Zudem ist die Entwicklung dieser Kennzahlen während des Geschäftsjahres nicht erkennbar. Aus diesen Gründen haben die Liquiditätskennzahlen im Rahmen der Bilanzanalyse eine sehr begrenzte Aussagekraft.

Vielmehr muss gerade die Liquidität auch während des Jahres ständig geplant und überwacht werden. Dazu wird ein Liquiditätsplan erstellt.

Für die Untersuchung der Liquidität stehen drei Liquiditätskennzahlen zur Verfügung. Bei allen drei Liquiditätskennzahlen wird im Nenner das kurzfristige Fremdkapital verwendet, das sich aus Verbindlichkeiten aus Lieferungen und Leistungen, Schuldwechsel, kurzfristige Verbindlichkeiten gegenüber Kreditinstituten sowie sonstige Verbindlichkeiten zusammensetzt. Obwohl die Auszahlungswirksamkeit der kurzfristigen Rückstellungen nicht genau bestimmbar ist, werden diese zum kurzfristigen Fremdkapital gerechnet. Nicht zum kurzfristigen Fremdkapital im Sinne der Berechnung der Liquiditätskennzahlen gehören die erhaltenen Anzahlungen.

Liquidität I

$$\text{Liquidität I} = \frac{\text{liquide Mittel}}{\text{kurzfristiges Fremdkapital*}} \times 100 \text{ in \%}$$

* ohne erhaltene Anzahlungen

Bei der **Liquidität I** oder **Barliquidität** werden die flüssigen Mittel in Relation zum kurzfristigen Fremdkapital gesetzt. Die Barliquidität sollte erfahrungsgemäß mindestens 50 % betragen.

Liquidität II

$$\text{Liquidität II} = \frac{\text{liquide Mittel + kurzfristige Forderungen}}{\text{kurzfristiges Fremdkapital*}} \times 100 \text{ in \%}$$

* ohne erhaltene Anzahlungen

Bei der **Liquidität II** oder **Inkassoliquidität** werden neben den liquiden Mitteln auch die kurzfristigen Forderungen einbezogen. Dies ist die ideale Kennzahl für die Untersuchung des finanziellen Gleichgewichts. Aus den Erfahrungen der Praxis sollte diese Kennzahl mindestens 100 % betragen.

Liquidität III

$$\text{Liquidität III} = \frac{\text{gesamtes Umlaufvermögen}}{\text{kurzfristiges Fremdkapital*}} \times 100 \text{ in \%}$$

* ohne erhaltene Anzahlungen

Bei der **Liquidität III** oder **Umsatzliquidität** wird das gesamte Umlaufvermögen zum kurzfristigen Fremdkapital in Beziehung gesetzt. Ideal sollte diese Kennzahl mindestens 200 % betragen. Dies bedeutet auf der anderen Seite, dass mindestens die Hälfte des Umlaufvermögens langfristig finanziert ist.

4.2.4.2 Liquiditätskennzahlen für den Betrieb (Beispiel)

Beispielberechnung

Berechnet man die Kennzahlen der Finanzlage auf Basis der Struktur-Bilanz (siehe Werte aus Abschnitt 4.1.1), kommt man für das Berichtsjahr und das Vorjahr zu folgenden Werten:

	Berichtsjahr	**Vorjahr**
Liquidität I	4,3 %	9,2 %
Liquidität II	32,9 %	38,4 %
Liquidität III	114,0 %	116,5 %

Die Liquiditätskennzahlen haben sich zum Teil verschlechtert, zum Teil aber auch verbessert. Insgesamt jedoch liegen alle Werte deutlich unter den geforderten Grenzwerten. Wie bereits bei der Untersuchung der Goldenen Bilanzregel erkannt, liegt die Ursache dafür vor allem an den unverändert hohen kurzfristigen Verbindlichkeiten. Sind die Maßnahmen für eine Verbesserung der Anlagendeckung II erfolgreich, so wirkt sich das auch mittelbar auf die Liquiditätskennzahlen aus, da sich mit einer Reduktion der kurzfristigen Verbindlichkeiten auch die Liquiditätskennzahlen deutlich verbessern werden.

Um jedoch die Liquidität kontinuierlich überwachen zu können, eignen sich die Kennzahlen basierend auf der Bilanz nur sehr eingeschränkt, da sie zum einen nur einmal im Jahr ermittelt werden und sie wegen der späten Bilanzerstellung aufgrund ihres kurzfristigen Charakters bereits bei der Berechnung überholt sind. Vielmehr sollte die Liquidität mittels eines kontinuierlichen Liquiditätsplans geplant und überwacht werden.

4.3 Auswertung der GuV

4.3.1 Ergebnisstrukturanalyse

Auswertung der GuV

Die Struktur-GuV (siehe Abschnitt 4.1.1) ist nach betriebswirtschaftlichen Gesichtspunkten aufgebaut und strukturiert. Die verschiedenen Bestandteile bzw. Teilbereiche können unter besonderer Berücksichtigung ihrer zeitlichen Entwicklung wie im Betriebsvergleich ausgewertet werden:

Das **Betriebsergebnis** gibt den Erfolg wieder, der im betrieblichen Leistungsprozess erwirtschaftet worden ist, losgelöst von den Kosten der Finanzierung und den Erlösen aus dem Bestand der Finanzmittel. Das Betriebsergebnis ergibt sich aus der Differenz von betrieblichen Erträgen und betrieblichen Aufwendungen. Gegenüber dem Vorjahr konnte die Betriebsleistung um 15,6 % gesteigert werden.

Die **betrieblichen Erträge (Betriebsleistung)** beinhalten im Wesentlichen neben den Umsätzen die Bestandsveränderungen von Fertig- und Halbfertigerzeugnissen. Die Betriebsleistung stieg um 5,4 %. Weil die Erlöse praktisch gleich geblieben sind, ist der Anstieg fast vollständig auf die Erhöhung der Bestandsmehrung zurückzuführen.

Die **betrieblichen Aufwendungen** beinhalten alle in der Periode entstandenen Aufwendungen, die im Rahmen der betrieblichen Leistungserstellung angefallen sind. Die betrieblichen Aufwendungen sind mit 4,9 % nicht so stark wie die Betriebsleistung gestiegen, daraus resultiert der starke Anstieg des ordentlichen Betriebsergebnisses.

Um gerade diese erste grobe Analyse des Betriebsergebnisses zu vertiefen, eignen sich die im nächsten Abschnitt beschriebenen Aufwandsstrukturkennzahlen.

Das **Finanzergebnis** ergibt sich nicht unmittelbar aus der Leistungserstellung des Unternehmens und stellt einen Teil des Ergebnisses der gewöhnlichen Geschäftstätigkeit wieder. Der Verlust ist leicht um 2,9 % gegenüber dem Vorjahr gestiegen.

Das **Gesamtergebnis** ist um 39,0 % gestiegen. Betrachtet man die verschiedenen Bestandteile, dann ist der Anstieg fast vollständig auf die Lagerbestandserhöhung in Verbindung mit einer leichten relativen Reduktion der betrieblichen Aufwendungen zurückzuführen.

4.3.2 Aufwandstrukturkennzahlen

Aufwandsstrukturkennzahlen

Vor allem bei den betrieblichen Aufwendungen ist eine genauere Analyse der verschiedenen Aufwandsposten wichtig. Da die GuV nach dem Gesamtkostenverfahren aufgebaut ist, wie das im Handwerk üblich ist, stellt die Betriebsleistung für viele Kennzahlen die Grundlage dar. Es können jetzt wichtige Aufwandsstrukturkennzahlen ermittelt werden, wie z. B.:

Materialaufwandsquote

$$\text{Materialaufwandsquote} = \frac{\text{Materialeinsatz}}{\text{Betriebsleistung}} \times 100 \text{ in } \%$$

Personalaufwandsquote

$$\text{Personalaufwandsquote} = \frac{\text{Personalaufwand}}{\text{Betriebsleistung}} \times 100 \text{ in } \%$$

Abschreibungsaufwandsquote

$$\text{Abschreibungsaufwandsquote} = \frac{\text{Abschreibungen}}{\text{Betriebsleistung}} \times 100 \text{ in } \%$$

Um diese Aufwandskennzahlen interpretieren zu können, ist es unbedingt erforderlich, diese mit Vergleichszahlen anderer vergleichbarer Handwerksbetriebe zu vergleichen, um die Stärken bzw. Schwächen herauszuarbeiten. Ein Zeitvergleich ergänzt den Aussagewert des Betriebsvergleiches.

Für den Beispielbetrieb aus Abschnitt 4.1.1 ergeben sich folgende Kennzahlen:

	Berichtsjahr	**Vorjahr**
Materialaufwandsquote	54,2 %	54,3 %
Personalaufwandsquote	32,7 %	33,0 %
Abschreibungsaufwandsquote	2,0 %	2,1 %

4.3.3 Umschlagskennzahlen

Umschlagskennzahlen

Mit den Umschlagskennzahlen wird angegeben, wie oft ein Bilanzposten im Geschäftsjahr umgeschlagen worden ist.

Für das Handwerk ist die **Lagerumschlagshäufigkeit** sowie die **durchschnittliche Lagerdauer** eine wichtige Steuerungsinformation. Zu den Lagerbeständen gehören die Rohstoffe (Konto 3090), Hilfs- und Betriebsstoffe (Konto 3290) und Kleinmaterial (Konto 3390).

Die **Lagerumschlagshäufigkeit** gibt an, wie oft der Lagerbestand umgeschlagen worden ist:

Lagerum-schlagshäufigkeit

$$\text{Lagerumschlagshäufigkeit} = \frac{\text{Materialeinsatz}}{\text{durchschnittlicher Lagerbestand}}$$

Der **durchschnittliche Lagerbestand** der Roh-, Hilfs- und Betriebsstoffe (RHB) wird ermittelt wie folgt:

Durchschnitt-licher Lager-bestand

$$\text{durchschnittlicher Lagerbestand} = \frac{\text{RHB zum 1.1.20xx + RHB zum 31.12.20xx}}{2}$$

Bei der **durchschnittlichen Lagerdauer** kann man sehen, wie viele Tage es dauert, bis sich das Lager umgeschlagen ist:

Durchschnitt-liche Lager-dauer

$$\text{durchschnittliche Lagerdauer} = \frac{\text{360 Tage}}{\text{Lagerumschlagshäufigkeit}}$$

Für den Beispielbetrieb aus Abschnitt 4.1.1 ergeben sich folgende Kennzahlen:

	Berichtsjahr	**Vorjahr**
Lagerumschlagshäufigkeit	13,7	12,2
durchschnittliche Lagerdauer	26 Tage	29 Tage

Der Lagerbestand zu Beginn des Vorjahres betrug 342.500,- €.

Im Berichtsjahr wurde der RHB-Lagerbestand 13,7-mal umgeschlagen, das ist eine deutliche Steigerung gegenüber dem Vorjahr mit 12,2-mal. Das kann man auch in der durchschnittlichen Lagerdauer erkennen, die von 29 Tagen auf 26 Tagen gesunken ist. Je höher der Lagerumschlag bzw. je geringer die durchschnittliche Lagerdauer, desto geringer ist die Finanzierung des Lagerbestands durch (in der Regel) kurzfristiges Fremdkapital und damit verbunden niedrigere Kosten.

Mit der **Forderungsumschlagshäufigkeit** wird das Kundenziel untersucht. Je kürzer das durchschnittliche Kundenziel ist, desto besser wirkt sich dies auf die Liquiditätslage aus. Es wird weniger kurzfristiges Fremdkapital benötigt, dadurch können die Kosten niedrig gehalten werden.

Forderungs-umschlags-häufigkeit

$$\text{Forderungsumschlagshäufigkeit} = \frac{\text{Umsatzerlöse abzgl. Erlösschmälerungen}}{\text{durchschn. Forderungsbestand}}$$

Der **durchschnittliche Forderungsbestand** wird ermittelt wie folgt:

Durchschnittlicher Forderungsbestand

$$\text{durchschn. Forderungsbestand} = \frac{\text{Forderungen1.1.20xx} + \text{Forderugen 31.12.20xx}}{2}$$

Beim **durchschnittlichen Kundenziel** kann man sehen, wie viele Tage es durchschnittlich dauert, bis die Kunden die ausstehenden Rechnungen beglichen haben:

Durchschnittliches Kundenziel

$$\text{durchschnittliches Kundenziel} = \frac{\text{360 Tage}}{\text{Forderungsumschlagshäufigkeit}}$$

Für den Beispielbetrieb aus Abschnitt 4.1.1 ergeben sich folgende Kennzahlen:

	Berichtsjahr	**Vorjahr**
Forderungsumschlagshäufigkeit	12,3	13,4
durchschnittliches Kundenziel	29 Tage	27 Tage

Der Forderungsbestand zu Beginn des Vorjahres betrug 581.000,– €.

Im Berichtsjahr wurde der Forderungsbestand 12,3-mal umgeschlagen, das ist eine Verschlechterung gegenüber dem Vorjahr mit 13,4-mal. Das kann man auch in der durchschnittlichen Lagerdauer erkennen, die von 27 Tagen auf 29 Tagen gestiegen ist. Damit muss der Handwerksbetrieb um 2 Tage länger vorfinanzieren.

Mit der **Kapitalumschlagshäufigkeit** wird gemessen, wie oft sich das Kapital bezogen auf den Umsatz umschlägt. Um eine möglichst hohe Kapitalrendite zu erzielen, ist ein hoher Kapitalumschlag notwendig. Je höher der Kapitalumschlag ist, desto niedriger sind auch die Zinskosten.

Kapitalumschlagshäufigkeit

$$\text{Kapitalumschlagshäufigkeit} = \frac{\text{Umsatzerlöse abzgl. Erlösschmälerungen}}{\text{durchschnittlicher Kapitaleinsatz}}$$

Der **durchschnittliche Kapitaleinsatz** (Gesamtkapital) wird ermittelt wie folgt:

Durchschnittlicher Kapitaleinsatz

$$\text{durchschnittlicher Kapitaleinsatz} = \frac{\text{GK zum 1.1.20xx} + \text{GK zum 31.12.20xx}}{2}$$

Bei der **durchschnittlichen Kapitalumschlagsdauer** kann man sehen, wie viele Tage es dauert, bis sich das Gesamtkapital umgeschlagen ist:

Durchschnittliche Kapitalumschlagsdauer

$$\text{durchschnittliche Kapitalumschlagsdauer} = \frac{\text{360 Tage}}{\text{Kapitalumschlagshäufigkeit}}$$

Für den Beispielbetrieb aus Abschnitt 4.1.1 ergeben sich folgende Kennzahlen:

	Berichtsjahr	**Vorjahr**
Kapitalumschlagshäufigkeit	2,0	2,1
durchschnittliche Kapitalumschlagsdauer	178 Tage	171 Tage

Das Gesamtkapital zu Beginn des Vorjahres betrug 3.755.100,- €.

Im Berichtsjahr wurde die Kapitalumschlagshäufigkeit geringfügig schlechter, sie sank von 2,1 auf 2,0. Dementsprechend erhöhte sich die durchschnittliche Kapitalumschlagsdauer von 171 Tage auf 178 Tage. Eine Hauptursache liegt in der Lagerbestandserhöhung, die im Berichtsjahr nicht zu Umsatz geführt hat.

4.3.4 Cashflow-Analyse

Cashflow

Der Cashflow als absolute Kennzahl gibt an, wie hoch der aus der operativen Geschäftstätigkeit selbst erwirtschaftete Zahlungsmittelüberschuss einer Periode ist. Der Cashflow ist eine Kennzahl, die ihren Ursprung in der angelsächsischen Praxis der Finanzanalyse hat. Der Cashflow zählt zu den wichtigsten finanzwirtschaftlichen Kennzahlen.

Zahlungsmittelüberschuss

Die Grundlage für die Berechnung des Cashflows sind - im Gegensatz zu den liquiditätsorientierten Kennzahlen bei der Bilanzanalyse - die strömungsorientierten Größen der GuV. Der Cashflow ermittelt den während einer Periode erwirtschafteten Zahlungsmittelüberschuss. Diese zugeflossenen liquiden Mittel (daher der englische Begriff „Cashflow“) stellen die Innenfinanzierungkraft des Betriebs dar und können verwendet werden für:

- Investition: Kauf von Investitionsgüter, Erhöhung des Umlaufvermögens
- Tilgung von Schulden
- Ausschüttung bzw. Privatentnahmen.

In der GuV wird der Jahresüberschuss als Saldo von Erträgen und Aufwendungen ermittelt. Der Jahresüberschuss als solcher gibt aber keine Aussage über den Zu- oder Abfluss liquider Mitteln während der Berichtsperiode. Nicht alle Aufwendungen, die den Gewinn mindern, führen zu einem Abfluss von liquiden Mitteln. So wirken beispielsweise Wertminderungen des Anlagevermögens als AfA-Aufwand gewinnmindernd, dieser Aufwand führt aber nicht gleichzeitig zu einem Abfluss von liquiden Mitteln.

Ermittlung des Cashflows

Der Cashflow kann direkt oder indirekt ermittelt werden. Bei der **direkten Cashflow-Ermittlung** werden analog zum Aufbau der GuV von den Umsatzerlösen die zahlungsrelevanten Ausgaben abgezogen und zahlungsrelevanten Erlöse hinzugerechnet. Am Ende der Rechnung ist der Cashflow ermittelt.

Demgegenüber gestaltet sich die **indirekte Cashflow-Ermittlung** einfacher. Ausgangspunkt dabei ist der Gewinn, der um die nicht zahlungsrelevanten Aufwände und Erlöse korrigiert wird. Ganz allgemein wird der Cashflow nach der indirekten Methode also folgendermaßen berechnet:

	Jahresüberschuss
+	ausgabeunwirksame Aufwendungen
-	einnahmeunwirksame Erträge
=	**Cashflow**

Der Vorteil dieser indirekten Cashflow-Ermittlung liegt darin, dass nur wenige Korrekturen an der GuV notwendig sind.

Im Gegensatz zu den Bilanzkennzahlen gibt es für die verschiedenen CF-Kennzahlen keine einheitlich verbindliche Formel. In der Praxis werden oft die folgenden einfachen Cashflow-Berechnungen verwendet:

	Jahresüberschuss
+	Abschreibungen auf AV
=	einfachster Cashflow
±	Veränderung langfristiger Rückstellungen
=	verfügbarer Cashflow
+	Fremdkapitalzinsen
=	erweiterter Cashflow

Bei der Berechnung des Cashflows für den Beispielbetrieb aus Abschnitt 4.1.1 ergeben sich folgende Werte:

	Berichtsjahr	Vorjahr
Jahresüberschuss	188.300,-	135.500,-
+ Abschreibungen auf AV (Zeile 8 Struktur-GuV)	+ 165.000,-	+ 160.200,-
= einfachster Cashflow	= 353.300,-	= 295.700,-
± Veränderung langfristiger Rückstellungen	± 0,-	± 0,-
= verfügbarer Cashflow	= 353.300,-	= 295.700,-
+ Fremdkapitalzinsen	+ 256.000,-	+ 245.600,-
= erweiterter Cashflow	= 609.300,-	= 541.300,-

Daneben sind noch weitere Aufgliederungen der Berechnung möglich.

4.4 Rentabilitätskennzahlen

Rentabilitätskennzahlen

Bei der Ermittlung der Rentabilitätskennzahlen wird der Gewinn in Relation zum Kapital oder Umsatz gesetzt. Bei der konkreten Ermittlung der Rentabilitätskennzahlen muss für die einzelnen Bestandteile geklärt werden, welche Größe tatsächlich genommen werden soll.

Grundsätzlich kann der Gewinn vor Steuern und der Gewinn nach Steuern verwendet werden. Wird der **Gewinn nach Steuern** vom Einkommen und Ertrag verwendet, also dem tatsächlich verfügbaren Gewinn, ermittelt man mit der Rentabilitätskennzahl die Nettorendite. Wird jedoch der **Gewinn vor Steuern** vom Einkommen und Ertrag verwendet, so errechnet man die Bruttorendite.

Weiter ist festzulegen, welche Bestandteile im Gewinn berücksichtigt werden sollen. Deswegen muss für den verwendeten Gewinn vor Berechnung der Rentabilitätskennzahlen verschiedene Aspekte berücksichtigt werden.

Kalkulatorischer Unternehmerlohn

Gerade im Handwerk können die Betriebe als Personengesellschaften oder Kapitalgesellschaften geführt werden. Im Gegensatz zu den Kapitalgesellschaften, bei denen der Unternehmerlohn als Aufwand bei der Gewinnermittlung berücksichtigt wird, bezieht der Unternehmer bei einer Personengesellschaft sein Gehalt aus dem Gewinn. Deswegen muss bei der Ermittlung des Gewinns der **kalkulatorische Unternehmerlohn** berücksichtigt werden. Dies gilt auch für unbezahlt mithelfende Familienangehörige. Andernfalls würde bei Personengesellschaften im Vergleich zu Kapitalgesellschaften der Gewinn zu hoch ausgewiesen werden. Die Rentabilitätskennzahlen würden dementsprechend auch ein zu optimistisches Bild für die Personengesellschaften ergeben.

Deswegen wird für die Berechnung der Rentabilitätskennzahlen der bereinigte Jahresgewinn ermittelt. Dies errechnet sich folgendermaßen (aus Abschnitt 4.1.1):

	Berichtsjahr	**Vorjahr**
Jahresgewinn vor Steuern vom Einkommen und Ertrag	188.300,-	135.500,-
- kalkulatorischer Unternehmerlohn	- 72.000,-	- 72.000,-
= bereinigter Jahresgewinn	=**116.300,-**	= **63.500,-**

Eigenkapital und Gesamtkapital

Bei der Berechnung der Rentabilitätskennzahlen kommen neben dem Gewinn, der als Strömungsgröße aus der GuV und damit aus der Zeitraumrechnung stammt, die Größen **Eigenkapital** und **Gesamtkapital** aus der Bilanz und damit aus der Stichtagsrechnung. Um dem Rechnung zu tragen, werden das durchschnittliche Eigenkapital und das durchschnittlich Gesamtkapital verwendet:

$$\text{durchschnittliches Eigenkapital} = \frac{\text{EK zum 1.1.20xx} + \text{EK zum 31.12.20xx}}{2}$$

$$\text{durchschnittliches Gesamtkapital} = \frac{\text{GK zum 1.1. 20xx} + \text{GK zum 31.12.20xx}}{2}$$

Basierend auf den beiden Bilanzen für das Berichts- und Vorjahr (sowie den Werten zu Beginn des Vorjahres für das Eigenkapital mit 485.000,- € und für das Gesamtkapital mit 3.755.100,- €) ergeben sich so folgende Werte (aus Abschnitt 4.1.1):

	Berichtsjahr	Vorjahr
durchschnittliches Eigenkapital	547.150,-	495.000,-
durchschnittliches Gesamtkapital	3.942.050,-	3.781.000,-

4.4.1 Eigenkapitalrentabilität

Bei der **Eigenkapitalrentabilität** wird der bereinigte Gewinn in Relation zum Eigenkapital (nach Gewinnverwendung) gesetzt.

Eigenkapitalrentabilität

$$\text{Eigenkapitalrentabilität} = \frac{\text{bereinigter Gewinn}}{\text{durchschnittliches Eigenkapital}} \times 100 \text{ in } \%$$

Basierend auf den Werten von oben lässt sich die Eigenkapitalrentabilität folgendermaßen berechnen:

$$\text{Eigenkapitalrentabilität Berichtsjahr} = \frac{116.300,-€}{547.150,-€} \times 100 \text{ in } \% = 21{,}3\ \%$$

$$\text{Eigenkapitalrentabilität Vorjahr} = \frac{63.500,-€}{495.000,-€} \times 100 \text{ in } \% = 12{,}8\ \%$$

Die Eigenkapitalrentabilität hat sich vom Vorjahr auf das Berichtsjahr fast verdoppelt. Die Verzinsung des Eigenkapitals sollte mindestens so hoch wie bei einer alternativen Kapitalanlage sein. Der langfristige Kapitalmarktzins liegt aktuell bei 3,5%. Das Eigenkapital ist aber dem Risiko ausgesetzt, als Haftungskapital zu dienen. Dementsprechend kann die Differenz aus der Eigenkapitalrentabilität und dem alternativen Zinssatz als Risikoprämie betrachtet werden. Diese liegt mit 17,6% im Berichtsjahr sehr gut.

4.4.2 Gesamtkapitalrentabilität

Gesamtkapitalrentabilität

Bei der **Gesamtkapitalrentabilität** wird die Rentabilität des gesamten Kapitals betrachtet. Neben dem Gewinn werden auch die Fremdkapitalzinsen erwirtschaftet. Deswegen werden die Fremdkapitalzinsen dem Gewinn hinzugerechnet. Diese Kennzahl ist eine Messgröße für die Leistungsfähigkeit des Betriebs.

$$\text{Gesamtkapitalrentabilität} = \frac{\text{bereinigter Gewinn} + \text{Fremdkapitalzinsen}}{\text{durchschnittliches Gesamtkapital}} \times 100 \text{ in } \%$$

$$\text{Berichtsjahr} = \frac{116.300{,}\text{-€} + 256.000{,}\text{-€}}{3.942.050{,}\text{-€}} \times 100 \text{ in } \% = 9{,}4\ \%$$

$$\text{Vorjahr} = \frac{63.500{,}\text{-€} + 245.600{,}\text{-€}}{3.781.000{,}\text{-€}} \times 100 \text{ in } \% = 8{,}2\ \%$$

Die Gesamtkapitalrentabilität hat sich im Vergleich zum Vorjahr um mehr als einen Prozentpunkt verbessert. Sie liegt aber immer noch unterhalb des angenommenen langfristigen Kapitalmarktzinses von 3,5 %. Damit wirkt sich der Leverage-Effekt negativ aus.

Betriebswirtschaftlich liefert die Gesamtkapitalrentabilität eine sehr interessante Information. Liegt die Gesamtkapitalrentabilität über dem marktüblichen Zinssatz für Fremdkapital, bedeutet dies, dass mit dem eingesetzten Kapital ein größerer Ertrag erwirtschaftet wird als mit dem Zinssatz für Fremdkapital. Wenn durch die Aufnahme weiteren Fremdkapitals sich der Geschäftsbetrieb gleich profitabel erweitern lassen kann, dann erwirtschaftet das zusätzliche Fremdkapital neben den dafür notwendigen Zinsen zusätzlichen Gewinn, der die Eigenkapitalverzinsung erhöht (Leverage-Effekt).

So positiv sich der Leverage-Effekt auf die Eigenkapitalrentabilität auswirkt, wenn der FK-Zinssatz niedriger als die Gesamtkapitalrentabilität ist, so kann sich dieser Effekt auch in sein Gegenteil verkehren, wie im aktuellen Fallbeispiel oben dargestellt. Bei steigenden Zinsen oder möglichen rückläufigen Gewinnen kann dies dazu führen, dass die FK-Zinsen über der Gesamtkapitalrentabilität liegen. Dies führt dann zu einer Senkung der Eigenkapitalrentabilität.

4.4.3 Umsatzrentabilität

Umsatz-
rentabilität

Bei der Umsatzrentabilität wird ermittelt, wie viel Gewinn dem Unternehmen je 100,– € Umsatz verbleiben.

$$\text{Umsatzrentabilität} = \frac{\text{bereinigter Gewinn}}{\text{Umsatz} - \text{Erlösschmälerungen}} \times 100 \text{ in } \%$$

$$\text{Umsatzrentabilität Berichtsjahr} = \frac{116.300,\text{-€}}{7.973.300,\text{-€}} \times 100 \text{ in } \% = 1,5\ \%$$

$$\text{Umsatzrentabilität Vorjahr} = \frac{63.500,\text{-€}}{7.941.560,\text{-€}} \times 100 \text{ in } \% = 0,8\ \%$$

Im Berichtsjahr wurden gerade einmal 1,50 € Gewinn pro 100,– € Umsatz erwirtschaftet, auch wenn das 0,70 € mehr ist als im Vorjahr. Aber aufgrund des sehr hohen Umsatzvolumens führt dies trotzdem zu einer mehr als angemessenen Verzinsung des eingesetzten Eigenkapitals.

Fragen zur Kompetenzüberprüfung

1. Wie können die in der Bilanzanalyse gewonnenen Kennzahlen verglichen werden? Gehen Sie dabei auf die Unterschiede zwischen externer und interner Bilanzanalyse ein.
2. Zeigen Sie die Grenzen der Bilanzanalyse auf.
3. Wie kann eine Bilanz grundsätzlich ausgewertet werden?
4. Nennen Sie Kennzahlen der vertikalen und der horizontalen Bilanzanalyse.
5. Was versteht man unter der „Goldenen Bilanzregel“? Mit welchen Kennzahlen kann diese überprüft werden?
6. Was wird bei der Ergebnisstrukturanalyse der GuV untersucht?
7. Nennen Sie mögliche Aufwandsstrukturkennzahlen.
8. Nennen Sie die verschiedenen Umschlagshäufigkeiten und deren Aussagegehalt.
9. Was versteht man unter Cashflow? Wie ist er definiert?
10. Erläutern Sie die verschiedenen Rentabilitätskennzahlen.

Teil II: Finanzwirtschaft

Verf.: Franz Falk

1. Grundlagen der Finanzwirtschaft

Handlungssituation

Handlungssituation (Fallbeispiel)

In der Elektrotechnik kennt sich Siegfried Strom bestens aus. Der Elektrotechnikermeister baute seinen Betrieb, den er in der Rechtsform eines Einzelunternehmens führt, in 15 Jahren aus kleinsten Anfängen zu einem regional bekannten Anbieter umfassender elektrotechnischer Leistungen aus. Umsatz und auch Gewinn des Einzelunternehmens haben sich erfreulich entwickelt. Gerne würde er den Umsatz noch weiter steigern, denn die Auftragslage ist sehr gut. Aber die Liquidität ist seit Jahren unbefriedigend, und sie setzt seinem weiteren Wachstum Grenzen. Immer wieder kam es zu Zahlungsschwierigkeiten, wenn das Limit des Kontokorrentkredits erreicht war und wenn er die Zahlungsziele der Lieferanten ausnutzen musste.

Die Gründe für die eingeschränkte Liquidität sind das zu geringe Eigenkapital, das schon seit der Betriebsgründung unbefriedigend war, und die schlechte Zahlungsmoral einiger Kunden. Hart getroffen wurde Meister Strom zudem durch einen Forderungsausfall durch die Insolvenz eines Kunden. Wie bei vielen Unternehmen dieser Branche erstrecken sich einzelne Bauprojekte über einen sehr langen Zeitraum und können erst nach Monaten abgerechnet werden. Somit hat er immer einen hohen Bestand an halbfertigen und noch nicht abgerechneten Arbeiten. Erschwert wird die Finanzierung dadurch, dass Herr Strom ein schlechtes Kreditrating hat.

Siegfried Strom hat sich fest vorgenommen, die finanzielle Basis seines Betriebes zu verbessern und seiner Zahlungsfähigkeit mehr Aufmerksamkeit zu widmen. Er möchte die Liquidität verbessern und seinen Betrieb solide finanzieren. In den nächsten fünf Jahren will er die Eigenkapitalquote seines Einzelunternehmens von derzeit 4 % auf 20 % verbessern und den Zinsaufwand von derzeit 6 % auf maximal 4 % der Gesamtleistung senken. Zudem will er alle Eingangsrechnungen skontieren und Überziehungen des Kontokorrentkredits vermeiden.

Situationsbezogene Fragen

- Wie kann Siegfried Strom die Eigenkapitalquote steigern?
- Wie kann er die Zinsbelastung senken?
- Welche Finanzierungsalternativen kommen für Herrn Strom in Betracht?
- Welche Vor- und welche Nachteile haben die einzelnen Alternativen?
- Wie kann er durch Planung künftige Finanzierungsengpässe vermeiden?
- Wie kann er sein Kreditrating verbessern?
- Mit welchen Finanzierungskennzahlen kann Herr Strom sein Unternehmen steuern?

1.1 Aufgabenstruktur der Finanzwirtschaft

Ein Unternehmen ist durch die Leistungserstellung für die Bedarfsdeckung Dritter, also Kunden, tätig. Hierbei sind marktwirtschaftliche Bedingungen wirksam, was bedeutet, dass das Unternehmen frei entscheiden kann, welche Leistungen es erbringen will.

> Dabei steht das Unternehmen im Spannungsfeld der Märkte, weil es die zur Leistungserstellung benötigten Produktionsmittel beschaffen muss und die durch den Kombinationsprozess entstandenen Leistungen gegen Entgelt am Absatzmarkt veräußern will.

Leistungs- und Zahlungsstrom

Dieser Prozess zur Leistungserbringung wird als „leistungswirtschaftlicher Prozess" oder **„Leistungsprozess"** bezeichnet. Daraus ergibt sich, dass jedem Zugang an Produktionsfaktoren ein Abgang an Geld an die Vorstufe folgt und dass jede Abgabe von Leistungen von einem Geldeingang der Nachstufe begleitet ist. Dem **Leistungsstrom** läuft also der **Zahlungsstrom** entgegen.

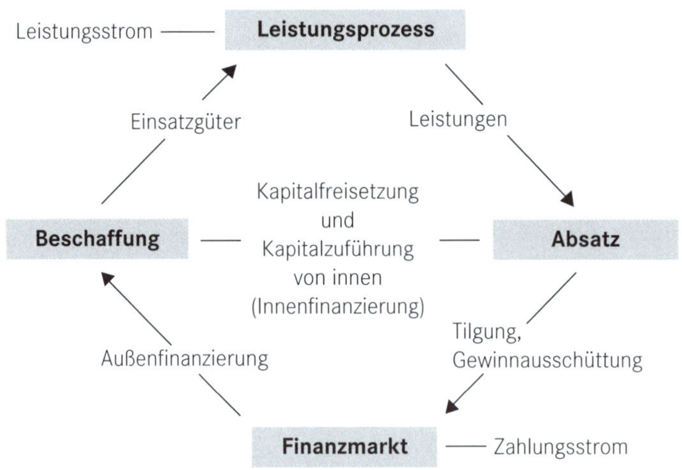

Leistungs- und Zahlungsströme aus der Sicht der Unternehmung

Der Leistungsprozess erfordert Zeit, um die notwendigen Produktionsfaktoren zu beschaffen, Leistungen zu erstellen und sie an den Absatzmärkten zu verwerten. Die Verfügungsmacht über die Produktionsfaktoren für die Zeit des Leistungsprozesses erhält man durch Kapital. Die Beschaffung von Kapital - gleichgültig aus welchen Quellen es stammt - nennt man **Finanzierung.**

Die Unternehmensführung als dispositiver Faktor hat nun die Aufgabe, den Unternehmenszielen entsprechend durch die Instrumente Planung, Organisation und Kontrolle eine Abstimmung herbeizuführen zwischen dem durch Finanzierung zu beschaffenden Kapital und dem durch den Leistungsprozess ausgelösten Kapitalbedarf. Man bezeichnet dies als **Kapitalbewirtschaftung.**

Sonderfälle der Finanzierung

Ihre Durchführung erfordert von den Verantwortlichen im Betrieb (Inhaber, Gesellschafter, Geschäftsführer) laufend Planungs- und Entscheidungsvorgänge. Daneben sind Aufgaben zu erfüllen, die im Leben eines Unternehmens einmalig oder zumindest seltener sind, wie Gründung, Erweiterung, Zusammenschluss, Fusion oder Auflösung. Solche **Sonderfälle der Finanzierung** bewirken bei der Kapitalstruktur des Unternehmens in aller Regel eine grundlegende Neuregelung, bei der Rechts-, Haftungs- und meist auch Steuerfragen eine maßgebliche Rolle spielen. Sie werden im Weiteren nur insoweit behandelt, als sie für alle Unternehmen maßgebend sind.

Die aus der Kapitalbewirtschaftung resultierenden Geldvorgänge ergeben die zweite finanzwirtschaftliche Aufgabe: die **Geldbewirtschaftung**.

> Die Geldbewirtschaftung umfasst zwei Hauptprobleme:
>
> - das organisatorische Problem der Abwicklung des betrieblichen **Zahlungsverkehrs** und
> - das finanzdispositive Problem der Zahlungsfähigkeit, das eine jederzeitige Geldbereitstellung in Höhe der Zahlungsanforderungen verlangt **(Liquidität)**.

Zahlungsarten

Hinsichtlich des bei der Zahlung verwendeten **Zahlungsmittels (Bargeld oder Buchgeld)** unterscheidet man bare, halbbare und unbare Zahlungen.

- **bare Zahlung:** Die Zahlung erfolgt mit barem Geld, und der Empfänger erhält bares Geld.
- **halbbare Zahlung:** Bareinzahlung des Zahlers und Gutschrift auf dem Konto des Empfängers oder Abbuchung vom Konto des Zahlers und Barauszahlung an den Empfänger.
- **unbare Zahlung:** Die Zahlung erfolgt durch Abbuchung vom Konto des Zahlers und durch Gutschrift auf dem Konto des Empfängers (z. B. Überweisung oder Kreditkarte).

Im Hinblick auf die bei Zahlungsvorgängen verwendeten Zahlungsmittel (Bargeld und/oder Buchgeld) unterscheidet man die in der nachfolgenden Abbildung dargestellten Formen:

Zahlungsarten

Barzahlung	**halbbare Zahlung**	**unbare Zahlung**

Zahlungsarten

Durch die Möglichkeiten des Electronic Banking bzw. Electronic Cash wird der Zahlungsverkehr enorm beschleunigt und für die Beteiligten auch vereinfacht. Die traditionellen Zahlungsarten (Barzahlung und halbbare Zahlung) haben dadurch an Bedeutung im geschäftlichen wie auch im privaten Bereich verloren. Beispielhaft sollen das POS-Verfahren mit Zahlungsgarantie und POZ-Verfahren ohne Zahlungsgarantie kurz vorgestellt werden.

- **POS-Verfahren mit Zahlungsgarantie**

  POS = Point of Sale: Zahlung mit girocard (früher EC-Karte) und PIN-Nummer bzw. Unterschrift. Wird die Zahlung per PIN bestätigt, dann wird geprüft, ob das Konto noch gedeckt ist und ob die PIN-Nummer stimmt. Wird dagegen der Kassenbon unterschrieben, dann zieht der Verkäufer per Lastschriftverfahren ein.

  Bei einer Kreditkarte bezahlt das Kreditkartenunternehmen zuerst die fälligen Beträge. Das Konto des Käufers wird erst am Monatsende belastet, wenn die Abrechnung des Kreditkartenunternehmens erfolgt.

  Neu sind NFC-fähige Kreditkarten (near field communication). Per Funk erfolgt kontaktlos der Datenaustausch zwischen girocard bzw. Kreditkarte und dem Kassenterminal.

  Immer mehr Bedeutung erhalten angesichts des zunehmenden Onlinehandels die so genannten Online-Bezahlsysteme, wie z. B. PayPal oder paydirekt. Der Anbieter schaltet sich beim Kaufvorgang zwischen Online-Händler und Bank und wickelt die Zahlung ab. Der Kunde richtet sich beim Online-Bezahlsystem ein Benutzerkonto ein. Dazu hinterlegt er beim Anbieter des Bezahlsystems seine Kontoinformationen. Beim Bezahlvorgang bestätigt er seine Identität mit seiner E-Mail-Adresse und einem Passwort. Viele Bezahlsysteme bieten heute einen Käuferschutz, falls die Ware nicht oder beschädigt beim Käufer ankommt.

1.2 Finanzwirtschaftliche Grundbegriffe

Alle Maßnahmen der Kapitalbeschaffung und -verwendung finden ihren Niederschlag in der Vermögens- und Kapitalsphäre des Unternehmens. Daher ist es notwendig, folgende Grundbegriffe abzuklären:

- **Kapital**
  Kapital ist der abstrakte Gegenwert des Vermögens, der über den Umfang und die Arten der Kapitalquellen Auskunft gibt. Nach der Art des Kapitals unterscheidet man in **Eigen- und Fremdkapital**. Eigen- und Fremdkapital bilden das Gesamtkapital des Unternehmens.

> Das **Eigenkapital** ist das Beteiligungskapital der Eigentümer. Das in der Bilanz als Zusammenfassung der Kapitalkonten dargestellte Eigenkapital (= ausgewiesenes oder nominelles Eigenkapital) entspricht nicht immer dem tatsächlichen Wert des Eigenkapitals (= wirkliches oder reales Eigenkapital).

Eigenkapital

Bei Einzelunternehmen und Personengesellschaften (OHG, KG, GmbH & Co. KG) umfasst das ausgewiesene Eigenkapital die Mittel, die der oder die Unternehmer selbst dem Unternehmen zugeführt haben. Nicht entnommene Gewinne vermehren, eingetretene Verluste vermindern das Eigenkapital. Das in der Bilanz ausgewiesene Eigenkapital entspricht dem Bilanzvermögen abzüglich des Fremdkapitals. Bei Kapitalgesellschaften (wie z. B. GmbH und AG) umfasst das ausgewiesene Eigenkapital das Nominalkapital (gezeichnetes Kapital), vermehrt um die Rücklagen, und den Gewinnvortrag, vermindert um den Verlustvortrag.

Das wirkliche (reale) Eigenkapital setzt sich zusammen aus dem ausgewiesenen Eigenkapital zuzüglich der stillen Reserven. Diese entstehen durch Unterbewertung bzw. Nichtaktivierung von Vermögensgütern im Anlage- und Umlaufvermögen sowie durch Überbewertung von Schulden

> Das **Fremdkapital** ist der Teil des Gesamtkapitals, der dem Unternehmen von Gläubigern als Kredit in Form von Schulden überlassen wird. Üblicherweise fällt ein Kapitaldienst (Zins und Tilgung) an.

Fremdkapital

- **Vermögen**
  Vermögen stellt die konkrete Gestalt des Kapitals dar. Es handelt sich um alle Güter und Rechte, die einer natürlichen oder juristischen Person in einem bestimmten Zeitpunkt zur Verfügung stehen. Dementsprechend muss man zwischen zwei Vermögensbegriffen unterscheiden:

Vermögen

- **Vermögen im betriebswirtschaftlichen Sinne** ist die Gesamtheit aller Wirtschaftsgüter, die der Betrieb zur Leistungserstellung benötigt. Dazu gehören die materiellen Wirtschaftsgüter (wie Gebäude, Maschinen und Stoffe) und die immateriellen Wirtschaftsgüter (wie Konzessionen und Patente). Aus Größe und Zusammensetzung des Vermögens lassen sich oft Art und konkrete Gestalt eines Unternehmens erkennen.
- **Vermögen im rechtlichen Sinne** umfasst nur die Wirtschaftsgüter, die Eigentum des Unternehmens sind. Das in der Bilanz ausgewiesene Vermögen enthält neben Vermögen im rechtlichen Sinne auch Wirtschaftsgüter, die unter Eigentumsvorbehalt erworben wurden oder zur Sicherung z. B. an eine Bank übereignet sind. Andererseits kommt in der Bilanz nicht das ganze Vermögen zum Ausdruck, da Anlagen, die geliehen, gemietet oder gepachtet sind, in der Regel nicht beim Nutzer aktiviert werden (z. B. Leasing).

Die **Gliederung des Vermögens** kann nach verschiedenen Gesichtspunkten erfolgen. Für betriebswirtschaftliche Erkenntnisse ist die Einteilung nach den Aufgaben in Anlage- und Umlaufvermögen aufschlussreich. Das Anlagevermögen hat die Aufgabe, langfristig der betrieblichen Leistungserstellung zu dienen und die technische Betriebsbereitschaft zu sichern. Das Umlaufvermögen umfasst die Vermögensteile, die möglichst kurzfristig im Unternehmen verbleiben sollen, aus betrieblicher Sicht also zumindest teilweise Verbrauchsgüter darstellen.

1.3 Finanzwirtschaftliche Zielsetzungen

Deckung des Kapitalbedarfs

Die kostengünstige, aber zugleich möglichst risikolose **Deckung des Kapitalbedarfs** muss das Hauptziel bei allen finanzwirtschaftlichen Aktivitäten sein.

Ein Ausgleich von Kapitalbedarf und Kapitaldeckung ist dann erreicht, wenn das Unternehmen den fälligen Zahlungsverpflichtungen jederzeit ohne Vorbehalte und dauerhaft nachkommen kann. Man spricht dann vom finanziellen Gleichgewicht.

Diese Bedingungen lassen sich nur in Abhängigkeit von den Erfordernissen des leistungswirtschaftlichen Bereichs erreichen.

Die Kapitalbedarfsdeckung (= eigentliche Aufgabe der Finanzierung) kann auf unterschiedliche Art und Weise erfolgen und wird im Rahmen der Finanzierungsmöglichkeiten näher untersucht.

Die Ziele, die im finanziellen Bereich eines Unternehmens neben der Kapitalbedarfsdeckung zur Erreichung des finanziellen Gleichgewichts verfolgt werden, lassen sich in folgende Zielkategorien zusammenfassen:

- Rentabilität
- Sicherheit
- Unabhängigkeit sowie
- jederzeitige Zahlungsfähigkeit **(Liquidität)**.

Handlungssituation

Diskutieren Sie mit Ihren Kollegen, welche finanzwirtschaftlichen Ziele Meister Strom verfolgen soll, und ordnen Sie diese Ziele entsprechend ihrer Priorität.

1.3.1 Rentabilität

Rentabilität

Im Gegensatz zum absoluten Gewinnstreben ist die Rentabilität als Erfolgsrelation der Gewinn pro Einheit des investierten Kapitals, wobei bewusst keine Festlegung auf eine bestimmte „Gewinnart" und Rechtsform vorgenommen wird.

$$\textbf{Rentabilität (in \%)} = \frac{\text{Gewinn}}{\text{investiertes Kapital}} \times 100$$

Das Rentabilitätsstreben ist nicht nur auf die Finanzwirtschaft zugeschnitten, sondern wird auch in anderen Unternehmensbereichen gefordert. Es stellt damit ein wesentliches Ziel im Rahmen der unternehmerischen Zielsetzungen dar. Rentabilitätsstreben im Finanzbereich bedeutet für die Praxis: Der Kapitalbedarf ist möglichst kostengünstig zu decken, d. h. die Kosten des Eigen- und des Fremdkapitals sollen so gering wie möglich sein.

Kapitalkosten

Kosten des Eigenkapitals sind alle Zahlungen, die im Zusammenhang mit dem von dem Eigentümer bzw. den Gesellschaftern zur Verfügung gestellten Eigenkapital zu leisten sind bzw. von ihnen erwartet werden. Es handelt sich hier um Gewinnzahlungen an die Eigenkapitalgeber.

Diese Kosten sind in der Kalkulation als kalkulatorische Eigenkapitalzinsen anzusetzen.

Kosten des Fremdkapitals sind der Fremdkapitalzins sowie alle sonstigen Belastungen, die einmalig oder laufend bei einer Kreditgewährung anfallen, z. B. Disagio, Provisionen, Bereitstellungsgebühren u. a.

Der Erkenntniswert der Rentabilitätskennzahlen kann durch eine nähere Kennzeichnung der Kapitalgröße (Eigenkapital, Gesamtkapital, Umsatz) oder durch Verwendung von Kennzahlensystemen (z. B. DuPont-Kennzahlensystem) verbessert werden.

1.3.2 Sicherheit

Finanzierungsrisiken

Das Sicherheitsstreben äußert sich in der Vermeidung möglicher Risiken, die mit Finanzierungsvorgängen verbunden sind. Hier ist zuerst das **Kapitalerhaltungsrisiko** zu nennen. Es hängt im Wesentlichen von der Erfolgssituation eines Betriebes ab. Im Falle eines Verlustes ist das Kapital nicht mehr in seiner alten Höhe vorhanden, wobei das Problem der nominellen und der realen Kapitalerhaltung vor allem in Zeiten einer Geldentwertung von Bedeutung ist.

Ein weiterer Risikobereich ist der **Mitbestimmungsanspruch** der Kapitalgeber. Durch ihn sucht der Eigen- wie auch der Fremdkapitalgeber sein Risiko so gering wie möglich zu halten.

In die Berechnung wird er folgende Überlegungen mit einbeziehen:

- Das zur Verfügung gestellte Kapital kann nicht oder nur teilweise zurückbezahlt werden **(Insolvenzrisiko)**.
- Es kann nicht zum vereinbarten Zeitpunkt zurückgezahlt werden **(Liquiditätsrisiko)**.
- Kreditsicherheiten gehen unter oder verlieren an Wert **(Sicherungsrisiko)**.
- Das allgemeine Zinsniveau steigt über den vereinbarten Kreditzins **(Zinsänderungsrisiko)**.
- Der Geldwert verschlechtert sich **(Inflationsrisiko)**.

Eine Risikovorsorge ist daher sowohl für den Kapitalgeber wie auch für den Kapitalnehmer von besonderer Wichtigkeit. Im Rahmen der betrieblichen Risikopolitik ist deshalb verstärkt an Risikoabwälzung, Risikostreuung und Risikovorbeugung zu denken. Voraussetzungen dafür können durch ein verbessertes Informationswesen für die Finanzplanung und durch eine ausreichende Eigenkapitaldecke geschaffen werden.

1.3.3 Unabhängigkeit

Mit dem Ziel der Unabhängigkeit versucht der Kapitalnehmer den Einfluss des Kapitalgebers so wirksam wie möglich zu unterbinden. Daher sollte jegliche Kapitalbeschaffung nur unter der Bedingung durchgeführt werden, dass die Einengung der unternehmerischen Entscheidungsfreiheit auf ein Minimum reduziert wird.

In der Regel ist die geringste Einbuße mit der **Informationspflicht** verbunden, die Dritten gegenüber laufend oder einmalig zu erfolgen hat (z. B. bei stillen Gesellschaftern und Kommanditisten oder teilweise bei Kreditwürdigkeitsprüfungen).

Entscheidungsbeschränkung

Die **Entscheidungsbeschränkung** (z. B. bei Verwendungsbeschränkungen des aufgenommenen Kredits, Ausschließlichkeitsklauseln bei Bankkrediten und Lieferantendarlehen), die die finanzwirtschaftliche und die leistungswirtschaftliche Souveränität betrifft, ist für das einzelne Unternehmen wesentlich einschneidender. Die Mitentscheidung reicht bis zur Teilnahme des Kapitalgebers an allen Entscheidungen und zur Besetzung von Schlüsselpositionen durch Personen seiner Wahl. Das zeigt sich deutlich bei der Aufnahme eines weiteren Gesellschafters, vor allem wenn damit eine Rechtsformänderung verbunden ist.

1.3.4 Liquidität

a) Bedeutung

Liquidität = Zahlungsfähigkeit

> Liquidität ist die Fähigkeit eines Unternehmens, die zu einem Zeitpunkt (z. B. ein bestimmter Tag) zwingend fälligen Zahlungsverpflichtungen (z. B. Lieferantenverbindlichkeiten, Löhne und Gehälter, Zinsen, Steuern) uneingeschränkt erfüllen zu können.

Zwingend fällige Zahlungsverpflichtungen sind durch einen Termin bestimmt, der als letztmöglicher Zeitpunkt der Erfüllung gesetzt ist. Spätestens zu diesem Termin muss die Zahlungskraft des Unternehmens die betreffenden Ausgaben ermöglichen. Dabei ist es für die Feststellung einer eventuellen Zahlungsunfähigkeit von entscheidender Bedeutung, ob die Ausgaben aus wirtschaftlichen, gesetzlichen oder vertraglichen Gründen auf diesen Zeitpunkt fixiert sind. Wechselschulden z. B. zählen zu den zwingenden Ausgaben im engeren Sinne, während fällige Lieferantenverbindlichkeiten unter Umständen verschiebbar sind.

Zahlungsunfähigkeit

Vor allem in wirtschaftlich schwierigen Zeiten und bei expandierenden Betrieben ist es wichtig, der Liquidität erhöhte Aufmerksamkeit zu schenken. Die Ursachen finanzieller Zusammenbrüche (Insolvenzen) liegen zunächst meist weit weniger in der sinkenden Rentabilität, sondern in erster Linie in Schwachstellen in einzelnen Funktionsbereichen des Unternehmens, die zur **Zahlungsunfähigkeit** und damit **Insolvenz** führen können (vgl. § 17 Insolvenzordnung). Beantragt der Schuldner das Insolvenzverfahren, ist auch die **drohende Zahlungsunfähigkeit** ein Eröffnungsgrund (§ 18 Insolvenzordnung). Auf den weiteren Insolvenzgrund **Überschuldung** (§ 19 Insolvenzordnung) soll hier nicht näher eingegangen werden.

Schleppende Zahlungsfähigkeit **(Zahlungsstockung)** erzeugt bei Lieferanten und Kreditgebern sinkende Kreditwürdigkeit und hat bei Lieferanten meist härter werdende Zahlungskonditionen und/oder Lieferverzögerungen zur Folge. Außerdem sind oftmals auch Auswirkungen durch sich verschlechterndes Image auf den Absatzbereich festzustellen, wodurch wiederum die für Liquidität und Rentabilität notwendigen Umsatzerlöse leiden. Kapitalmäßig sehr schwach ausgestattete Unternehmen ohne positive Zukunftserwartungen haben bei einer derartigen Entwicklung selten eine Überlebenschance, zumal oftmals gerade die besonders qualifizierten Mitarbeiter das Unternehmen verlassen, Kreditgeber sich sehr restriktiv verhalten und die Auswirkungen einer schlechten Ratingziffer zu spüren sind.

b) Liquiditätsarten

Liquiditätsarten

Die Liquidität (= Zahlungsfähigkeit) zeigt sich in unterschiedlichen Ausprägungsformen:

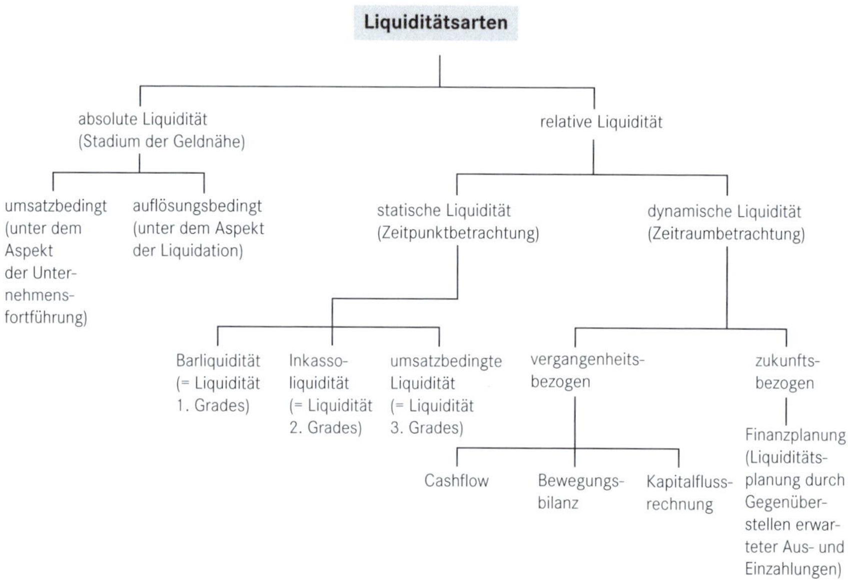

Liquiditätsarten

- Die **absolute Liquidität** (auch als graduelle Liquidität bezeichnet) beinhaltet die Nähe eines Wirtschaftsgutes zum Geld. Diese Art der Liquiditätsmessung ist im Rahmen der Kreditwürdigkeitsprüfung einer Bank von Bedeutung, wenn die Nähe zum Geldstadium zum einen bei planmäßigem Betriebsgeschehen (Umsatzprozess), zum anderen unter Liquidationsgesichtspunkten festgestellt wird. Ein und dasselbe Wirtschaftsgut kann je nach Betrachtungsweise einen unterschiedlichen Wert aufweisen. Oft fällt der Liquidationswert wesentlich geringer aus. Die Werte differieren immer dann besonders stark, wenn, wie in manchen Branchen der Fall, ein Wirtschaftsgut nur einen engen

Markt besitzt oder gar im Extremfall eine rein individuell ausgerichtete Auftragsfertigung darstellt.

Der absolute Liquiditätsbegriff kann nichts über die tatsächliche Zahlungsfähigkeit des Unternehmens aussagen. Dazu fehlt es an der Gegenüberstellung von Vermögenswerten und Zahlungsverpflichtungen.

- Die **relative Liquidität** stellt die Vermögenswerte und Zahlungsverpflichtungen gegenüber; damit ist eine Aussage über die tatsächliche Zahlungsfähigkeit des Unternehmens „statisch" oder „dynamisch" möglich.
  - Die **statische Liquidität** nimmt die Gegenüberstellung der Vermögenswerte und Zahlungsverpflichtungen auf der Grundlage einer Zeitpunktbetrachtung vor (Jahresbilanz, Halbjahresbilanz, Monatsstatus). Reichen die Zahlungsmittel aus, die sofort fälligen Verbindlichkeiten zu begleichen, ist das Unternehmen zu diesem Zeitpunkt liquide.
  - Die **dynamische Liquidität** betrachtet die Liquidität über einen bestimmten zukünftigen Zeitraum. Dies ist nötig, weil die ständige Zahlungsfähigkeit nicht nur ein Zeitpunkt-, sondern auch ein Zeitraumproblem ist.

c) Liquiditätsgrade

Liquiditätsgrade

In der Praxis werden mehrere Liquiditätsgrade unterschieden, die auch vielfach in die Kreditwürdigkeitsprüfung Eingang gefunden haben. Sie werden als Differenzbetrag oder als Quotient dargestellt.

Barliquidität

Die **Barliquidität** (= Liquidität 1. Grades oder 1. Ordnung) wird wie folgt ermittelt:

	Zahlungsmittel
./.	kurzfristige Verbindlichkeiten
=	**Barliquidität**

oder

$$\textbf{Barliquidität (in \%)} = \frac{\text{Zahlungsmittel}}{\text{kurzfristige Verbindlichkeiten}} \times 100$$

Unter Zahlungsmitteln können Kassenbestand, Bankguthaben, Schecks, diskontierbare Wechsel und Wertpapiere des Umlaufvermögens zusammengefasst werden.

Kurzfristige Verbindlichkeiten umfassen in der Regel Verbindlichkeiten aus Lieferungen und Leistungen, Schuldwechsel, kurzfristige Verbindlichkeiten gegenüber Kreditinstituten, sonstige Verbindlichkeiten und wegen der möglichen kurzfristigen Auszahlungswirksamkeit Teile der kurzfristigen Rückstellungen.

Die statische Liquiditätsrechnung kann aussagefähiger sein, wenn eine Gegenüberstellung der nach der Geldnähe geordneten Vermögensteile des Umlaufvermögens und der nach der Fälligkeit geordneten Verbindlichkeiten gemacht wird (Inkassoliquidität, Umsatzliquidität bzw. umsatzbedingte Liquidität).

Inkassoliquidität

Für die **Inkassoliquidität** (= Liquidität 2. Grades oder 2. Ordnung) gilt:

	Zahlungsmittel
+	kurzfristige Forderungen (d. h. vor allem Forderungen aus Lieferungen und Leistungen)
./.	kurzfristige Verbindlichkeiten
=	**Inkassoliquidität**

oder

$$\textbf{Inkassoliquidität (in \%)} = \frac{\text{Zahlungsmittel + kurzfristige Forderungen}}{\text{kurzfristige Verbindlichkeiten}} \times 100$$

Umsatzliquidität

Entsprechend wird die **Umsatzliquidität** (= Liquidität 3. Grades oder 3. Ordnung) ermittelt durch:

	Umlaufvermögen
./.	kurzfristige Verbindlichkeiten
=	**Umsatzliquidität**

oder

$$\textbf{Umsatzliquidität (in \%)} = \frac{\text{Umlaufvermögen}}{\text{kurzfristige Verbindlichkeiten}} \times 100$$

Von der Inkasso- und Umsatzliquidität wird gefordert, dass die Liquidität nur gesichert sei, wenn je nach Berechnungsart ein Wert gleich oder größer 100 % bzw. 200 % bzw. ein positiver absoluter Zahlenwert ermittelt wird. Die Barliquidität kann hingegen aufgrund der meist späteren Fälligkeit der Verbindlichkeiten durchaus einen Wert unter 100 % (in der Regel zwischen 10 % und 20 %) bzw. einen negativen absoluten Zahlenwert erreichen, sofern Kreditreserven vorhanden sind.

Kritik

Der statischen Liquiditätsrechnung muss kritisch begegnet werden:

- Die Bilanz- bzw. Statuszahlen sagen nichts über die genaue Fälligkeit der kurzfristigen Forderungen und Verbindlichkeiten aus. Je unterschiedlicher die Fälligkeiten sind, desto mehr steigt das Risiko, dass trotz einer günstigen Kennzahl während der Betrachtungszeit Zahlungsstockungen auftreten können.
- Neben den in der Bilanz ausgewiesenen Verbindlichkeiten muss das Unternehmen mit weiteren wichtigen Ausgaben rechnen, wie z. B. Lohn- und Gehaltszahlungen, Zinsverpflichtungen, Leasinggebühren, Steuernach- bzw. -vorauszahlungen.

- Aus der Bilanz ist oft nicht zu erkennen, ob Vermögensteile zur Sicherheit übereignet, verpfändet oder abgetreten wurden. In diesen Fällen sind weitere Informationen notwendig.
- Die bilanzielle Bewertung bestimmter Vermögensteile (wie Roh-, Hilfs- und Betriebsstoffe, fertige und unfertige Erzeugnisse) entspricht nicht den später erlösten Verkaufspreisen.
- Die Stichtagsliquidität kann durch die Wahl des Stichtages beeinflusst werden. Dieser Sachverhalt macht sich besonders bei Saisonbetrieben bemerkbar.
- Aus der Bilanz sind die zur Verfügung stehenden Möglichkeiten zur Beschaffung oder Prolongation kurzfristiger Kredite (latente Liquidität) nicht ersichtlich.

d) Cashflow-Analyse, Bewegungsbilanz, Kapitalflussrechnung

Cashflow

Die Aufzählung der Mängel der statischen Liquiditätsrechnung zeigt, dass die Liquiditätsgrade zur Gewinnung von Aussagen über die zukünftigen Ströme liquider Mittel aus den Bestandsgrößen zum Bilanzstichtag für das Unternehmen nur von eingeschränktem Erkenntniswert sind. Man hat deshalb Methoden entwickelt, mit denen versucht wird, aus den Finanzmittelbewegungen der Vergangenheit auf die zu erwartenden Bewegungen in der Zukunft zu schließen. Da diese Betrachtungsweise auch auf Vergangenheitswerten der Bilanz beruht, unterliegt sie jedoch den gleichen Beschränkungen.

Die **Cashflow-Analyse** geht von Daten der Jahresbilanz und der GuV-Rechnung aus. Mit dieser Kennzahl soll eine Aussage über den Mittelzufluss aus dem Umsatzprozess gemacht und ein besserer Einblick in die Liquiditätslage und die finanzielle Entwicklung des Unternehmens gewonnen werden. Diese Kennzahl errechnet sich aus dem Periodengewinn (= Jahresüberschuss), vermehrt um die Aufwendungen, denen keine Auszahlungen gegenüberstehen, und vermindert um die Erträge, aus denen keine Einzahlungen resultieren.

Die Aussagekraft dieser Cashflow-Rechnungen besteht darin, die dem Unternehmen aus dem laufenden Umsatzprozess zugeflossenen Mittel aufzuzeigen. Die durch den Cashflow auf den Bilanzstichtag festgestellten finanziellen Mittel stehen zu diesem Zeitpunkt dem Unternehmen aber nicht mehr frei zur Verfügung, sondern sind zum Teil innerhalb der Abrechnungsperiode für Ersatz- und Erweiterungsinvestitionen, zur Schuldentilgung und für Gewinnentnahmen bereits wieder verwendet worden.

Verallgemeinernd kann man feststellen, dass die Cashflow-Ziffern in der Regel nur zu groben Annäherungen an die durch den Umsatzprozess bewirkten Bewegungen der liquiden Mittel führen können. Mit dem finanziellen Strom aus dem Umsatz sind diese Größen in der Regel nur entfernt verwandt, vor allem wenn die Aufwendungen und Erträge nicht exakt in zahlungs- und nichtzahlungswirksame Posten getrennt werden können. Damit hat die Cashflow-Ziffer für das Unternehmen nur bedingt die Bedeutung, die ihr oft beigemessen wird.

Kapitalflussrechnungen

Eine Weiterentwicklung der Bewegungsrechnung sind **Kapitalflussrechnungen**, die die Veränderung eines abgegrenzten Bestandes aus Mitteln aus den Zu- und Abnahmen der übrigen Bestände erklären.

Beurteilung

Beurteilung

Die oben beschriebenen Messungsmöglichkeiten der Liquidität (absolute Liquidität, Liquiditätsgrade, Cashflow-Analyse, Bewegungsbilanz und Kapitalflussrechnung) werden in der Unternehmenspraxis für die Überwachung der Liquidität eingesetzt. Das bedeutet, dass bei Vorliegen der Jahresbilanz eine Analyse der Bestandswerte unter Berücksichtigung der eventuellen Aussageeinschränkungen vorgenommen wird, um sich damit ein Bild von der Liquiditätsstruktur zu machen und durch geeignete Maßnahmen eine möglicherweise ungünstige Aussage bis zu einer Kreditwürdigkeitsprüfung zu verbessern. Die Kreditinstitute sind bei ihren Kreditwürdigkeitsprüfungen neben der Berücksichtigung von künftigen internen und externen Faktoren (Rating) sehr stark bilanzorientiert und treffen ihre Entscheidungen nie ohne eine entsprechende **Liquiditätsanalyse.**

2. Die Finanzplanung als Instrument zur Steuerung und Sicherung der Unternehmensliquidität

Die Finanzplanung hat die Aufgabe, die erwarteten Einnahmen den erwarteten Ausgaben innerhalb einer festgelegten Periode möglichst zeitpunkt- und betragsgenau gegenüberzustellen und für Ausgleich zu sorgen. Man spricht von der zukunftsbezogenen, dynamischen Liquiditätsrechnung. Das Ziel besteht also darin, für jeden künftigen Zeitpunkt zu ermitteln, ob die erwarteten Einnahmen die erwarteten Ausgaben zeit- und betragsgerecht decken. Es ist dann festzustellen, welche Maßnahmen notwendig sind, um während der Planungsperiode einen Ausgleich herbeizuführen.

Einnahmen- und Ausgabenprognose

> Eine Finanzplanung muss daher lückenlos und zeitlich genau alle künftigen Zahlungsströme erfassen.

Nach dem **Planungshorizont** unterscheidet man folgende grobe Fristen, wobei Branchenabhängigkeiten berücksichtigt werden müssen:

Planungshorizont

- kurzfristige Finanzplanung (ca. 1-3 Monate, maximal 1 Jahr)
- mittelfristige Finanzplanung (ca. 1-3 Jahre)
- langfristige Finanzplanung (ca. 3-5 Jahre).

Eine Finanzplanung hat, dem Liquiditätsziel entsprechend, folgenden Aufbau:

Aufbau

- Ermittlung der Kapitalströme, d. h. Ausgaben- und Einnahmenermittlung (Kapitalbedarfsrechnung und Umsatzplanung) und damit
- Aufstellung der Finanzprognose,
- Beseitigung eines erwarteten Defizits bzw. Überschusses,
- Ursachenanalyse vor allem bei einem längerfristigen Defizit.

Handlungssituation

Handlungssituation

Diskutieren Sie die folgenden Fragen:

- Welche Vorteile bringt es Meister Strom, wenn er eine Finanzplanung einführen möchte?
- Was muss Herr Strom bei der Planung seines Kapitalbedarfs berücksichtigen?
- Wie kann der Handwerksmeister die Liquidität planen?
- Welche Erkenntnisse kann er aus der Liquiditätsplanung ziehen?

2.1 Der Kapitalbedarf als Ausgangspunkt

2.1.1 Ursachen und Einflussgrößen

Kapitalbedarf

Jedes Unternehmen benötigt zur Durchführung seiner Zielsetzungen finanzielle Mittel in bestimmter Höhe für eine gewisse Zeitperiode. Die Ursachen des Kapitalbedarfs liegen im zeitlichen Auseinanderfallen der Einnahmen und Ausgaben.

Die Höhe des Kapitalbedarfs ist von der Höhe der Einnahmen und Ausgaben sowie ihrem zeitlichen Anfall abhängig. Höhe und zeitlicher Anfall werden von folgenden Faktoren beeinflusst:

- Anordnung, Ablauf und Geschwindigkeit des Leistungsprozesses
- Beschäftigungsschwankungen
- Preisniveau der Produktionsfaktoren (Betriebsmittel, Werkstoffe und menschliche Arbeitskraft)
- Betriebsgröße
- Änderungshäufigkeit des Leistungsprogrammes.

2.1.2 Ermittlung des Kapitalbedarfs

Ermittlung des Kapitalbedarfs

Die Ermittlung des Kapitalbedarfs erfolgt aufgrund der unterschiedlichen Zeitgebundenheit getrennt für Anlagevermögen und Umlaufvermögen. Außerdem ist zwischen einem Kapitalbedarf im Gründungs- bzw. Erweiterungsstadium und bei laufendem Betriebsgeschehen zu unterscheiden.

Berechnung für das Anlagevermögen

Der Kapitalbedarf für das Anlagevermögen ist von den Anschaffungskosten des Investitionsvorhabens abhängig. Die Anschaffungskosten ergeben sich aus den Anschaffungspreisen sowie den Anschaffungsnebenkosten, wie z. B. Transportkosten, Demontage der alten Anlage, Montage der neuen Anlage, bauliche Veränderungen usw. Weiterhin sind die Kosten der Ingangsetzung und ein vorzuhaltender Sicherheitsbestand hinzuzurechnen. Der **Kapitalbedarf für das Anlagevermögen** ergibt sich wie folgt:

Kapitalbedarf für das Anlagevermögen

Anschaffungskosten der Investitionsgüter + Ingangsetzungskosten + Sicherheitsbestand = Kapitalbedarf für das Anlagevermögen.

Im **Gründungsstadium** ist die Höhe des Kapitalbedarfs für das Anlagevermögen von den erwarteten Absatzchancen des geplanten Leistungsprogramms, nach der Gründung von einer wirtschaftlichen Fertigungskapazität und Fertigungstiefe abhängig.

Werden bei der **Gründung** eines Unternehmens alle für die Produktion erforderlichen Anlagegegenstände in einer Periode angeschafft, ergibt sich der zu finanzierende Kapitalbedarf aus der Summe der Anschaffungskosten der Anlagegegenstände zuzüglich der Ausgaben für die Schaffung der Betriebsbereitschaft (d. h. Organisationskosten einschließlich Mitarbeiterbeschaffung und -ausbildung).

Die Berechnung des Kapitalbedarfs für das Anlagevermögen in einem **bereits bestehenden Unternehmen** richtet sich nach der Investitionsbereitschaft und nach den durch die Investitionen geplanten Ausgaben. In allen Fällen geht aber der den Kapitalbedarf verursachenden Entscheidung eine Investitionsentscheidung mit einer Investitionsrechnung voraus. In ihr ist bereits eine Vorentscheidung über die Finanzierungsart durch die Berücksichtigung eventueller Finanzierungsengpässe und die durch die Finanzierung anfallenden Kapitalkosten enthalten. In diesen Fällen sind Investitions- und Finanzplanung dringend aufeinander abzustimmen.

Berechnung für das Umlaufvermögen

Die Ermittlung des Kapitalbedarfs für das Umlaufvermögen kommt der Ermittlung der durchschnittlichen Kapitalbindung gleich.

Durchschnittliche Kapitalbildung

> Zum Kapitalbedarf für das Umlaufvermögen führen insbesondere Ausgaben für
>
> - Materialkosten (Roh-, Hilfs- und Betriebsstoffe),
> - Löhne und
> - Gemeinkosten.

Vom Einkauf der Roh-, Hilfs- und Betriebsstoffe und deren Bezahlung über die Lagerung und Produktion bis zum Verkauf und Eingang des Kaufpreises vergeht Zeit, während der ständig neue Ausgaben nötig sind, um die Produktion aufrechtzuerhalten. Entsprechend müssen bei der Ermittlung des Umlaufvermögens die durchschnittlichen täglichen Ausgaben mit der Anzahl der Tage multipliziert werden, die das Unternehmen benötigt, bis die Ausgaben für Roh-, Hilfs- und Betriebsstoffe, Löhne u. a. zu Einnahmen geführt haben. Man spricht von der Umschlagshäufigkeit und durchschnittlichen Umschlagsdauer des Umlaufvermögens. Die nachfolgende Abbildung verdeutlicht vereinfacht und beispielhaft diesen Sachverhalt.

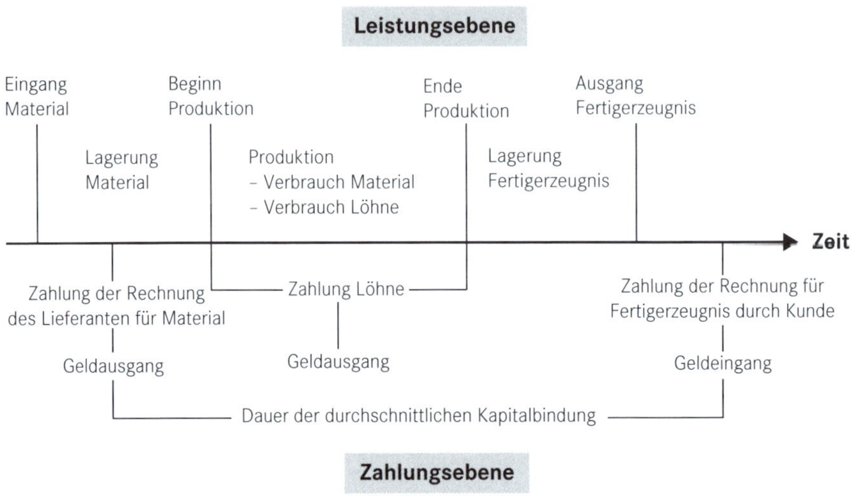

Schematische Darstellung einer durchschnittlichen Kapitalbindung

Kapitalbedarf für das Umlaufvermögen

> Der **Kapitalbedarf des Umlaufvermögens** ergibt sich durch folgende Rechnung:
>
> Auszahlungen pro Tag × Dauer der Kapitalbindung (in Tagen) = **Kapitalbedarf**.

Diese Berechnungsweise beinhaltet jedoch einige Unterstellungen, die in der **betrieblichen Praxis** nicht immer gegeben sind:

- Unterstellt wird die genaue Kenntnis über die einzelnen Aus- und Einzahlungstermine und deren Höhe. Je unterschiedlicher die Kunden- und die Auftragsstruktur sind, desto schwieriger wird es sein, vor allem die präzisen Einzahlungstermine zu ermitteln.
- Es wird eine normale Beschäftigung unterstellt. Bei Beschäftigungsschwankungen muss eine modifizierte Kapitalbedarfsrechnung erstellt werden.
- Einzahlungen und Auszahlungen werden inhaltlich mit Einnahmen und Ausgaben gleichgesetzt.

2.2 Durchführung der Finanzplanung

Sie erfolgt unter dem Ziel des sogenannten finanziellen Gleichgewichts, was jederzeitige Zahlungsfähigkeit unter Einbeziehung der Rentabilität bedeutet. Zur Realisierung sind die Liquiditätsplanung und der Planausgleich erforderlich (siehe „Schema einer Liquiditätsplanung mit anschließendem Finanzplan“ auf S.116).

2.2.1 Liquiditätsplanung

Liquiditätsplanung

Bei der Liquiditätsplanung handelt es sich um eine Geldmittelvorschaurechnung, in welche die voraussehbaren Einzahlungen, Auszahlungen und kurzfristigen Kapitalbeschaffungsquellen eingehen und als Soll-Werte einander gegenübergestellt werden. Zur Kontrolle werden die aktuellen Ist-Werte laufend eingefügt.

Die Liquiditätsplanung ist ein unverzichtbares Instrument der Unternehmensführung geworden. Sie hilft, Liquiditätsengpässe rechtzeitig zu erkennen und Maßnahmen zu ergreifen, um Zahlungsschwierigkeiten oder gar eine Insolvenz zu vermeiden. Insbesondere Unternehmer, die sich in einer finanziell angespannten Situation befinden, sind verpflichtet, die künftigen Einzahlungen und Auszahlungen möglichst genau zu planen.

Die Brauchbarkeit der Liquiditätsplanung als Ausgangspunkt für Planungsmaßnahmen hängt von der Genauigkeit der prognostizierten Ein- und Auszahlungsströme ab.

Dabei sind folgende Punkte zu beachten:

- Mit zunehmendem Prognosezeitraum nimmt die Prognosegenauigkeit ab.
- Je genauer die Zahlungsgewohnheiten der Kunden bekannt sind, desto präziser kann eine Prognose erstellt werden.
- Bekanntwerdende Zahlungsstockungen beim Geldeingang müssen von der Höhe und/oder Zeit her in der Prognose zeitnah berücksichtigt werden.

Prognosegenauigkeit

Die für die Prognose notwendigen Informationen umfassen unterschiedliche Zeiträume und beeinflussen die Planung entsprechend. Die Aussagekraft der **mittel- und langfristigen Finanzplanung** hängt von der Prognosemöglichkeit der auf diese Planung einwirkenden Faktoren ab. In vielen Unternehmen war man in der Vergangenheit der Meinung, dass man eine mittel- bis langfristige Planung nicht durchführen müsse und auch nicht könne. Die Schnelligkeit des technologischen Wandels und die sich ständig ändernden Umweltsituationen haben die Notwendigkeit einer mittel- bis langfristigen Planung und deren Auswirkung auf die finanziellen Verhältnisse unterstrichen. Ganz besonders macht sich dieses Phänomen in der Gründungsphase bemerkbar, wenn die einzelnen Phasen einer möglichen Erweiterung im Investitionsplan prognostiziert und mit den finanziellen Möglichkeiten abgestimmt werden.

Die **kurzfristige Finanzplanung** wird für einen Zeitraum von maximal 12 Monaten erstellt. Kürzere Zeiträume sind vor allem in solchen Branchen üblich, die eine kurzfristigere Auftrags- und damit auch Zahlungsabwicklung aufweisen. Bei dieser im Gegensatz zur mittel- und langfristigen Planung wesentlich geringeren zeitlichen Tiefe können die Planansätze meist eine größere Genauigkeit aufweisen.

Generell gilt: Trotz häufig beklagter Genauigkeit vor allem beim Zahlungseingang darf auf die **Liquiditätsplanung nicht verzichtet** werden. Je angespannter die finanzielle Situation, desto wichtiger ist die Liquiditätsplanung. Gute Tools für die Liquiditätsplanung bieten die Steuerberater und Branchensoftware-Programme.

Liquiditätsplan

Geldbewegungen in Form von erwarteten Geldein- und Geldausgängen	1. Monat				2. Monat	3. Monat
	1. Woche	2. Woche	3. Woche	4. Woche		
A) Laufendes Geschäft **1. Geldeingänge** Umsatzerlöse sonstige Eingänge (z. B. Kundenanzahlungen)						
Summe 1						
2. Geldausgänge Löhne und Gehälter fällige Verbindlichkeiten aus Lieferungen und Leistungen Zinsen Steuern sonstige Ausgaben						
Summe 2						
3. Über-/Unterdeckung (Summe 1 ./. Summe 2)						
B) Finanzverkehr und Geldbewegungen außerhalb des laufenden Geschäfts **1. Geldeingänge** Erträge aus Beteiligungen Anlagenverkauf						
Summe 1						
2. Geldausgänge Kredittilgungen Akzepteinlösungen (Schuldwechsel) Investitionsausgaben Beteiligungen Gewinnausschüttungen Sonstiges						
Summe 2						
3. Über-/Unterdeckung (Summe 1 ./. Summe 2)						
C) Über-/Unterdeckung insgesamt (Ergebnis A.3 + Ergebnis B.3)						
D) Ausgleichsposition flüssige Mittel (Bestand) Akzepthergaben Kreditbelastung						
Summe						
E) Stand am Monatsende 1. flüssige Mittel 2. Akzeptverbindlichkeiten 3. in Anspruch genommene Bankkredite (Kreditvolumen)						

Schema einer Finanzprognose mit anschließendem Finanzplan

2.2.2 Planausgleich

Die Liquiditätsplanung kann drei Ergebnisse aufzeigen:

Ergebnisse der Liquiditätsplanung

- Die Ein- und Auszahlungsströme verlaufen so, dass unter Beachtung einer der Unsicherheit angepassten **Liquiditätsreserve** eine jederzeitige Zahlungsfähigkeit gegeben ist. In diesem Falle muss **keine Disposition** erfolgen. Es ist allerdings eine Kontrolle über den Anfall der prognostizierten Ein- und Auszahlungen notwendig.
- Die Prognose ergibt eine **Unterdeckung** und damit einen **Finanzbedarf**, der, würde kein Ausgleich erfolgen, eine zumindest kurzfristige Zahlungsunfähigkeit hervorruft.
- Die Prognose ergibt einen **Überschuss**, der eine **Disposition** aus Rentabilitätsgründen als notwendig erscheinen lässt.

Maßnahmen bei zu erwartendem Finanzbedarf

Zur Behebung des voraussichtlichen Finanzbedarfs gibt es generell folgende Möglichkeiten:

Erwarteter Finanzbedarf

- **Ausnutzung** einer noch nicht in Anspruch genommenen Kreditreserve, Erhöhung von Kreditlimits (z. B. des Kontokorrentkredit durch Absprache mit der Hausbank)
- **Vorziehen von Einnahmen** späterer Perioden (z. B. Voraus- und Anzahlungen)
- **Aufschieben von Ausgaben** auf spätere Perioden (z. B. zeitliches Verschieben einer Investition oder Tilgungsaufschub)
- **Kürzung von Ausgaben** durch Verzicht auf geplante ausgabenerzwingende Maßnahmen (z. B. Investitionsaufschub)
- **Verbesserung des Mahnwesens**
- **Überprüfung** der zeitlichen und qualitativen Leistungsabwicklung.

Maßnahmen bei zu erwartendem Finanzüberschuss

Das Maß der **Liquiditätsreserve** als Ausfluss der finanzpolitischen Ziele ist mitentscheidend für Höhe und Zusammensetzung des durch die Finanzprognose ermittelten und rentabel anzulegenden Finanzüberschusses (z. B. Termingelder, Wertpapiere). Außerdem muss bei der Erstellung der Finanzprognose bereits sichergestellt sein, dass gewisse unternehmerische Maßnahmen eine entsprechende Einnahmen- und Ausgabensteuerung mit sich bringen. Dabei ist vor allem an die Auswirkung möglicher Skontoabzüge bei der Begleichung von Verbindlichkeiten aus Lieferungen und Leistungen zu denken, da Lieferantenkredite unter Umständen weitaus kostspieliger sind als andere Verschuldungsmöglichkeiten. Die **Unsicherheit** der Erwartungen spielt hier eine wesentlich größere Rolle als bei der Deckung einer Finanzlücke.

Erwarteter Finanzüberschuss

2.2.3 Finanzkontrolle

Finanzkontrolle

Die Erstellung des Liquiditätsplans ist vor allem im Einnahmenbereich vielfach mit großen Unsicherheiten verbunden, die sich auf die Zahlungsmoral der Kunden, aber auch auf Organisationsmängel beim Unternehmer selbst zurückführen lassen. Dementsprechend vorsichtig und risikobewusst muss eine Unter- oder auch Überdeckung ausgeglichen werden.

Daher ist es ratsam, dass der Verlauf der Planung einer Soll-Ist-Betrachtung unterliegt, um nicht nur Abweichungen festzustellen, sondern insbesondere, um die Ursachen analysieren zu können. Das dient der Erfahrung für künftige Prognosen und kann bei längeren Unterdeckungen auch zur Aufdeckung betrieblicher Schwachstellen wie z. B. Fehlkalkulationen, verspätete Rechnungsstellung, mangelndes Mahnwesen, zeitlich und qualitativ unbefriedigende Auftragsabwicklung usw. dienen. Auf jeden Fall sollte die Umschlagshäufigkeit und die Debitorendauer der Forderungen beobachtet werden. Hier können auch Controllingmaßnahmen ansetzen.

3. Finanzierungsalternativen

Die dem Unternehmen zur Verfügung stehenden Finanzierungsmöglichkeiten lassen sich nach unterschiedlichen Gesichtspunkten einteilen:

Finanzierungsarten

Finanzierungsarten		
	Kapital- oder Finanzierungsquelle	
Kapital- oder Finanzierungsart	**Außenfinanzierung** (von außerhalb des Unternehmens)	**Innenfinanzierung** (aus dem Unternehmen selbst)
Eigenfinanzierung (Zufuhr von Eigenkapital)	Beteiligungsfinanzierung	Gewinnthesaurierung (durch Einbehalten von Gewinnen) Vermögensumschichtungen
Fremdfinanzierung (Zufuhr von Fremdkapital)	Kreditfinanzierung	Finanzierung durch Rückstellungen

Mögliche Einteilung der Finanzierungsarten

Üblicherweise werden unterschieden:

- nach der Art des zu beschaffenden Kapitals in
  - **Eigenfinanzierung** (= Beschaffung von Eigenkapital) und
  - **Fremdfinanzierung** (= Beschaffung von Fremdkapital)

  sowie
- nach der Herkunft (Quelle) des zu beschaffenden Kapitals in **Außen-** und **Innenfinanzierung**.

Handlungssituation

Überlegen Sie gemeinsam mit Ihren Kollegen:

- Welche Finanzierungsquellen kann Meister Strom nutzen?
- Was sollte Meister Strom beachten, wenn er die Rechtsform ändern und einen Mitgesellschafter aufnehmen möchte?

3.1 Finanzierungsquellen

Finanzierungsquellen

Zur Kapitalbeschaffung stehen dem Unternehmen verschiedene Quellen und Kapitalarten zur Verfügung.

Privatbereich

Aus dem **Privatbereich:**

- neue Gesellschafter als Voll- oder Teilhafter bzw. stille Gesellschafter
- seitherige Gesellschafter durch Erhöhung ihrer Einlage sowie
- private Darlehensgeber.

Wirtschaftsbereich

Aus dem **Wirtschaftsbereich:**

- **Geschäftsbanken** gewähren Kredite unterschiedlicher Laufzeit zur Finanzierung der Investitionen und des laufenden Kapitalbedarfs aus der Umsatztätigkeit.
- **Spezialbanken**, wie z. B. die Kreditanstalt für Wiederaufbau, die Industriekreditbank usw. befassen sich schwerpunktmäßig mit dem mittel- und langfristigen Kreditgeschäft und werden vielfach erst unter Einschaltung einer Geschäftsbank herangezogen. Zunehmende Bedeutung erhalten die Direktbanken. Dies sind Kreditinstitute, die keine eigenen Filialen unterhalten. Der Kontakt zum Kunden erfolgt über Fernkommunikationsmittel, wie Internet, E-Mail oder Fax.
- **Versicherungen** sind als Kapitalsammelstellen auch an Kapitalausleihungen interessiert.
- **Finanzmakler und Finanzdienstleister** vermitteln mittel- und langfristige Kredite sowie im Rahmen der Beteiligungsfinanzierung Eigenkapital als Beteiligungen. Ihr Einfluss ist bei Klein- und Mittelbetrieben in letzter Zeit steigend.
- **Finanzierungsgesellschaften** werden für Klein- und Mittelbetriebe von zunehmender Bedeutung. Auch wird von den Geschäftsbanken aus versucht, eigenkapitalschwache Unternehmen über Beteiligungsgesellschaften strukturmäßig zu festigen. Dabei werden sog. Mezzanine als wichtige Eckpfeiler der Unternehmerfinanzierung angesehen.
- **Marktpartner** gewähren als Lieferanten (Lieferantenkredit) bzw. als Abnehmer (Vorauszahlung) Kredite.
- **Arbeitnehmer** stellen im Gegensatz zu den Großunternehmen in Handel und Industrie bei Klein- und Mittelbetrieben noch keine nennenswerte Finanzquelle dar. Ausnahme bilden die Fälle, in denen der oder die Betriebsinhaber aus unterschiedlichen Motiven heraus (Nachfolge, Haftung, Erweiterung usw.) bestimmten Mitarbeitern eine Beteiligungsmöglichkeit mit und ohne zusätzliche Entscheidungsrechte und in besonderen Fällen eine Übernahmemöglichkeit bieten.
- **Die öffentliche Hand** (Bund, Land, Gemeinde) gewährt Zahlungsaufschübe im Steuerbereich bei entsprechenden Anträgen an die zuständige Finanzbehörde. Sie vergibt über staatseigene Banken (KfW, Landeskreditbanken) zinsgünstige

Kredite in Form von Darlehen vor allem an die mittelständische Industrie, den mittelständischen Handel sowie an Handwerksunternehmen bei Vorliegen bestimmter Sachverhalte (Existenzgründung, Rationalisierungsvorhaben, Innovationen, Ansiedlung in strukturschwachen Gebieten, Schaffung bzw. Erhaltung von Arbeitsplätzen usw.).
- Kreditgarantiegemeinschaften und Bürgschaftsbanken sichern durch Bürgschaften Kredite ab und gewähren Kapitalbeteiligungen zur Stärkung des Eigenkapitals.

Nähere und aktuelle Informationen erhält man über die Hausbank, die zuständige Industrie- und Handelskammer oder Handwerkskammer.

3.2 Außenfinanzierung durch Beteiligungskapital

Rechtsform und Finanzierung

Die Einlage von Beteiligungskapital (Eigenkapital) durch die Anteilseigner (Eigentümer bzw. Gesellschafter) hängt wesentlich von der jeweiligen Rechtsform der Unternehmung ab. Sie ist die rechtliche Verfassung des Unternehmens, durch die Rechtsbeziehungen im Innen- und Außenverhältnis geregelt werden. Eine kurze Einführung in die Problematik kann die Bedeutung aufzeigen.

3.2.1 Allgemeine Kriterien für die Wahl der Rechtsform

Das Problem der Rechtsformwahl tritt im Stadium der Gründung sowie in den Situationen auf, in denen sich die Bedeutung gewisser Kriterien ändert und eine Umwandlung in eine andere Rechtsform sinnvoll erscheint.

Gesellschaftsvertrag

Neben rein rechtlichen Aspekten sind es vor allem betriebswirtschaftliche Kriterien, die die **Rechtsformentscheidung** gerade auch für Klein- und Mittelbetriebe sehr wichtig erscheinen lassen (vgl. dazu die nachfolgende Übersicht „Wichtige Kriterien für die Wahl der Rechtsform“). Die im Folgenden aufgeführten Punkte können im Einzelfall durch weitere Kriterien ergänzt werden. Wichtig und für den Bestand sowie den Erfolg des Betriebes entscheidend sind klare Regelungen im **Gesellschaftsvertrag**, der einen möglichst hohen Detaillierungsgrad haben sollte.

Folgende Kriterien spielen eine wichtige Rolle:

- **Haftung:** Grundsätzlich kennt man unbeschränkte Haftung (Vollhaftung) und die beschränkte Haftung (Teilhaftung).
- **Steuerliche Belastung:** Die steuerliche Belastung kann je nach Rechtsform unterschiedlich sein, so vor allem bei der Gewinnbesteuerung und der Nachfolgeregelung.
- **Willensbildung:** Je nach Rechtsform ist die Willensbildung dem einzelnen oder mehreren, dem (den) Eigentümer(n) bzw. gewählten Organen übertragen.
- **Gewinnbeteiligung:** Die gesetzlichen Regelungen (z. B. HGB, GmbHG, AktG) greifen dann ein, wenn im Gesellschaftsvertrag über die Gewinnverteilung keine Regelungen getroffen wurden.
- **Finanzierung:** Aufgrund von unterschiedlichen Haftungsverhältnissen und Gesetzesvorschriften ergeben sich zwangsläufig unterschiedliche Alternativen bei der Finanzierung.

Betriebsaufspaltung

Neben der für Klein- und Mittelbetriebe typischen Einzelunternehmung kommen vor allem die KG, OHG, GmbH und Co. KG und die GmbH vor. Bei GmbHs wird häufig eine Betriebsaufspaltung vorgenommen, und zwar in eine Betriebsgesellschaft, die als GmbH geführt wird, und in eine Besitzgesellschaft, die Anlagevermögen, insbesondere Immobilien, an die GmbH vermietet.

Rechtsform / Merkmale	Einzel firmen	Personengesellschaften		Kapitalgesellschaften	
		OHG	KG	GmbH (siehe auch „Mini-GmbH" Seite 126)	AG
1) Gesetzliche Grundlage	§§ 1–104 HGB	§§ 105–160 HGB	§§ 161–171 HGB	GmbHG	AktG
2) Bezeichnung der (Mit-) Eigentümer	Inhaber	Gesellschafter	Komplementäre, Kommanditisten	Gesellschafter	Aktionäre
3) Mindestanzahl bei Gründung	höchstens 1 (sonst Gesellschaft)	2	2	1 (aber bei 1-Mann-GmbH Sicherheiten für nicht eingezahltes Stammkapital notwendig)	5 (aber: nach Gründung auch 1-Mann-AG zulässig) Neu: Klein-AG nur 1 Gründer
4) Vorgeschriebenes Haftungskapital bei Gründung	-	-	-	25.000,- € (Stammkapital), davon mindestens 50 % eingezahlt	50.000,- € (Grundkapital)

Rechtsform / Merkmale	Einzelfirmen	Personengesellschaften		Kapitalgesellschaften	
		OHG	KG	GmbH (siehe auch „Mini-GmbH" Seite 126)	AG
5) Regelung der Haftung	unbeschränkt persönlich	unbeschränkt persönlich und solidarisch	Komplementäre: unbeschränkt persönlich Kommanditisten: beschränkt auf die Kapitaleinlage	Beschränkt auf die Kapitaleinlage; es kann aber eine Nachschusspflicht im Gesellschaftsvertrag vereinbart sein	Beschränkt auf die Kapitaleinlage
6) Gewinnsteuerliche Belastung	Gewinn unterliegt der Einkommensteuer: Steuersatz je nach Höhe der persönlichen Gesamteinkünfte: 14%-42% (bzw. 45% = sog. „Reichensteuer") Anmerkung: Teilweise Anrechnung der Gewerbesteuer auf die Einkommensteuer aus gewerblichen Einkünften.			Gewinn unterliegt der Körperschaftsteuer: Steuersatz 15% (Die Gesellschafter resp. Aktionäre versteuern die an sie ausgeschütteten Gewinne nach den Regeln der Abgeltungssteuer).	

Wichtige Kriterien für die Wahl der Rechtsform

Einzelunternehmung

- Eine **Einzelunternehmung** ist dadurch charakterisiert, dass ein Kaufmann seinen Betrieb ohne Gesellschafter oder nur mit einem stillen Gesellschafter betreibt. Der Einzelunternehmer haftet für die Verbindlichkeiten seiner Firma allein und unbeschränkt, d. h. nicht nur mit dem in seinen Betrieb eingelegten Teil seines Vermögens, sondern auch mit seinem sonstigen Privatvermögen. Die Gründung einer Einzelunternehmung erfolgt formlos. Bezüglich der Eintragung im **Handelsregister** gelten die §§ 1 HGB ff. (Ist-, Kann- und Formkaufmann). Die Firma der Einzelunternehmung ist eine **Personenfirma**, d. h. sie muss einen Familiennamen und mindestens einen ausgeschriebenen Vornamen enthalten. Möglich sind auch Fantasienamen. Zwar ist nur der Einzelunternehmer selbst und nicht die Firma Träger von Rechten und Pflichten, trotzdem kann auch er unter seiner Firma klagen und verklagt werden.

Stille Gesellschaft

- Die **stille Gesellschaft** (Beteiligung) tritt nach außen nicht als eigenständige Rechtsform auf. Man unterscheidet zwei Formen: Bei der stillen Beteiligung macht der Geldgeber eine formlose Einlage in das Unternehmensvermögen. Dafür wird er am Unternehmensgewinn beteiligt. Oft bekommen stille Gesellschafter eine fest vereinbarte Summe plus Gewinnanteil. In der Regel greift der Geber bei stillen Beteiligungen nicht in die Unternehmensführung ein, will aber Bilanzen und Wirtschaftszahlen einsehen. Die stille Beteiligung kann unabhängig von der Rechtsform des Unternehmens gewährt werden. Bei der typischen stillen Beteiligung profitiert der Geber nur vom Gewinn, bei der atypischen auch von den

Wertzuwächsen des Unternehmens. Die offene oder direkte Beteiligung kommt nur für Personen- oder Kapitalgesellschaften in Frage. Bei ihr erwirbt der Kapitalgeber Geschäftsanteile. Er entscheidet mit, wie das Unternehmen geführt wird und ist an Gewinnen, Verlusten und Vermögenszuwächsen beteiligt.
In den letzten Jahren sind in Deutschland Kapitalbeteiligungsgesellschaften (auch Venture-Capital-Gesellschaften, Business-Angels oder Private-Equity-Fonds genannt) entstanden, die sich als stille Gesellschafter auch an Handwerksbetrieben beteiligen. Sie stellen den geförderten Unternehmen für einen bestimmten Zeitraum haftendes Kapital zur Verfügung, das ihr Eigenkapital stärkt. Durch die größere Eigenkapitalbasis verbessert sich die Finanzierungsstruktur der Unternehmen. Dies erleichtert die Aufnahme von Fremdkapital und verbessert zudem das Kreditrating, so dass die Zinsen für das Fremdkapital sinken.

Im Vergleich zu Darlehenszinsen ist das Beteiligungsentgelt für eine Kapitalbeteiligung höher. Dafür sinken aber durch das bessere Kreditrating die Zinsen für das Fremdkapital. Zudem ist die Kapitalbeteiligung über die vereinbarte Laufzeit tilgungsfrei. Der große Vorteil des Beteiligungskapitals besteht darin, dass die Unternehmen über ein höheres Risikopolster verfügen und weit weniger krisenanfällig sind als ohne die Beteiligung.

Die Kapitalbeteiligungsgesellschaften beteiligen sich vor allem an technologieorientierten Unternehmen und an Unternehmen, die gute Wachstumsperspektiven haben, und an neu gegründeten Unternehmen. Gesellschafter der Beteiligungsgesellschaften sind meist Kreditinstitute, aber auch Förderinstitute. Die bedeutendsten Kapitalbeteiligungsgesellschaften für Handwerksbetriebe sind die Beteiligungsgesellschaften, die mit den Bürgschaftsbanken bzw. Kreditgarantiegemeinschaften der einzelnen Bundesländer verbunden sind.

Offene Handelsgesellschaft

- Die **Offene Handelsgesellschaft (OHG)** ist nach § 105 HGB eine Gesellschaft, deren Zweck auf den Betrieb eines Handelsgewerbes unter gemeinsamer Firma gerichtet ist. Die Firma muss den Namen mindestens eines Gesellschafters mit einem Zusatz enthalten, in dem das Gesellschaftsverhältnis zum Ausdruck kommt. Die Gesellschafter der OHG haften den Gläubigern unbeschränkt mit ihrem gesamten Vermögen, d. h. es haftet nicht nur das Gesellschaftsvermögen, sondern jeder Gesellschafter haftet auch mit seinem Privatvermögen, ohne dass er eine Einrede der Vorausklage oder eine Einrede der Teilung hat; der Gläubiger kann sich also an einen einzelnen Gesellschafter halten und die Leistung von ihm verlangen.

- Die **Kommanditgesellschaft (KG)** unterscheidet sich von der OHG hauptsächlich dadurch, dass sie zwei Arten von Gesellschaftern hat: Der **Komplementär** haftet wie die Gesellschafter der OHG unbeschränkt, der **Kommanditist** haftet nur mit der im Handelsregister eingetragenen Kapitaleinlage. Solange die Einlage noch nicht voll eingezahlt ist, haftet der Kommanditist mit seinem Privatvermögen für die Resteinzahlung. Jede KG muss mindestens einen Komplementär und einen Kommanditisten haben.
  Die **Firma** muss den Namen wenigstens eines Komplementärs und einen das Gesellschaftsverhältnis andeutenden Zusatz enthalten. Der Name eines **Kommanditisten** darf nicht in die Firma aufgenommen werden.

Kommanditgesellschaft

- Die **Gesellschaft mit beschränkter Haftung (GmbH)** ist eine Kapitalgesellschaft, die rechtlich gesondert im GmbH-Gesetz geregelt ist.
  Ergänzend gelten die Vorschriften des Handelsgesetzbuches (HGB). Die GmbH hat in Deutschland eine große quantitative Bedeutung, da sie für kleinere und mittlere Gesellschaften eine ideale Rechtsform darstellen kann. Die Firmenbezeichnung der GmbH kann entweder der Tätigkeit der Firma entlehnt sein (Sachfirma), oder sie muss mindestens den Namen eines Gesellschafters enthalten, oder er kann nur aus einer Fantasiebezeichnung bestehen. Das Gericht prüft die Zulässigkeit des Namens, der aber unbedingt den Zusatz GmbH enthalten muss. Die Gesellschaft wird durch einen oder mehrere Personen errichtet, indem eine Stammeinlage übernommen wird und in der Summe das **Stammkapital mindestens 25.000,– €** betragen muss. Da auch nur eine Person eine GmbH gründen kann, spricht man hier von einer Ein-Mann-GmbH. Die Gesellschafter sind in einer **Gesellschafterversammlung** zusammengefasst, die einen oder mehrere Geschäftsführer wählt. Für eine GmbH mit mehr als 500 Beschäftigten muss nach dem Betriebsverfassungsgesetz (BetrVG) ein Aufsichtsrat mit Belegschaftsvertretern gebildet werden.

  An die **Gründung der GmbH** werden nach §§ 1 ff. GmbHG (noch) strenge Auflagen geknüpft. Die GmbH ist eine sehr verbreitete Rechtsform, da die Haftung auf das Stammkapital beschränkt ist (mbH) und die Gesellschafter nur mit ihrem Geschäftsanteil haften, wobei eine Nachschusspflicht vertraglich regelbar ist.

  Die **Gewinn- und Verlustbeteiligung** erfolgt nach dem Verhältnis der Geschäftsanteile, sofern im Gesellschaftsvertrag keine andere Regelung vorgesehen ist. Die Rechnungslegungspflicht ist seit dem sogenannten Bilanzrichtliniengesetz an die Vorschriften für Aktiengesellschaften angepasst (vgl. dazu §§ 264 ff. HBG).

Gesellschaft mit beschränkter Haftung

- Die **Gesellschaft mit beschränkter Haftung & Co. KG (GmbH & Co. KG)** ist eine Mischform verschiedener Rechtsformen, nämlich der KG und der GmbH.

GmbH & Co. KG

Rechtsgrundlagen sind die Bestimmungen über die KG im HGB und das GmbH-Gesetz. Bei der GmbH & Co. KG handelt es sich um eine KG, bei der der Komplementär eine GmbH ist, da an einer Personengesellschaft auch juristische Personen als Gesellschafter beteiligt sein können. Die Komplementäre sind i. d. R. die Gesellschafter der GmbH. Da die GmbH nur in Höhe ihres Stammkapitals (mind. 25.000,– €) haftet, wird die Zielsetzung einer Personengesellschaft, d. h. die persönliche unbeschränkte Haftung hier außer Kraft gesetzt. Im Extremfall ist wie bei der GmbH eine **Einpersonen-Gesellschaft** denkbar, bei der der Kommanditist zugleich der einzige Gesellschafter der GmbH (= Komplementär) ist. Die Leitung obliegt dem Komplementär, d. h. der GmbH, also dem Geschäftsführer der GmbH.

Unternehmergesellschaft (haftungsbeschränkt)

Auf die aus England stammende Rechtsform der „Limited (Ltd)" wird wegen zunehmender Bedeutungslosigkeit nicht eingegangen. 2008 wurde die „Mini GmbH" im Bundestag beschlossen. Sie ist eine neue Form der GmbH und trägt den Rechtszusatz **„Unternehmergesellschaft (haftungsbeschränkt)"**. Sie ist im § 5a Abs. 1 - 5 GmbH-Gesetz geregelt und eine Durchgangsstation zur herkömmlichen GmbH. Es ist ein Stammkapital von 1,– € erforderlich und erspart den Gesellschaftern eine persönliche Haftung. Die „Mini GmbH" sieht nur einen Geschäftsführer vor und wird dann zur echten GmbH, wenn das Stammkapital von 25.000,– € erreicht ist. Bis dahin muss der Gründer jedes Jahr ein Viertel des Jahresüberschusses zurücklegen.

Abschließend ist festzustellen, dass der Kapitalbedarf bei der Gründung umso höher wird, je technisierter und damit anlageintensiver das Unternehmen werden soll. Wenn der Gründer nicht in der Lage sein wird, die notwendige Kapitalsumme allein in der Form eigener oder fremder Mittel aufzubringen, muss er nach weiteren **voll- oder teilhaftenden Kapitalgebern** suchen.

Nachteile können sich bei der Willensbildung und bei der späteren Gewinnverteilung ergeben. **Vorteilhaft** ist auf jeden Fall die breitere Kapital- und Haftungsbasis, die das einzelne Risiko vermindern kann. Aus diesen **Vorteilen** heraus ist meist auch eine positive Auswirkung auf die Kreditwürdigkeit und damit Kapitalbeschaffungsmöglichkeit festzustellen.

> Auf jeden Fall empfiehlt es sich, einen Gesellschaftsvertrag abzuschließen, der für alle Eventualitäten eine Regelung vorsieht.

Umwandlung

Eine weitere Notwendigkeit der Rechtsformentscheidung ergibt sich durch **Umwandlung.** Der Wunsch entsteht in der Regel immer dann, wenn sich ein oder mehrere für die Wahl der bestehenden Rechtsform wesentliche Kriterien verändern.

Als typische Fälle von Umwandlung können genannt werden:

- **Betriebserweiterungen:** Sich verändernde Kriterien sind: Kapitalbeschaffung, Haftung und Risiko.
- **Nachfolgeprobleme durch Tod oder Ausscheiden von Gesellschaftern:** Sich verändernde Kriterien sind: Haftung und Kapitalbasis.
- **Steuergesetzänderungen:** Sich verändernde Kriterien sind: Änderung der Gesetze vor allem bei ertragsabhängigen und anderen Steuern.

3.2.2 Rechtsform und Beteiligungskapital

Rechtsform und Beteiligungskapital

Im Gegensatz zum hoch organisierten Kapitalmarkt der großen Publikumsaktiengesellschaft fehlt für personenbezogene Unternehmen eine in diesem Sinne organisierte Institution. Die sich über den nicht organisierten Kapitalmarkt - eine begrenzte Anzahl von Finanzinstituten und Maklern bemüht sich, Angebot und Nachfrage zum Ausgleich zu bringen - und über Inserate in Fachzeitschriften sowie großen Tageszeitungen vollziehende Beteiligungsfinanzierung ist eng begrenzt. Dieser Finanzierungsnachteil macht sich auch in der noch an anderer Stelle zu behandelnden Eigenkapitalausstattung bemerkbar. Auf die unterschiedlichen Möglichkeiten der Kapitalerhöhung bei Aktiengesellschaften wird hier nicht eingegangen. Auf die entsprechende Literatur (z. B. Perridon/Steiner, Finanzwirtschaft der Unternehmung, neueste Auflage, München) und das Aktiengesetz (§§ 182 AktG. ff.) wird verwiesen.

Grundsätzlich kann bei nichtemissionsfähigen Unternehmen die Eigenfinanzierung in Form von Einlagen der bisherigen Teilhaber erfolgen, die nicht in der Unternehmung eingesetztes, aber noch vorhandenes Kapital (z. B. auf Sparkonten, in Wertpapieren, in Edelmetall, in Haus- und Grundbesitz usw.) dem Unternehmen zuführen. Eine Eigenfinanzierung dieser Art scheitert jedoch in der Praxis meist an der Tatsache, dass die Teilhaber neben ihrem **Geschäftsvermögen** in der Regel kein nennenswertes **Privatvermögen** mehr besitzen oder dieses nicht einsetzen wollen.

Aufnahme neuer Anteilseigner

Daneben ist eine Ausweitung der Eigenmittel durch **Aufnahme neuer Anteilseigner** denkbar. Aber auch hier zeigen sich sehr schnell die Grenzen der Finanzierung:

Die Aufnahme neuer Gesellschafter scheitert einmal meist daran, dass besonders bei Personengesellschaften die Zahl der Gesellschafter in Anbetracht der oft geringen Größe der Unternehmen nicht unnötig erhöht werden sollte.

Außerdem macht man von dieser Finanzierungsart in mittelständischen Klein- und Mittelbetrieben nur ungern Gebrauch, da man die Familienfirmen als solche erhalten möchte und meist nicht bereit ist, den neuen, vielfach nicht der Familie angehörenden Kapitalgebern wichtige Informations- und Mitspracherechte einzuräumen.

> Der Grundsatz der unternehmerischen Selbstständigkeit in Verbindung mit einem gewissen Maß an Unabhängigkeit und Dispositionsfreiheit personenbezogener Unternehmen ist mit das größte Hindernis für die Erweiterung der Eigenkapitalbasis durch die Aufnahme neuer Anteilseigner.

Auf der anderen Seite trägt das **Kapitalrisiko der Anleger** dazu bei, dass sich nicht allzu viel Kapitalgeber finden, um die Kapitalbasis einer personenbezogenen Unternehmung zu erweitern. Der Hauptgrund ist wohl darin zu sehen, dass sich an nichtemissionsfähigen Unternehmen vorzunehmende Beteiligungen meist nicht in gleichem Maße durch die Stellung von Sicherheiten absichern lassen, wie es etwa bei der Überlassung von Bankkrediten üblich ist. Diese damit verbundenen relativ hohen Kapitalanlagerisiken können eigentlich nur durch eine entsprechend hohe Gewinnerwartung kompensiert werden.

Betrachtet man die grundsätzlich infrage kommenden Rechtsformen im Überblick, so hat die **OHG** gegenüber der Einzelunternehmung zweifelsohne dadurch Vorteile, dass sie **beliebig viele Gesellschafter** aufnehmen kann, sieht man einmal von der bereits erwähnten natürlichen Begrenzung ab. Allerdings ist besonders bei der OHG das Risiko durch die persönliche und unbeschränkte Haftung aller Gesellschafter relativ groß.

Günstiger erscheint dagegen die Eigenfinanzierung durch Aufnahme neuer Gesellschafter bei der **KG.** Zum einen unterliegt die Anzahl der Gesellschafter durch die Möglichkeit der nicht an der Geschäftsführung beteiligten Kommanditisten keinerlei Begrenzungen, zum anderen ist ihre Haftung durch die Beschränkung auf die Einlage vergleichsweise geringer.

> Unter den nichtemissionsfähigen Gesellschaften bietet deshalb die KG hinsichtlich der Eigenfinanzierung verhältnismäßig mehr Möglichkeiten.

Ähnlich ist die Situation bei der **GmbH.** Hierbei handelt es sich zwar um eine Kapitalgesellschaft, aber auch bei der GmbH soll nach den Vorstellungen des Gesetzgebers das Eigenkapital von einer oder mehreren Personen aufgebracht werden, die sich ohne Vermittlung der Börse kennenlernen und eine Unternehmung gemeinsam finanzieren. Der Gesetzgeber hat deshalb die Anteile an einer GmbH dem Börsenhandel entzogen und gleichzeitig die Marktgängigkeit dadurch erschwert, dass eine Abtretung von Gesellschaftsanteilen an bestimmte formschwere Bedingungen geknüpft ist. Ein organisierter Markt für Gesellschaftsanteile an einer GmbH existiert jedenfalls (noch) nicht.

Obwohl bei der GmbH die Bedingungen für eine Eigenfinanzierung insofern besser sind, als die Gesellschafter nicht gleichzeitig Geschäftsführer sein müssen, zeigt doch die Praxis, dass auch bei der GmbH der **Kreis der Gesellschafter meist klein** ist.

Gesellschafterdarlehen

Für eine GmbH, wie übrigens auch für kleine, nichtbörsenfähige Aktiengesellschaften, gilt deshalb das Problem der Beschaffung von Eigenkapital ebenso wie für Einzelunternehmungen und Personengesellschaften. Meist verbleiben nur noch **private Darlehen (z.B. Gesellschafterdarlehen) und stille Beteiligungen** durch Verwandte und Freunde, die den Charakter von „mitgliedseigenem“ Fremdkapital haben und als eine besondere Form der Ausstattung des Unternehmens mit „Eigenkapital“ oder „eigenkapitalähnlich“ oder als „wirtschaftliches Eigenkapital“ bezeichnet werden.

> Schließen Sie auch bei Gesellschafterdarlehen und bei privaten Darlehen einen schriftlichen Darlehensvertrag ab. Vereinbaren Sie darin die wichtigsten Konditionen, wie die Laufzeit des Darlehens, die Art der Rückzahlung, die Verzinsung, und möglichst auch die Besicherung. Der Vertrag muss dann vor Beginn des Leistungsverhältnisses abgeschlossen sein und insgesamt einem Fremdvergleich standhalten. Nur dann wird die Finanzverwaltung den Vertrag anerkennen. Achten Sie bei längerfristigen Darlehen darauf, dass das Darlehen auch in der Bilanz als langfristige Verbindlichkeit ausgewiesen wird.

Mezzanin-Finanzierungen

Mezzanin-Finanzierungen gewinnen vor allem durch die immer vorsichtigere Kreditvergabe der Banken durch Basel III insbesondere bei mittelständischen Unternehmen zunehmend an Bedeutung.

Das Mezzanin-Kapital steht zwischen echtem Eigenkapital und klassischem Fremdkapital. Es ist eine Mischform zwischen den traditionellen Finanzierungsarten. Klassische Fremdkapitalgeber rechnen Mezzanine i. d. R. dem wirtschaftlichen Eigenkapital zu, da es die potenziell verfügbaren Sicherheiten nicht schmälert. Das hat zur Folge, dass nach Einbringung von Mezzanine die Kreditlinie erhöht werden kann, was wiederum eine günstigere Mischfinanzierung erlaubt.

Charakteristische Merkmale des Eigenkapitals (wie z.B. Stimmrecht, Gewinn, Haftung) und des Fremdkapitals (wie z.B. Verzinsung, Laufzeit, Rückzahlung) werden miteinander vermischt. Dadurch wird diese Art der Finanzierung für Kapitalgeber und Kapitalnehmer interessant, weil durch das Mezzanin-Kapital typische Eigenkapitalmerkmale mit typischen Merkmalen des Fremdkapitals verbunden werden.

Mezzanin-Geber sind häufig Private-Equity-Gesellschaften, Banken sowie spezielle Mezzanin-Fonds. Die Mezzanin-Geber refinanzieren sich ihrerseits größtenteils über Fremdkapital bzw. reichen die gewährten Darlehen an Investoren weiter.

Kleine Aktiengesellschaft

Mit der Anfang 1995 in Kraft getretenen Erleichterung der Umwandlung mittelständischer Unternehmen in **„Kleine Aktiengesellschaften"** ergaben sich allerdings eine Reihe von Vorteilen. Insbesondere sind dies bessere Möglichkeiten der Eigenkapitalbeschaffung, die Chancen für eine Sicherung der Unternehmenskontinuität sowie mehr Flexibilität bei Gewinnausschüttungen und Vereinfachungen bei der Hauptversammlung. Die Mindestzahl der Gründer wurde von fünf auf eine Person reduziert. Die kleine AG eignet sich als Rechtsform für kleinere und mittlere Unternehmen. Den Sinn der kleinen AG sieht der Gesetzgeber darin, mittelständischen Unternehmen eine auf ihre Verhältnisse angepasste Rechtsform anzubieten. Diese kann sich über den Kapitalmarkt individuelles Eigenkapital holen und/oder es entsprechend erhöhen. Die Aktionäre haben bei dieser Rechtsform eine wesentlich höhere Sachkompetenz und können konsequenter eingreifen, was Gewinnverwendung oder Rückstellung betrifft. Die Gründung und Verwaltung der kleinen AG ist vom Handling her genauso einfach wie die Gründung einer einfachen GmbH. Die Gründer, das kann auch eine bisherige GmbH sein, beschließen eine Satzung. In der sind, wie bei der GmbH die Gründer, der Betrag des Grundkapitals, der Sitz der Gesellschaft, Gegenstand des Unternehmens, Nennbeträge der Aktien und die Art der Rechnungslegung zu regeln. Bei der Umwandlung von einer GmbH in eine AG sollte vorher die Gesellschaft bewertet werden, da sich dann der Firmenwert auf den Ausgabewert der Aktien verteilt. Die Satzung muss von einem Notar in der üblichen Form notariell beurkundet werden.

Zu den typischen Beschaffungsproblemen der Eigenfinanzierung kommt bei personenbezogenen Unternehmen meist noch hinzu, dass das Eigenkapital nicht immer den langfristigen Charakter hat, den man ihm zuschreibt.

> Nach § 132 HGB steht jedem Gesellschafter jeweils zum Ende eines Geschäftsjahres mit einer Kündigungsfrist von sechs Monaten ein Kündigungsrecht zu.

Man spricht deshalb auch von **„kündbarem Eigenkapital"**. Für den Kapitalnehmer erscheint es deshalb zweckmäßig, sich durch eine Vereinbarung vor **kürzeren Kündigungsfristen** vorbeugend zu schützen. Wegen möglicherweise zu erwartender Liquiditätsschwierigkeiten wird sich im Vertrag gleichzeitig eine Klausel für eine **ratenweise Auszahlung des Kapitalanteils** als zweckmäßig erweisen.

> Weitere Schwierigkeiten entstehen beim Ausscheiden von Gesellschaftern im Hinblick auf die Zurechnung **„stiller Reserven"** zu ihrem (nominalen) Anteil.

Um den wirklichen Wert der einzelnen Beteiligung zu ermitteln, muss meist der sog. Gesamtwert des Unternehmens festgestellt werden. Die zur Errechnung des Gesamtwertes von Unternehmen in Literatur und Praxis entwickelten Methoden (z. B. Ertragswert- und Substanzwertverfahren) sind allerdings problematisch und speziell im Handwerk nur mit Vorsicht anwendbar.

Betriebsaufspaltung

Die **Betriebsaufspaltung** erfreut sich bei kleineren und mittleren Unternehmen immer noch großer Beliebtheit. Durch Aufspaltung eines bisher einheitlichen Unternehmens in ein Besitzunternehmen (i. d. R. in der Rechtsform einer Personengesellschaft oder eines Einzelunternehmens) und eine Betriebsgesellschaft (i. d. R. eine neu gegründete GmbH) entsteht die typische und häufigste Form der Betriebsaufspaltung. Die Besitzgesellschaft behält das Anlagevermögen, das an die Betriebsgesellschaft verpachtet wird, die auch das Umlaufvermögen erhält. Pachtgegenstand ist meist auch der Kundenstamm. Anzumerken ist, dass die Betriebsaufspaltung allerdings primär haftungs- und steuerliche und keine finanziellen Auswirkungen hat.

3.3 Außenfinanzierung durch Fremdkapital

Fremdfinanzierung

Fremdfinanzierung heißt Zufuhr von Fremdkapital, das mit Zinskosten belastet ist und nach einer bestimmten Frist wieder zurückbezahlt werden muss (Kredit). Fremdfinanzierung bietet für Kapitalgeber und -nehmer Vor- und Nachteile, die sich im Zeitablauf verändern können. Üblicherweise wird die Fremdkapitalaufnahme in eine kurz- und eine langfristige Form aufgeteilt. Dabei ist zu bemerken, dass verschiedene Arten Mischformcharakter aufweisen.

> Grundsätzlich gilt: Fremdkapital verursacht ausgabewirksame Zinskosten und muss kurz- bzw. mittel- bis langfristig getilgt werden.

Um dies für den Kreditgeber sicherzustellen, geht jeder Fremdkapitalaufnahme eine mehr oder weniger intensive Kreditwürdigkeitsprüfung voraus (vgl. dazu auch die Ausführungen zu „Rating“).

Handlungssituation

Diskutieren Sie in der Gruppe:

- Welche Arten von Fremdkapital kann Meister Strom nutzen?
- Welche Kriterien sind bei der Auswahl der Finanzierungsmittel zu beachten?

3.3.1 Die Kreditwürdigkeitsprüfung

Definition „Kredit"

„Kredit" bedeutet die Überlassung von Geld, Gütern und Dienstleistungen im **Vertrauen** auf eine Gegenleistung (Zins und Tilgung = Kapitaldienst). Die beim Kreditgeschäft Beteiligten sind

- **Kreditgeber** = Kreditor = Gläubiger
- **Kreditnehmer** = Debitor = Schuldner

Kreditvertrag

Kreditgeschäfte werden in der Regel durch einen **Kreditvertrag** fixiert. Er kommt durch die Kreditbewilligung des Kreditgesuches und durch die Einverständniserklärung des Kreditnehmers zustande.

Der Inhalt des Kreditvertrages wird sich im Allgemeinen auf folgende Aspekte erstrecken:

- Höhe des Kredits oder der Beleihungsgrenze
- Zinsen, evtl. Provisionen, Höhe der Auszahlung
- Fristen der Bereitstellung, Rückzahlung und Kündigung des Kredits
- Kreditsicherung.

Kreditantrag

Um von einem potenziellen Kreditgeber einen Kredit in der benötigten Höhe zu erhalten, muss der Kreditnachfrager nach entsprechenden Vorverhandlungen eine Anfrage formulieren **(Kreditantrag)**, die in vielen Fällen einem „Businessplan" entsprechen muss.

Diese Anfrage sollte in schriftlicher Form abgegeben werden und folgende Punkte beinhalten (die Reihenfolge ist austauschbar), wobei zu berücksichtigen ist, ob bereits Kreditbeziehungen bestanden haben oder nicht.

- Angaben zur Person des **Antragstellers**
- die **Rechtsform** der von ihm vertretenen Unternehmung
- die **Höhe** des beantragten Kredits (Höchst- und Mindestbetrag)
- den vorgesehenen **Verwendungszweck**
- die Dauer und voraussichtliche **Laufzeit**
- die zur Verfügung stehenden **Kreditsicherheiten**
- die Rückzahlungs- bzw. **Tilgungsvorschläge**
- die **Vermögensverhältnisse** des Antragstellers
- die bisherigen **Kontoverbindungen** des Antragstellers.

Kreditprüfung

Der in der vorher beschriebenen Form abgefasste Kreditantrag bildet die Grundlage für

- die Prüfung der Kreditfähigkeit und Kreditwürdigkeit des Kreditnachfragers
- den beabsichtigten Kreditvertrag und
- den Kreditsicherungsvertrag.

Damit stehen die vom Kreditnachfrager durch seinen Antrag eingeleitete Kreditprüfung und ihre Komponenten zur Feststellung der Bonität im Mittelpunkt des Kreditvergabeprozesses.

Die bankübliche Kreditprüfung beinhaltet die Feststellung der Kreditfähigkeit und Kreditwürdigkeit eines potenziellen Kreditnehmers. **Kreditfähigkeit** bedeutet die rechtliche Fähigkeit sich zu verschulden, und **Kreditwürdigkeit** die erwartete Bonität des Kreditnehmers, den Kredit vertragsgemäß durch Zins und Tilgung bedienen zu können. Große Bedeutung hat dabei der **Businessplan** (= Geschäftsplan).

Zusammenfassend kann festgestellt werden, dass die Kreditwürdigkeitsprüfung sich im Allgemeinen auf Analysen der Vermögens- und Kapitalstruktur sowie der Liquiditätssituation einschließlich der Finanzplanung und der zukünftigen Erfolgslage des Kreditnehmers erstreckt. Der Kreditgeber wird zu seiner Absicherung sowohl eine Prüfung der Vermögens- als auch der gegenwärtigen und zukünftigen Ertragskraft des kreditsuchenden Unternehmens vornehmen.

Kosten des Kredits

Ein wesentlicher Punkt des Kreditgeschäfts sind die Kosten des Kreditengagements. Hier ist ein Vergleich der angebotenen Konditionen dringend zu empfehlen. Darüber hinaus ist zu prüfen, inwieweit ein eventuelles Zinsänderungsrisiko durch die kreditgebende Bank oder durch den Kapitalmarkt - beeinflusst durch die europäische Notenbank - besteht. Es gibt in der Praxis Absicherungsmöglichkeiten, die mit den Begriffen „cap“, „floor“ und „collar“ beschrieben werden.

Absicherungsmöglichkeiten

Der **„cap“** ist eine vertragliche Vereinbarung, durch die sich der Verkäufer (eine Bank) verpflichtet, an den Käufer während der Laufzeit des caps immer dann eine Ausgleichszahlung zu leisten, wenn zu Beginn der jeweiligen Periode der Referenzzinssatz (z. B. Euribor) über der vertraglich vereinbarten Zinsobergrenze liegt. Der Käufer zahlt hierfür im Voraus eine Prämie an den Verkäufer (Bank). Der Vorteil des Käufers liegt in der Begrenzung der Höhe des Zinssatzes über den vereinbarten Satz hinaus. Gleichzeitig kann er aber die Chance sinkender Zinsen nutzen.

Beim **„floor“** handelt es sich um die Vereinbarung einer Zinsuntergrenze. Der Käufer eines „floors“ kauft gegen eine Prämie die Garantie, dass seine Zinserträge eine vertraglich vereinbarte Untergrenze nicht unterschreiten. Fallen die Zinsen (Zinsänderungsrisiko), gleicht der Vertragspartner die ausgefallenen Zinserträge aus.

Werden Zinsober- und -untergrenzen vereinbart, handelt es sich um einen **„collar“**.

3.3.2 Das Kreditrating

Eine Änderung bzw. Intensivierung der Kreditvergabepolitik der Banken gegenüber kleineren und mittleren Unternehmen wird durch die sog. **Baseler Beschlüsse** (Basel II und Basel III) vorgenommen. Es wurde beschlossen, den Banken ein nachvollziehbares Risikomanagement vorzuschreiben. Nach dem Willen der Baseler Aufsicht sollen die Banken künftig nicht mehr für jeden Kredit den gleichen Anteil an Eigenkapital zur Absicherung vorhalten. Je besser die Bonität des Kunden, desto geringer der als Sicherheit zu hinterlegende Eigenkapitalanteil der Bank, desto zinsgünstiger der Kredit.

Kreditrating

Dieser Sachverhalt hat dazu geführt, dass auch kleinere und mittlere Unternehmen sich in verstärktem Maße quantitativ und aber auch qualitativ (z. B. Managementqualitäten und Marktaussichten) analysieren lassen, d. h. sich einem internen oder externen **„Kreditrating"** unterziehen und z. B. in sechs Risikoklassen eingeteilt werden können. Dafür haben die Kreditinstitute ihre Ratingsysteme entwickelt. Nachstehend vier Ratingsysteme deutscher Kreditinstitute:

Kreditinstitut	**Risikoklassen**					
	I	II	III	IV	V	VI
Sparkassen Finanzgruppe	1 - 4	4 - 6	6 - 8	8 - 10	10 - 12	ab 12
Volksbanken und Raiffeisenbanken	0+ - 1d	1e - 2a	2b - 2c	2d - 2e	3a - 3b	ab 3c
Commerzbank	1,0 - 2,4	2,4 - 3,0	3,0 - 3,4	3,4 - 4,0	4,0 - 4,8	ab 4,8
Deutsche Bank	iAAA - iBBB	iBBB - iBB+	iBB+ - iBB-	iBB- - iB+	iB+ - iB-	ab iB-
	gute bis sehr gute Bonität; PD-Bereich bis 0,3 %	gute bis zufriedenstellende Bonität, PD-Bereich 0,3 - 0,7 %	befriedigende bzw. noch gute Bonität, PD-Bereich 0,7 - 1,5 %	überdurchschnittliches bzw. erhöhtes Risiko, PD-Bereich 1,5 - 3,0 %	hohes Risiko, PD-Bereich 3 - 8 %	sehr hohes Risiko, PD-Bereich ab 8 %
Erläuterung: PD = Probability of Default. Der Wert entspricht der Wahrscheinlichkeit, dass ein Kreditnehmer innerhalb eines Jahres nach den Kriterien von Basel - II ausfällt.						

Beim Kreditrating werden die Bonität des Kreditnehmers und die Sicherheiten systematisch bewertet. Große Bedeutung haben vor allem die Eigenkapitalquote und der Ertrag der Firma, aber auch die Qualität der Geschäftsführung, die Branche, die Wettbewerbsposition, die künftige Entwicklung, die Kontoführung, die privaten Vermögensverhältnisse und die Finanzkommunikation. Neben solchen Fakten spielt aber auch die subjektive Einschätzung des Beraters eine Rolle.

Maßnahmen zur Verbesserung des Kreditratings

- Die Eigenkapitalquote steigern, z. B. Privateinlagen bzw. Kapitalerhöhungen, durch Gewinnthesaurierung, aber auch durch Verkürzung der Bilanzsumme, z. B. durch Reduzierung der halbfertigen, noch nicht abgerechneten Arbeiten, durch Reduzierung des Warenlagers, durch besseres Inkasso. Leasing statt Kauf von Anlagevermögen.
- Das wirtschaftliche Eigenkapital steigern, z. B. indem Gesellschafterdarlehen oder auch Verwandtendarlehen in der Bilanz als wirtschaftliches Eigenkapital ausgewiesen werden.
- Die Ertragslage verbessern durch Verlagerung auf rentablere Geschäftsfelder, durch Beseitigen von Schwachstellen, durch straffere interne Prozesse.
- Die Qualität des Rechnungswesens steigern.
- Eine betriebliche Planung und Steuerung einführen bzw. verbessern.
- Ein Risikomanagement einführen bzw. verbessern.
- Die Kontoführung verbessern, d. h. strikte Einhaltung der gewährten Kreditlinien.
- Die Finanzkommunikation verbessern, z. B. durch Einhaltung aller Vereinbarungen mit dem Kreditgeber, durch schnelle, zuverlässige und vollständige Einreichung aller benötigten Unterlagen, wie Jahresabschlüsse, BWAs etc., durch frühzeitige Information des Kreditgebers über wichtige Veränderungen oder Entscheidungen.

Risikogerechtes Zinssystem

Eine unmittelbare Folge der Baseler Beschlüsse und des Kreditratings ist das **risikogerechte Zinssystem**. Danach spiegeln sich im Zinssatz eines Kredits die individuellen Ausfallrisiken eines Darlehens wider. Die Bonität des Unternehmens und die Besicherung des Darlehens sind die entscheidenden Faktoren für die Höhe des Zinssatzes. Ab einer bestimmten Ratingnote vergeben die Kreditinstitute keinen Kredit mehr.

Das Gespräch mit dem zuständigen Berater der Bank ist auch heute noch eine wichtige Weichenstellung bei der Kreditgewährung, auch wenn die Kreditinstitute ihre Prozesse immer mehr digitalisieren und online abwickeln. Beim Kreditgespräch kann ein Unternehmer den Banker von seinem Vorhaben, aber auch von seiner Person überzeugen. Meist fordern die Banken vorab einen umfassenden Businessplan an.

Das Kreditgespräch

Beim Gespräch wollen die Verantwortlichen das Vorhaben kritisch hinterfragen und sich einen Eindruck von der Person bzw. von den Personen verschaffen. Der Vorbereitung auf ein Kreditgespräch kommt deshalb große Bedeutung zu. Wer die folgenden Empfehlungen beachtet, hat gute Chancen, die gewünschte Finanzierung zu erhalten.

- Vereinbaren Sie schon frühzeitig einen Termin mit dem Gesprächspartner, der die erforderliche Kompetenz hat. Versuchen Sie vorab, Ihr aktuelles Kreditrating bei der Bank zu erfahren. Holen Sie eine aktuelle Selbstauskunft bei der SCHUFA ein und kontrollieren Sie das Schuldnerverzeichnis.
- Legen Sie Ihre Verhandlungsziele und Ihre Gesprächsstrategie fest. Wenn Sie Ihren Ehepartner oder Ihren Berater oder einen Ihrer Mitarbeiter mitbringen, dann stimmen Sie sich vorher ab. Bereiten Sie aktuelle Informationen zum Betrieb und zum Vorhaben vor.
- Kommen Sie pünktlich und in angemessener Kleidung und planen Sie ausreichend Zeit für das Gespräch ein.
- Stellen Sie das Vorhaben und den Kreditwunsch sachlich vor. Konzentrieren Sie sich dabei auf das Wesentliche. Überlegen Sie sich überzeugende Argumente und mögliche Antworten auf kritische Fragen und Einwände.
- Untermauern Sie Ihre Ausführungen mit aktuellen Zahlen und fundierten, plausiblen Planrechnungen.
- Denken Sie daran: Sie sind Geschäftspartner und kein Bittsteller. Seien Sie selbstbewusst, aber nicht überheblich.
- Verhandeln Sie hart über alle Konditionen, wie Höhe des Effektivzinses, Laufzeit, Zinsbindung, Sondertilgungen, Absicherung.
- Holen Sie auch Angebote anderer Kreditinstitute ein und prüfen Sie Alternativen, wie z. B. Leasing.
- Protokollieren Sie das Ergebnis des Gesprächs. Lassen Sie sich die getroffenen Vereinbarungen bestätigen.

> Simulieren Sie mit einem Kollegen ein Kreditgespräch: Sie als Kreditnehmer, der Kollege als Banker. Versetzen Sie sich in die Position von Meister Strom. Sie wollen die Finanzierung des Betriebes auf eine solide Basis stellen und deshalb kurzfristige Verbindlichkeiten auf langfristige umschulden. Gleichzeitig wollen Sie dabei noch das Kreditvolumen erhöhen, um einen finanziellen Puffer zu erhalten. Bereiten Sie sich auf das Gespräch vor. Versuchen Sie, Ihren Verhandlungspartner von Ihrem Vorhaben zu überzeugen.

3.3.3 Die kurz- und mittelfristige Fremdfinanzierung

Die kurzfristige Fremdfinanzierung umfasst einen **Zeitraum von 0 bis 6 Monaten.** Nach diesem Zeitpunkt sind durchaus Prolongationen möglich, der kurzfristige Charakter des Kredits ändert sich dadurch nicht. Da als Kreditgeber leistungswirtschaftliche Partner (Lieferanten und Kunden) oder Banken auftreten können, wird im Folgenden zwischen **Lieferanten-, Kunden- und Bankkredit** unterschieden.

Der Lieferantenkredit

Lieferantenkredit

Der Lieferantenkredit tritt in zwei unterschiedlichen Varianten auf:

- als Ausstattungs- bzw. Einrichtungskredit oder
- als Lieferantenkredit im eigentlichen Sinne.

> Beim **Ausstattungs- oder Einrichtungskredit** gewährt der Lieferant Unternehmen der nachfolgenden Stufe einen Kredit zur Beschaffung der erforderlichen Einrichtungsgegenstände.

Entsprechend der Verwendung der Kreditmittel beim Kreditnehmer wird der Ausstattungskredit in der Regel allerdings als **langfristiger Kredit** gewährt. Der Kauf der Einrichtungsgegenstände erfolgt nicht beim Kreditgeber, sondern bei anderen Unternehmen. Das Interesse des Kreditgebers ist in diesem Fall darauf gerichtet, den Kreditnehmer über die Kreditgewährung als Abnehmer für seine Leistungen zu gewinnen. Die Kreditgewährung kann mit einer Abnahmeverpflichtung für diese Leistungen verbunden sein. Typische Beispiele dafür finden wir in der Finanzierung von Gaststätten durch Brauereien und von Tankstellen durch Ölgesellschaften.

> Der **Lieferantenkredit** im eigentlichen Sinne ist ein Kredit, den der Lieferant einem Abnehmer aus einem Kaufvertrag heraus gewährt. Diese Kreditart ist im Allgemeinen zu den kurzfristigen Krediten zu zählen und kommt in Buch- und Wechselform vor.

Auch bei Klein- und Mittelbetrieben nimmt der Anteil der Bargeschäfte immer mehr ab. Die Gründe sind vielfältig und liegen hauptsächlich im zunehmenden Serviceangebot der Banken bezüglich des bargeldlosen Zahlungsverkehrs sowie in der Verflechtung der Betriebe mit ihren Vorlieferanten.

Im Allgemeinen sehen die Vertragsvereinbarungen die Vorleistung des Lieferanten und die spätere Gegenleistung des Abnehmers durch Zahlung vor (**„Wareneinkauf auf Ziel“**). Der Zeitraum zwischen Liefervorleistung und Zahlung bewirkt ein Gläubiger-Schuldner-Verhältnis, und es entsteht damit ein Fremdfinanzierungsvorgang.

Lieferantenkredit in Buchform

Ist zwischen Lieferant und Abnehmer nichts Besonderes vereinbart, liegt ein **Lieferantenkredit in Buchform** vor. Entsprechend den Zahlungs- und Lieferungsbedingungen hat der Abnehmer vielfach die Wahl

- innerhalb einer kurzen Frist nach Rechnungs- bzw. Lieferungsdatum (z. B. 10 Tage) den Rechnungsbetrag unter Abzug von Skonto (z. B. 2 %) oder
- innerhalb einer längeren Frist (z. B. 30 bis 60 Tage) den vollen Rechnungsbetrag ohne jeglichen Abzug zu zahlen.

Dabei wird davon ausgegangen, dass der Abnehmer die Leistung des Lieferanten als einwandfrei ansieht und zumindest im jetzigen Augenblick die Zahlungsschuld anerkennt. Nicht zuletzt wegen immer wieder geäußerter Leistungsmängel seitens des Abnehmers - zu Recht oder zu Unrecht - haben sich die Zahlungsfristen enorm verlängert und viele Lieferanten in Zahlungsschwierigkeiten und damit in die Insolvenznähe gebracht (vgl. dazu die Kennzahl „Durchschnittliche Debitorendauer").

Ausnutzung von Skonto

Zahlungen innerhalb der kurzen, meist 10-tägigen Frist, werden als barzahlungsähnlich angesehen. Diese Frist benötigt der Abnehmer aus Gründen der technischen Abwicklung der Prüfung der Leistung sowie der Zahlungsanweisung und die Bank zur Durchführung der Zahlung. Im Rahmen der **Skontofrist** steht dem Abnehmer zinslos Kapital des Lieferanten zur Verfügung.

Die Ausnutzung des Zahlungsziels (z. B. 30 Tage) bringt dem Abnehmer den scheinbaren Vorteil der späteren Zahlung. Die Frage ist aber, wie teuer diese zusätzliche Kreditinanspruchnahme ist. Es müssen einerseits die zusätzlich eingeräumte Kreditfrist von 30 Tagen Zahlungsziel minus 10 Tage Skontofrist und andererseits der Skontosatz von z. B. 2 % bezogen auf den skontierten Rechnungsbetrag verglichen werden.

Der Jahreszinssatz kann durch nachstehende Formel ermittelt werden:

$$\textbf{Jahreszinssatz} = \frac{\text{Skontosatz} \times 360}{(\text{Zahlungsziel ./. Skontofrist})}$$

Lieferantenkredit = teuerster Kredit

Durch das Ergebnis - im vorstehenden Fall 36 % p. a. - lässt sich ableiten, dass der Lieferantenkredit der weitaus teuerste Kredit ist. Trotzdem macht die Geschäfts- und auch Handwerkspraxis immer noch von dieser Kreditart Gebrauch, obwohl die hohen Kreditkosten die Abnehmer veranlassen sollten, so weit wie möglich Skontogewährung in Anspruch zu nehmen und den Lagervorrat in anderer Weise - z. B. durch die Inanspruchnahme von Bankkrediten - zu finanzieren.

Vielfach besteht vonseiten des einkaufenden Unternehmens der Wunsch nach längeren Kreditfristen gegenüber den Lieferanten, mit denen man in laufenden Geschäftsbeziehungen steht.

> In diesen Fällen bietet sich der Lieferantenkredit in Wechselform an. Der Lieferant zieht einen Wechsel in Höhe des Rechnungsbetrages auf das einkaufende Unternehmen, das diesen Wechsel akzeptiert.

Daraus ist eine Wechselverpflichtung entstanden. Unter bestimmten Bedingungen kann der Lieferant (Wechselinhaber) diesen Wechsel diskontieren lassen und dadurch sofort in den Besitz von liquiden Mitteln kommen.

Der Anzahlungs- oder Kundenkredit

Anzahlungs- oder Kundenkredit

Anzahlungen eines Kunden werden vielfach geleistet

- bei Langfristfertigung und hochwertigen Spezialanfertigungen,
- bei neuen Kundenbeziehungen oder Zweifeln an der Bonität eines Kunden,
- zur Sicherung des Warenbezugs bei Verkäufermarkt (lange Lieferzeiten oder Marktmacht des Lieferanten).

Der Kunde sichert seine Anzahlung häufig durch eine Bankbürgschaft (Aval) ab.

Die kurz- und mittelfristigen Bankkredite

Bankkredite

Die kurz- und mittelfristigen Bankkredite lassen sich in drei Gruppen einteilen:

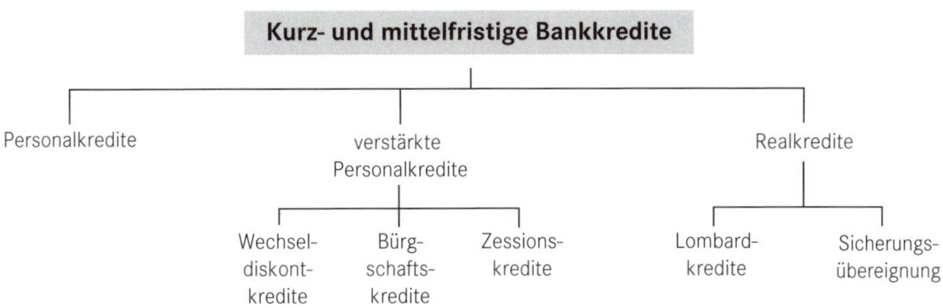

Einteilung der Bankkredite im kurz- und mittelfristigen Bereich

- **Personalkredit**

Wird ein Kredit lediglich aufgrund der Kreditwürdigkeit des Kreditnehmers, aber ohne Stellung einer dinglichen Sicherheit gegeben, liegt ein Personalkredit vor. Er wird meist als Kontokorrentkredit, weniger als Darlehen gewährt. Liegt ein Darlehensvertrag vor, so ist dieser formfrei.

Kontokorrentkredit

> Der **Kontokorrentkredit** ist ein kurzfristiger Kredit in laufender Rechnung, der dem Kreditbedarf des Kunden angepasst ist, wobei eine bestimmte Kreditlinie (Höchstgrenze) nicht überschritten werden soll.

Er wird prolongiert, wenn sich die wirtschaftlichen Verhältnisse nicht ändern (verschlechtern), und dient hauptsächlich zur Finanzierung der Leistungserstellung, weshalb auf dem Kontokorrentkonto meist eine hohe Umschlagshäufigkeit zu verzeichnen ist. Die Zinsbelastung erfolgt nach der Inanspruchnahme.

- **Verstärkte Personalkredite**

Bei diesen Kreditarten **haften** neben dem Kreditnehmer noch **zusätzliche Personen** für die Rückzahlung und die Verzinsung des Kredits.

Folgende Personen kommen infrage: Wechselgaranten beim Wechseldiskontkredit, Bürgen beim Bürgschaftskredit und Drittschuldner bei der Forderungsabtretung (Zession).

- **Wechseldiskontkredit**

  Beim Wechseldiskontkredit wird dem Kreditnehmer der Barwert eines später fälligen Wechsels zur Verfügung gestellt im Vertrauen darauf, dass am Verfalltag der Wechsel vom Bezogenen eingelöst wird. Mindestens zwei Wechselbeteiligte haften dem Kreditinstitut: der Bezogene und der Einreicher.

  Die Vorteile des Wechseldiskontkredits können wie folgt zusammengefasst werden: Kreditinstitute legen vorübergehend freie Gelder in Wechseln ertragsbringend an, die sie bei Bedarf unter bestimmten Voraussetzungen durch die Bundesbank resp. Europäische Zentralbank zum Diskontsatz (Leitzinssatz) rediskontieren lassen können. Infolge der eventuellen Rediskontmöglichkeit, der Wechselstrenge, der Kurzfristigkeit, der Bestimmtheit des Zahlungstages und der Vorprüfung der Zahlungsfähigkeit des Bezogenen durch den Aussteller ist der Diskontkredit für Kreditinstitute ein sicherer und für den Bankkunden in der Regel ein billiger Kredit.

  Bei der sog. „Scheck-Wechsel-Zahlung" lässt in der Regel der Bezogene den Wechsel bei seiner Bank diskontieren. Der Aussteller erhält einen Scheck vom Bezogenen in Höhe des Wechselbetrages abzüglich Skonto.

Bürgschaftskredit

- **Bürgschaftskredit**

  Er ist ein Personalkredit, der zusätzlich durch eine Bürgschaft gesichert ist. Es liegen **zwei Rechtsgeschäfte** vor: ein **Kreditvertrag** und ein **Bürgschaftsvertrag.**

> Neben dem Kreditnehmer haftet der Bürge für Zinsen und Rückzahlung. Nach dem Gesetz ist die Bürgschaft ein Vertrag zwischen dem Gläubiger und dem Bürgen, wonach der Bürge für den Schuldner haftet. Der Kreditgeber hat also für seine Forderungen zwei Schuldner.

Haftung

Danach ergeben sich die in der nachfolgenden Abbildung dargestellten Beziehungen.

Der Bürgschaftsvertrag kommt durch die schriftliche Bürgschaftserklärung des Bürgen und die formlose Entgegennahme durch das Kreditinstitut zustande. Vollkaufleute im Sinne des HGB können sich im Rahmen ihres Geschäftsbetriebes auch mündlich verbürgen.

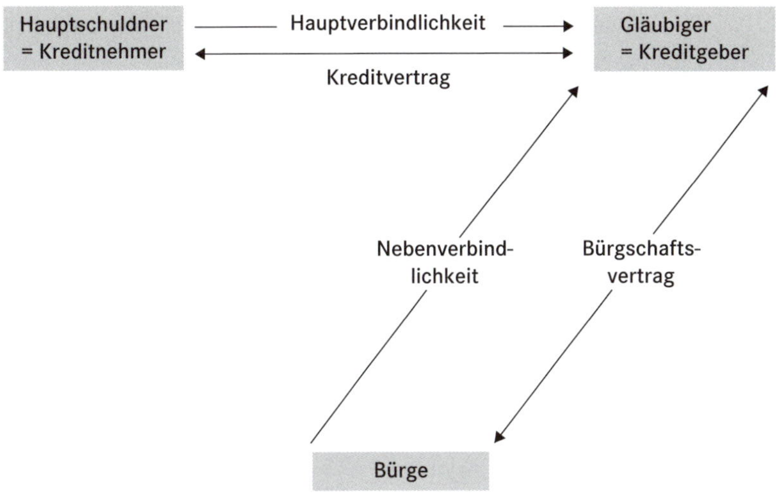

Die Rechtsbeziehungen beim Bürgschaftskredit

Man unterscheidet **zwei Arten der Bürgschaft:** die selbstschuldnerische Bürgschaft und die Ausfallbürgschaft.

Selbstschuldnerische Bürgschaft

Eine **selbstschuldnerische Bürgschaft** liegt vor, wenn der Bürge auf die „Einrede der Vorausklage“ verzichtet hat. Verweigert der Schuldner die Zahlung, so muss der Bürge auf Verlangen des Gläubigers sofort bezahlen. Kreditinstitute verlangen fast immer eine derartige Bürgschaft. Die Bürgschaft von Vollkaufleuten ist stets selbstschuldnerisch.

Ausfallbürgschaft

Bei der **Ausfallbürgschaft** hat der Bürge das Recht zur „Einrede der Vorausklage“, d. h. er kann verlangen, dass der Gläubiger zunächst alle außergerichtlichen und gerichtlichen Maßnahmen ergreift, um vom Hauptschuldner sein Geld zu erhalten, ehe der Bürge zur Zahlung aufgefordert wird.

Die Bürgschaft erlischt, wenn die Schuld durch den Hauptschuldner oder den Bürgen getilgt ist, wenn der Gläubiger auf die Forderung oder die Bürgschaft verzichtet oder wenn die vereinbarte Zeit abgelaufen ist.

Zessions = Abtretung von Forderungen

- **Zessionskredit**
  Dieser Kredit ist durch die Abtretung (Zession) einer oder mehrerer Forderungen des Kreditnehmers gegen Dritte (Kunden) gesichert. Auch hier liegen **zwei Rechtsgeschäfte** vor: ein **Kreditvertrag** und ein **Zessionsvertrag.**

Durch den formfreien Zessionsvertrag zwischen dem alten und dem neuen Gläubiger geht die Forderung des alten Gläubigers auf den neuen Gläubiger über.

Danach ergeben sich die in der nachfolgenden Abbildung dargestellten Beziehungen:

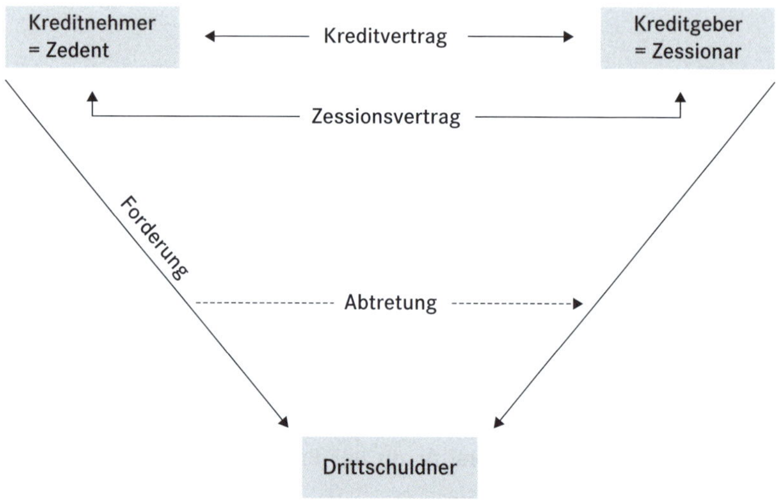

Die Rechtsgeschäfte beim Zessionskredit

Je nachdem, ob der Drittschuldner von der Abtretung informiert wird oder nicht, spricht man von einer stillen oder offenen Zession.

Stille Zession

Bei der **stillen Zession** wird der Drittschuldner von der Abtretung nicht informiert. Er wird also an den bisherigen Gläubiger mit befreiender Wirkung zahlen.

Offene Zession

Bei der **offenen Zession** wird der Drittschuldner von dem Forderungsübergang informiert. Er kann dann mit „befreiender Wirkung“ nur an den Zessionar zahlen. Oft wird im Zessionsvertrag vereinbart, dass die stille Zession jederzeit in eine offene umgewandelt werden kann, sobald dem Kreditinstitut etwas Ungünstiges über seinen Kreditnehmer bekannt wird.

Weiter unterscheidet die Praxis in Mantel- und Globalzession. Bei der **Globalzession** tritt ein Kreditnehmer alle gegenwärtigen und zukünftigen Ansprüche aus gewissen Geschäften ab. Bei einer **Mantelzession** überreicht der Sicherungsgeber z. B. vierzehntägig eine Liste aller abgetretenen Forderungen.

- **Realkredite**

Realkredite sind Kredite, bei denen die Forderung des Kreditgebers zusätzlich durch Verpfändung oder Sicherungsübereignung realer Vermögenswerte gesichert ist. Realkredite sind mittel-, teilweise aber auch langfristige Kredite.

Pfandrecht an einer beweglichen Sache

- Der **Lombardkredit** ist ein Realkredit, der durch Pfandrecht an einer beweglichen Sache oder an einem verbrieften Recht (Faustpfand) gesichert ist. Der Kreditnehmer erhält als Kredit nicht den vollen Wert seines Pfandes, sondern nur einen bestimmten Prozentsatz davon (Beleihungssatz), z. B. bei Aktien 50 % vom Kurswert. Der Zinssatz beim Lombardkredit wird als **Lombardsatz** bezeichnet.

Beliehen werden vor allem Effekten, Wechsel, Edelmetalle, Warenwertpapiere, Lebensversicherungen und Bausparverträge.

Einigung und Übergabe

Die Verpfändung erfolgt durch Einigung der beiden Parteien, dass ein Pfandrecht bestehen soll, und durch Übergabe des verpfändeten Gegenstands (Faustpfand). Durch die Übergabe wird der Pfandgläubiger Besitzer, aber nicht Eigentümer der verpfändeten Sache.

Es ergeben sich die in der nachfolgenden Abbildung dargestellten Beziehungen.

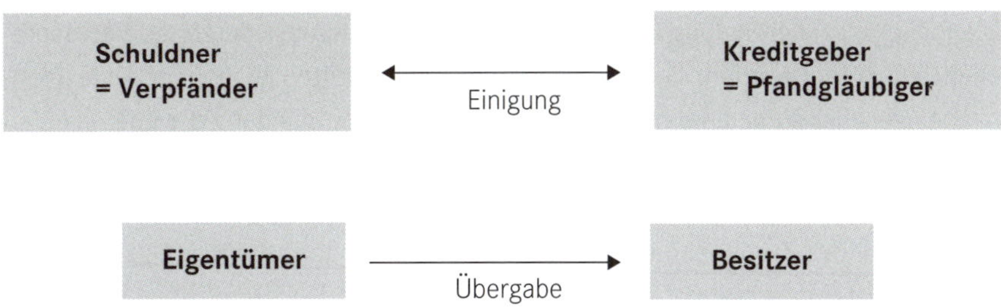

Die Rechtsgeschäfte beim Lombardkredit

Der Pfandgläubiger hat die Pflicht, das Pfand mit der Sorgfalt eines Lagerhalters zu verwahren und zu verwalten. Der Pfandgläubiger ist berechtigt, das Pfand zu verwerten, wenn der Schuldner die fällige Leistung nicht erbringt. Man spricht von **Pfandreife**.

Das Pfandrecht erlischt durch

- **Rückgabe des Pfandes** (der Vorbehalt, dass das Pfandrecht fortbestehen soll, ist unwirksam),
- **Erlöschen der Forderung**, für die es bestellt ist, sowie durch
- **ausdrücklichen Verzicht des Pfandgläubigers** gegenüber dem Verpfänder.

Der Lombardkredit ermöglicht die Beschaffung kurzfristiger Betriebsmittel durch Beleihung von Gegenständen, die der Kreditnehmer nicht veräußern will oder nur zu einem ungünstigen Preis veräußern könnte. Ferner ermöglicht er bei Beschaffung großer Warenmengen die kurzfristige Bezahlung des Kaufpreises und lässt dem Käufer Zeit, die Ware nach und nach abzusetzen.

Sicherungs-übereignung

- Die **Sicherungsübereignung** dient als Absicherung für einen Realkredit, bei dem der Kreditgeber das **bedingte Eigentum** an einer beweglichen Sache zur Sicherung erwirbt, der Schuldner aber Besitzer bleibt.

Dem Gläubiger soll nicht das unbedingte Eigentumsrecht übertragen werden wie bei Kauf oder Schenkung, sondern es geschieht nur sicherheitshalber. Daher kann der Kreditgeber nicht frei über den übereigneten Gegenstand verfügen, da das Eigentum daran mit der Rückzahlung des Kredits von selbst wieder auf den Kreditnehmer übergehen soll.

Kreditgeber und Kreditnehmer schließen daher neben dem Kreditvertrag einen **Sicherungsübereignungsvertrag.**

Sicherungs-übereignungs-vertrag

> Der Sicherungsübereignungsvertrag enthält die Einigung, dass der Kreditgeber (bedingter) Eigentümer der Sache werden soll, und die Vereinbarung, dass der Kreditnehmer Besitzer bleibt. Diese Vereinbarung ersetzt die Übergabe.

Die Sicherungsübereignung ist gesetzlich nicht geregelt, aber durch die Rechtsprechung anerkannt worden. Der neue Eigentümer kann Dritten gegenüber seine Rechte uneingeschränkt geltend machen, insbesondere einer Pfändung der übereigneten Sache durch andere Gläubiger des Kreditnehmers erfolgreich widersprechen. Gegenüber dem Kreditnehmer sind jedoch seine Rechte aus dem Eigentum beschränkt. Im Insolvenzfall des Kreditnehmers ist der Kreditgeber nicht aussonderungs-, sondern nur absonderungsberechtigt wie ein Pfandgläubiger. Die Sicherungsübereignung hat also pfandähnlichen Charakter.

Die **Vorteile der Sicherungsübereignung** bestehen in folgenden beiden Punkten: Vorteile

Erstens kann der Kreditnehmer mit Gegenständen (z. B. Maschinen), die er betrieblich benötigt, weiterarbeiten und hat trotzdem die Möglichkeit, sie als Kreditsicherung zu benutzen. Die Übereignung ist nach außen nicht erkennbar.

Zweitens kann der Kreditgeber als Eigentümer bei Zahlungsverzug des Kreditnehmers die Gegenstände schnell verwerten. Er braucht keinen vollstreckbaren Titel dazu.

Die **Nachteile der Sicherungsübereignung** sind: Nachteile

Erstens kann der Kreditnehmer über die Gegenstände nicht mehr frei verfügen. Er muss sie außerdem gegen alle Gefahren versichern und die Kosten dafür tragen.

Zweitens läuft der Kreditgeber Gefahr, dass die übereigneten Maschinen bereits übereignet sind oder dass ein Eigentumsvorbehalt des Lieferers besteht. Die Gegenstände können verkauft, verpfändet, beschädigt oder vernichtet werden. Fest eingebaute Maschinen können „wesentliche Bestandteile" des Grundstücks sein und deshalb unter ein Grundpfandrecht fallen. Befinden sich die Sachen in gemieteten Räumen, so kann ein Vermieterpfandrecht vorgehen.

3.3.4 Die langfristige Fremdfinanzierung (Darlehensfinanzierung)

Langfristige Fremdfinanzierung

Kredite, die eine **Mindestlaufzeit von mehr als einem Jahr** haben, fallen in den Bereich der mittel- und langfristigen Fremdfinanzierung. Eine genaue zeitliche Trennung ist weder üblich noch sinnvoll und kann daher im Folgenden vernachlässigt werden. Allenfalls kann festgestellt werden, dass Kreditlaufzeiten über 5–6 Jahre hinaus im Mittelstand auf jeden Fall als langfristig anzusehen sind.

Bei der mittel- und langfristigen Fremdfinanzierung sind die unterschiedlichen **Darlehensarten** anzuführen. Sie müssen wegen der Fristendeckungsgleichheit (Fristenkongruenz) durch mittel- bis langfristige Sicherheiten abgesichert sein.

Definition „Darlehen"

Unter einem **Darlehen** versteht man nach § 607 Abs. 1 BGB die Hingabe von Geld oder anderen vertretbaren Sachen mit der Vereinbarung, dass der Empfänger Sachen gleicher Art, Güte und Menge zurückzugeben hat.

In der Regel werden genaue vertragliche Abmachungen über Darlehenshöhe, Auszahlung, Zins, Laufzeit, Rückzahlungsweise usw. getroffen.

Darlehensarten

Nach der Rückzahlungsart unterscheidet man:

- **Kündigungsdarlehen:** Sie werden nach Kündigung zurückbezahlt.
- **Rückzahlungsdarlehen:** Sie werden zu einer bestimmten Zeit in einer Summe zurückbezahlt.

- **Annuitätendarlehen:** Sie werden durch Zahlung gleicher Zins- und Tilgungsraten (Annuitäten) zurückbezahlt.
- **Tilgungsdarlehen:** Sie werden durch gleiche Tilgungen zurückbezahlt.

Welches der möglichen Darlehen für die Finanzierung das richtige ist, hängt vor allem von den Kosten des Darlehens und von der Rückzahlung ab. Unter Kostenaspekten ist es wichtig, die Kosten der Alternativen genau zu vergleichen. Ebenso wichtig ist die Liquiditätsbelastung, die sich aus der Rückzahlung ergibt.

Zu den Kosten zählen insbesondere das Disagio, die Kosten der Stellung und der Bewertung von Sicherheiten (Gutachten), Bereitstellungszinsen, Bearbeitungsgebühren, Vermittlungsprovisionen und Vorfälligkeitsentschädigungen und Bearbeitungsgebühren. Die meisten dieser Positionen sind im Effektivzinssatz enthalten.

Für die Liquidität sind in erster Linie die Höhe und die Zeitpunkte der Tilgungsraten und die Möglichkeiten der Sondertilgung maßgeblich.

Absicherung durch Grundpfandrechte

Wegen der langen Laufzeit werden nicht nur umfangreiche und sorgfältige Kreditwürdigkeitsprüfungen als Voraussetzung für die Kreditvergabe vorgenommen, sondern auch Absicherungen der Forderungen durch Einräumung von Grundpfandrechten in Form von Hypothek bzw. Grundschuld verlangt. In diesen Fällen spricht man von sog. Grundkrediten.

> Der **Grundkredit** ist ein durch ein Pfandrecht an einer unbeweglichen Sache gesicherter Kredit.

Da es sich um einen langfristigen Kredit handelt, ist eine Sicherung notwendig, die möglichst unabhängig von den persönlichen Verhältnissen des Kreditnehmers ist.

Durch die fehlende Übergabe des Pfandes beim Grundkredit wird diese durch die Eintragung des Grundstücks in das **Grundbuch** ersetzt. Das Grundbuch ist ein öffentliches Register und genießt öffentlichen Glauben. Rechtsgrundlage ist die Grundbuchordnung (GBO).

Hypothek und Grundschuld

Man unterscheidet **zwei wichtige Grundpfandrechte: Hypothek** und **Grundschuld.**

Die Hypothek

> Die Hypothek ist ein Pfandrecht an einem Grundstück, wodurch der Gläubiger berechtigt ist, sich wegen einer bestimmten Forderung (Kreditforderung) aus dem Grundstück zu befriedigen. Daher müssen zwei Voraussetzungen für das Bestehen einer Hypothek erfüllt sein:
>
> - das Bestehen einer Forderung und
> - die Eintragung in das Grundbuch einschließlich der Zinssätze und etwaiger Nebenleistungen.

Dem Kreditgeber haftet sowohl das Grundstück als Pfand (dingliche Sicherung) als auch der Kreditnehmer persönlich mit seinem ganzen Vermögen (persönliche Sicherheit).

Arten von Hypotheken

Folgende Hypothekenarten können unterschieden werden (siehe auch nachfolgende Tabelle):

- nach dem **Nachweis der Forderung:**
  - Die **Verkehrshypothek**. Sie ist die im Verkehr übliche Hypothekenart. Erhält der Gläubiger bei Fälligkeit keine Zahlung, kann er gegen den Grundstückseigentümer auf Duldung der Zwangsvollstreckung in das verpfändete Grundstück klagen, um sich einen vollstreckbaren Titel zu verschaffen. Zum Nachweis seines Forderungsrechts kann sich der Gläubiger auf das Grundbuch oder den Hypothekenbrief (siehe unten) berufen. Die Klage auf Duldung der Zwangsvollstreckung wird durch eine in das Grundbuch eingetragene Zwangsvollstreckungsklausel vereinfacht.
  - Die **Sicherungshypothek** muss als solche im Grundbuch bezeichnet werden. Bei ihr genießt das Grundbuch hinsichtlich der Höhe der Forderung nicht den Schutz des öffentlichen Glaubens. Der Gläubiger trägt also selbst die Beweislast bezüglich der Höhe der Forderung.
- nach der **Form der Bestellung:**
  - Die **Buchhypothek.** Sie entsteht durch Einigung zwischen Grundstückseigentümer und Gläubiger, dass eine Hypothek bestehen soll, und ihre Eintragung im Grundbuch.
  - Die **Briefhypothek** wird durch Einigung, Eintragung und Erteilung eines vom Grundbuchamt ausgestellten Hypothekenbriefes bestellt. Der Brief macht die Hypothekenforderung beweglich, d. h. man braucht ihn zum Erwerb, zur Übertragung und zur Geltendmachung eines Grundstückes.

Unterscheidung der Hypothekenarten	
nach dem Nachweis der Forderung	**nach der Form der Bestellung**
• **Verkehrshypothek** - Sie ist die im Gesetz als Regelfall angesehene (gewöhnliche) Form der Hypothek. - Erhält der Gläubiger bei Fälligkeit keine Zahlung, kann er gegen den Grundstückseigentümer auf Duldung der Zwangsvollstreckung in das verpfändete Grundstück klagen, um sich einen vollstreckbaren Titel zu verschaffen. - Zum Nachweis seines Forderungsrechts kann sich der Gläubiger auf das Grundbuch oder den Hypothekenbrief berufen. • **Sicherungshypothek** - Sie ist eine Hypothek, bei der sich das Recht des Gläubigers nur nach der Forderung bestimmt (streng akzessorisch). - Der Gläubiger muss den Beweis des Bestehens einer Forderung erbringen und kann sich nicht auf die Eintragung berufen. - Diese Form der Hypothek muss im Grundbuch als Sicherungshypothek bezeichnet sein.	• **Buchhypothek** - Sie entsteht durch Einigung zwischen dem Grundstückseigentümer und dem Gläubiger, dass eine Hypothek bestellt werden soll, und durch ihre Eintragung im Grundbuch. - Bei ihr ist das Grundbuch die alleinige Grundlage. • **Briefhypothek** - Sie wird durch Einigung, Eintragung und Erteilung eines Hypothekenbriefes bestellt. - Der Brief macht die Hypothekenforderung beweglich, d. h. er vermittelt den Erwerb und die Übertragung der Hypothek.

Unterscheidung der Hypothekenarten

Eine **Übertragung der Hypothek** erfolgt in folgenden Fällen:

Übertragung der Hypothek

- Abtretung der Hypothekenforderung. Die Forderung geht auf den neuen Gläubiger über.
- Übertragung der Hypothekenschuld nach Tilgung der Forderung auf einen neuen Hypothekengläubiger zur Aufnahme eines neuen Kredits.

Beim **Erlöschen der Hypothek**, d.h. nach Rückzahlung der Kreditverbindlichkeit, gibt es folgende Möglichkeiten:

Erlöschen

- Löschen der Hypothek. Notwendig ist eine Löschungsbewilligung aufgrund eines Löschungsantrags.
- Stehenlassen der Hypothek als unrechte Eigentümergrundschuld.

Die Grundschuld

Grundschuld

> Die Grundschuld ist ein Pfandrecht an einem bebauten oder unbebauten Grundstück, wodurch der Berechtigte ermächtigt wird, sich aus dem Grundstück in Höhe einer Geldsumme zu befriedigen. Der Unterschied zur Hypothek besteht darin, dass für ihre Bestellung ein **Schuldverhältnis nicht** vorhanden sein muss.

Wenn ein Schuldverhältnis besteht, braucht die Forderung nicht nachgewiesen zu werden. Daher besteht nur eine dingliche Sicherung durch das Grundstück.

Für die Bestellung, Abtretung, Verpfändung und Löschung gelten in der Regel die gleichen Bestimmungen wie bei der Hypothek.

Folgende Grundschuldarten können unterschieden werden:

Grundschuldarten

- nach der Form der Bestellung:
  - die **Buchgrundschuld** und
  - die **Briefgrundschuld**. Der Grundschuldbrief kann auch auf den Inhaber ausgestellt werden. Dadurch genügt dann bei der Übertragung die formlose Übergabe ohne schriftliche Abtretungserklärung.
- nach der **Person des Grundschuldberechtigten:**
  - Die **Fremdgrundschuld**. Berechtigter ist nicht der Eigentümer des Grundstückes, sondern eine andere Person, z. B. der Kreditgeber.
  - Die **Eigentümergrundschuld.** Bei ihr stehen die Rechte aus der Grundschuld dem Grundstückseigentümer selbst zu. Durch sie kann der Grundstückseigentümer sich eine bevorzugte Rangstelle im Grundbuch freihalten, um sich später durch Abtretung oder Verpfändung der Grundschuld Geld zu beschaffen.

Hypothek oder Grundschuld?

Die Grundschuld wird der Hypothek oft aus folgenden Gründen vorgezogen:

- Eine vorsorgliche auf den Eigentümer eingetragene Grundschuld stellt ein selbstständiges, übertragbares Grundpfandrecht dar, das bei Bedarf als Sicherheit für eine Kreditaufnahme zur Verfügung steht. Wurde eine Briefgrundschuld bestellt, braucht die **Übertragung** nicht im Grundbuch eingetragen zu werden; lautet die Grundschuld auf den Inhaber, erspart man sich sogar die schriftliche **Abtretungserklärung.** Dieses Verfahren ermöglicht eine rasche Kreditaufnahme und ist besonders bei wiederholter Kreditaufnahme kostensparend.
- Bei der Grundschuld lassen Grundbuch und Grundschuldbrief einen Schuldgrund nicht erkennen.
- Bei Übertragung einer Inhaber-Briefgrundschuld bleibt der Kreditgeber anonym. Der Gläubiger tritt weder im Grundbuch noch im Grundschuldbrief namentlich in Erscheinung.
- Der Grundstückseigentümer kann gegen eine Hypothek die Einreden, die dem persönlichen Schuldner gegen die Forderung zustehen, und die Einrede der Vorausklage geltend machen. Die Grundschuld schützt den Grundschuldberechtigten vor derartigen Einreden.
- Da die Grundschuld eine von der Forderung losgelöste dingliche Sicherheit darstellt, wird sie, im Gegensatz zur Hypothek, durch einen Schuldnerwechsel (bei Veräußerung oder Vererbung des Grundstücks) nicht berührt.
- Anstelle einer Sicherungshypothek bevorzugen die Gläubiger in der Regel eine Grundschuld wegen der Umkehrung der Beweislast im Falle der **Zwangsvollstreckung** und wegen der Eintragungspflicht der **Zwangsvollstreckungsklausel**. Da die hypothekarische Sicherung eines Kontokorrentkredits als Sicherungshypothek gilt, zieht der Kreditgeber eine Sicherung durch Grundschuld vor.

3.3.5 Die Kreditleihe

Im Gegensatz zu den bisher behandelten Kreditarten werden bei der Kreditleihe nicht Waren oder Geld zur Verfügung gestellt, sondern es wird die Kreditwürdigkeit einer Unternehmung „verliehen“. Hauptformen sind der Aval- und der Akzeptkredit.

Avalkredit

Der Avalkredit

> Der Avalkredit ist ein Bürgschaftskredit, bei dem ein Kreditinstitut eine selbstschuldnerische Bürgschaft übernimmt.

Derartige Bankbürgschaften werden meistens von Behörden und von privaten Unternehmungen im In- und Ausland (z. B. zur Absicherung von Anzahlungen, Angeboten und Vertragsstrafen) gefordert. Für die Avalgewährung muss eine Avalprovision bezahlt werden. Die Beziehungen werden in der nachfolgenden Abbildung dargestellt.

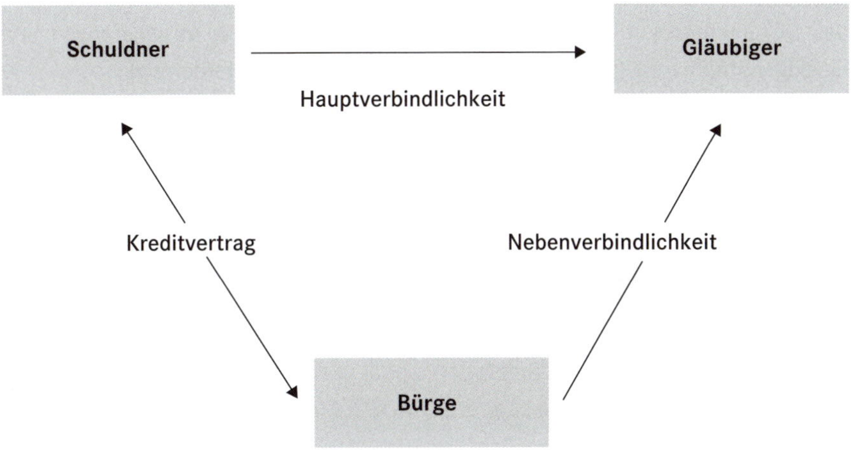

Die Rechtsbeziehungen beim Avalkredit

Der Akzeptkredit

Akzeptkredit

> Der Akzeptkredit ist ein Kredit, bei dem sich ein Kreditinstitut für einen Kunden durch Wechselakzept verpflichtet, aber davon ausgeht, dass am Verfalltag dieser Kunde in der Lage ist, den Wechsel einzulösen.

Die Kunden erhalten durch den Akzeptkredit ein sehr gutes Kredit- und Zahlungsmittel.

Zum einen diskontiert meist die akzeptierende Bank diesen Wechsel, damit sie die Diskontspesen neben der Akzeptprovision für den Akzeptkredit verdient. Zum anderen kann das Bankakzept als Zahlungsmittel einem Lieferer zur Begleichung der Verbindlichkeiten gegeben werden.

Dies wird besonders im internationalen Liefergeschäft seitens der Lieferer verlangt. Häufig wird vereinbart, dass der Lieferer direkt auf das Kreditinstitut einen Wechsel ziehen soll, wobei das Kreditinstitut seinem Kunden vorher seine Akzeptbereitschaft in Form eines Akzeptkredits kundtut. Diese Form des Akzeptkredits in Verbindung mit einem Wechseldiskontkredit wird auch als Rembourskredit bezeichnet.

Es ist darauf hinzuweisen, dass auch in Klein- und Mittelbetrieben Exportfragen eine immer größere Rolle spielen. Dies vor allem auch wegen der sich öffnenden Ost- und vor allem Fernostmärkte. Dabei kann eine Reihe von Risiken auftreten, die allerdings nicht in allen Ländern in gleichem Maße auftreten. Generell kennt man Zahlungs-

und Währungsrisiken sowie eventuelle politische Unsicherheiten. Zur Absicherung bietet die Praxis vielfältige Alternativen an, die zwangsläufig entsprechende Kosten verursachen und damit auf die Gewinnspanne drücken. Zu nennen sind als Beispiel das Dokumentenakkreditiv, Devisentermingeschäfte, Hermes-Absicherungen und die sog. Forfaitierung (= regressloser Verkauf einer Auslandsforderung).

Generell ist eine enge Zusammenarbeit mit den Banken sowie den Exportberatungsstellen der Handwerkskammern sowie den Industrie- und Handelskammern zu empfehlen. Auch Banken bieten umfangreiches Material an.

Handlungssituation

Suchen Sie nach Lösungsmöglichkeiten:

- Wie kann Meister Strom Fremdkapital absichern?
- Welche Sicherheiten kann er für welches Fremdkapital bieten?

3.3.6 Exkurs: Mezzanin-Finanzierung (Mezzanin-Kapital)

Mezzanin-Finanzierung

Das Mezzanin-Kapital steht zwischen echtem Eigenkapital und klassischem Fremdkapital. Es ist eine Mischform zwischen den traditionellen Finanzierungsarten. Charakteristische Merkmale des Eigenkapitals (wie z. B. Stimmrecht, Gewinn, Haftung) sowie des Fremdkapitals (wie z. B. Verzinsung, Laufzeit, Rückzahlung) werden miteinander vermischt. Dadurch wird diese Art der Finanzierung für Kapitalgeber und Kapitalnehmer interessant, weil das Mezzanin-Kapital typische Eigenkapitalmerkmale mit typischen Merkmalen des Fremdkapitals verbindet.

Beispielhaft sollen nachstehende Möglichkeiten dargestellt werden:

- **Nachfolgerangdarlehen**

  Für eine festgelegte Laufzeit erhält der Kapitalgeber einen Festzinssatz. Im Insolvenzfall wird der Kapitalgeber nachrangig nach den gewöhnlichen Gläubigern befriedigt, aber noch vor dem Eigentümer. Das hat zur Folge, dass der Kapitalgeber einen Zinssatz zahlt, der zwar über dem Fremdkapitalzinssatz liegt, aber noch unter der Verzinsung des Eigenkapitals.

- **Wandel-** und **Optionsanleihen, Gewinnschuldverschreibungen** und **Genussscheine**

  Bei diesen Papieren handelt es sich um Alternativen, die meist nur bei Aktiengesellschaften eine Rolle spielen.

  Wandelschuldverschreibungen sind Schuldverschreibungen einer AG, die dem Inhaber das Recht einräumt, nach einer bestimmten Zeit in Aktien „umzuwandeln“ oder Aktien zu beziehen.

Gewinnschuldverschreibungen sind Urkunden, die neben Gläubigerrechten das Recht auf Beteiligung am Gewinn beinhalten.

Genussscheine sind Urkunden, die einen Anspruch auf Gewinnbeteiligung oder einen Anteil am Liquidationserlös einer AG verbriefen. Ein Stimmrecht oder ein sonstiges Teilhaberrecht ist nicht gegeben.

- **Stille Beteiligung**

  Bei der stillen Beteiligung wird zwischen der typischen und der atypischen stillen Beteiligung unterschieden.

  Die typische stille Beteiligung sieht vor, dass der Kapitalgeber sich für einen festen Zeitraum an einem Unternehmen beteiligt, aber nach außen nicht in Erscheinung tritt. Er erhält eine Mindestverzinsung und ein Recht auf Gewinnbeteiligung, aber keine Verpflichtung zur Verlustbeteiligung. Im Insolvenzfall ist der Kapitalgeber nachrangiger Gläubiger.

  Bei der atypischen stillen Beteiligung ist ein Haftungsausschluss im Falle eines Verlustes nicht möglich. Das hat zur Folge, dass das zur Verfügung gestellte Kapital Eigenkapitalcharakter hat. Daher erhält der Kapitalgeber eine höhere Mindestverzinsung und bzw. oder eine höhere Gewinnbeteiligung. Die Kapitalhergabe ist befristet.

Als **Gründe für die Inanspruchnahme** mezzaniner Finanzierungen werden genannt:

- Schwankende Kreditvergabepolitik der Banken.
- Mittlere und kleine Unternehmen haben keinen Zugang zum organisierten Kapitalmarkt.
- Die Aufnahme weiterer Gesellschafter wird von den vorhandenen Mitgesellschaftern nicht akzeptiert.
- Die Selbstfinanzierung ist bei Familienunternehmen vielfach für die Finanzierung des Lebensunterhaltes vorgesehen.

Mezzanine Finanzierungen können interessant sein, weil Kapital durch Zinsgarantien, Gewinnbeteiligungen und Haftungsausschluss beschaffbar ist, ohne dass die Eigentümer- und Machtverhältnisse im Unternehmen beeinträchtigt werden. Der Unternehmer beschafft sich einen wirkungsvollen „Eigenkapitalersatz" und kann damit sein Unternehmen stärken.

Verstärkt bieten auch öffentliche Fördereinrichtungen, wie die KfW und die Kreditgarantiegemeinschaften bzw. Bürgschaftsbanken, mezzanine Finanzierungsmittel an, wie Darlehen mit Haftungsfreistellungen und stille Beteiligungen. Damit bieten sie auch Handwerksbetrieben die Möglichkeit, das wirtschaftliche Eigenkapital zu stärken und damit auch das Kreditrating zu verbessern.

Sicherheit	Grenzen der Beleihung – bezogen auf die Beleihungswerte	Erläuterungen
Bankguthaben bei inländischen Banken	100 % des Nennwertes	keine Zusatzkosten
Immobilien	60 – 80 % des Beleihungswertes	Erforderlich ist eine aktuelle Bewertung des Beleihungswertes der gesamten Immobilie. Dieser beträgt meist 70 – 80 % des Verkehrswertes.
Lebensversicherungen	100 % des Rückkaufswertes abzüglich Kapitalertragsteuer	Unterschiedliche Berechnungen bei den einzelnen Kreditinstituten.
Aktien/Aktienfonds	50 – 60 % des aktuellen Kurswertes	
Rentenfonds	70 % des Rücknahmepreises	
Bürgschaften	abhängig von der Bonität	Umfassende Bonitätsprüfung erforderlich.
Maschinen und Geschäftsausstattung	30 – 50 % des Zeitwertes	Der Beleihungswert hängt stark von der Nachfrage ab.
Autos/Fahrzeuge	60 % des Zeitwertes	
Forderungen	20 – 80 %	Werden nur sehr ungern als Sicherheiten akzeptiert. Beliehen werden meist nur zweifelsfreie und abtretbare Forderungen.
Warenlager	10 – 50 % des Einstandspreises	Wird nur sehr ungern als Sicherheiten akzeptiert. Wenn beliehen wird, dann nur der Wert, der sich nach Abzug der Lieferantenverbindlichkeiten ergibt.

Erläuterung: Der Beleihungswert entspricht dem Betrag, den eine Sicherheit unter normalen Umständen wert (Markt- oder Verkehrswert) ist. Die angegebenen Beleihungswerte können nur der Orientierung dienen. Sie sind von Institut zu Institut unterschiedlich und oft noch verhandelbar.

Kreditnehmer sollten mit den Kreditgebern hart und beharrlich nicht nur über den Zinssatz verhandeln, sondern auch über die Absicherung. Dabei sollten sie mit den vorhandenen Sicherheiten haushalten und möglichst eine Reserve an guten Sicherheiten zurückhalten. Sinnvoll ist auch, jeden Kredit einzeln mit separaten Sicherheiten abzusichern und bei guter Bonität und Sicherheiten gute Kreditkonditionen auszuhandeln.

3.4 Die Innenfinanzierung

Innenfinanzierung

Unter Innenfinanzierung versteht man die Beschaffung von Finanzmitteln aus dem Unternehmen selbst entweder durch

- Einbehalten von Gewinnen im Unternehmen (Selbstfinanzierung) oder
- Freisetzung von Abschreibungsgegenwerten (Finanzierung aus Abschreibung) oder
- Bildung von Rückstellungen oder
- Umfinanzierung.

Handlungssituation

Meister Strom erwägt, die Innenfinanzierung zu verstärken. Suchen Sie nach Ansätzen:

- Welche Möglichkeiten der Innenfinanzierung hat Meister Strom?
- Wo sehen Sie Chancen, dass er durch Umfinanzierungen seine Finanzierungsprobleme lösen kann?

3.4.1 Selbstfinanzierung

Selbstfinanzierung

Diese Form ist die wichtigste Innenfinanzierungsart. Sie kann in offener und stiller Form erfolgen.

- Die **offene Form** liegt vor, wenn Gewinne nicht entnommen bzw. ausgeschüttet werden, sondern bei Einzelfirmen und Personengesellschaften auf den Kapitalkonten stehen bleiben und bei Kapitalgesellschaften (z. B. GmbH) den Rücklagen (Gewinnrücklagen) zugeführt werden. Die Gegenwerte dieses zusätzlichen Eigenkapitals stecken in Vermögenswerten, z. B. in Zahlungsmitteln, in Forderungen oder in anderen Vermögensgegenständen.

- Die **stille Form** vollzieht sich über die Bildung stiller Rücklagen, die durch Unterbewertung von Vermögensteilen (z. B. durch überhöhte Abschreibungen, durch zu niedrigen Ansatz der Herstellkosten selbst erstellter Anlagen oder durch Nichtaktivierung des originären Firmenwertes usw.) oder durch Überbewertung von Schulden (z. B. überhöhte Rückstellungen) entstehen.

Vorteile

Vorteile der Selbstfinanzierung für das Unternehmen bestehen in folgenden Punkten:

- Selbstfinanzierung führt zu keinen Zinsausgaben, die die Liquidität belasten.
- Bewegliche Preispolitik, da auf eine Erwirtschaftung des Eigenkapitalzinses kurzfristig verzichtet werden kann.
- Das Unternehmen ist u. U. auf weniger Fremdkapital angewiesen, das möglicherweise (z. B. bei Bankkrediten) zu einer Einflussnahme auf die Unternehmensführung führen kann.
- Vorteile in Zeiten einer Hochzinspolitik.
- Stärkung der Bonität bei Banken.

Nachteile

Nachteile der Selbstfinanzierung entstehen vor allem dann,

- wenn die Selbstfinanzierung durch steuerliche Maßnahmen nicht gefördert wird und
- eine verstärkte Selbstfinanzierung zu Kapitalfehlleitungen führt, d. h. die zurückbehaltenen Gewinne nicht immer wirtschaftlich investiert werden.

Die Bedeutung der Selbstfinanzierung wird durch die verschiedenen Sonderabschreibungsmöglichkeiten besonders deutlich. Steuerliche Anreize zur verstärkten Selbstfinanzierung müssen stark gefördert werden, um dem gravierenden Eigenkapitalmangel vor allem im Mittelstand entgegenzuwirken. Bei vielen Personengesellschaften ist die Selbstfinanzierung die einzige Möglichkeit der Eigenkapitalerhöhung.

3.4.2 Finanzierung durch Abschreibungen

Finanzierung durch Abschreibungen

Die im Verkaufspreis einkalkulierten Abschreibungen erscheinen in den Verkaufserlösen auf der Ertragsseite der Erfolgsrechnung. Der Aufwands-, aber nicht Ausgabenposten auf der Aufwandseite sorgt dafür, dass die verdienten Abschreibungsgegenwerte im Betrieb verbleiben und nicht als Gewinn erscheinen und damit nicht der Ausschüttungs- bzw. Entnahmeentscheidung unterliegen.

Die verbrauchsbedingten Abschreibungen, die zunächst grundsätzlich zur Ersatzbeschaffung **(Re-Investition)** des Abschreibungsgegenstandes dienen, können auch als eine Quelle der **Neu- bzw. Erweiterungsinvestition** wirken. Dieser Effekt beruht auf der Tatsache, dass in den Verkaufspreisen der hergestellten Erzeugnisse der Abschreibungsgegenwert für die Anlagenabnutzung in der Regel früher vergütet wird als für die Erneuerung der Anlagegüter benötigt, von denen die Abschreibungsbeträge stammen.

> Wenn diese Abschreibungswerte laufend reinvestiert werden, dann kann das zu einer Anlagenexpansion führen, ohne dass eine Zuführung neuer finanzieller Mittel notwendig ist (sog. Lohmann-Ruchti-Effekt oder Kapazitätserweiterungseffekt).

Dieser **Kapazitätserweiterungseffekt** tritt in der Praxis nicht in dieser einseitigen Form auf, ist aber auch keine reine Theorie. Allerdings richten sich die vorgenommenen Investitionen im Betrieb nicht nach diesem „Effekt", sondern die Investitionspolitik orientiert sich hauptsächlich an den Erfordernissen der Absatz- und Produktionsplanung. Außerdem muss die Erstinvestition mit Eigenkapital finanziert sein, damit die Abschreibungsrückflüsse nicht in die Tilgung fließen.

Kapazitätserweiterungseffekt

3.4.3 Finanzierung durch Rückstellungen

> Rückstellungen sind Verbindlichkeiten, die ihrem Grunde, nicht aber ihrer genauen Höhe und dem Zeitpunkt der Fälligkeit nach bekannt sind.

Finanzierung durch Rückstellungen

Die Anlässe für Rückstellungen liegen im kurzfristigen (z. B. Prozesskosten, Garantien, Steuern, geplante Instandsetzung) und langfristigen (z. B. Pensionsrückstellungen) Bereich der Unternehmung.

Bis zur Fälligkeit der Zahlungsverpflichtungen können die dafür vorhandenen liquiden Mittel zur **Finanzierung von Investitionen** verwendet werden. Je längerfristiger die Rückstellungen sind, desto längerfristiger können auch die Investitionen sein. Wenn die Unternehmung ihre Rückstellungsbildung überhöht, indem sie den Aufwand zu hoch einschätzt, überführt sie Gewinn in die folgende Rechnungsperiode und behält ihn damit als Selbstfinanzierungsquelle. Da mit langfristigen Pensionsrückstellungen in früheren Jahren Missbrauch getrieben wurde, verlangt die Finanzverwaltung, dass versicherungsmathematische Grundsätze (z. B. Gutachten) beachtet werden. Diese Form der Altersversorgung und damit der Finanzierung ist vor allem bei Großunternehmen sehr verbreitet.

Ein starker Trend ist allerdings auch im Mittelstand im Hinblick auf den Abschluss von Gruppenversicherungsverträgen mit privaten Versicherungsgesellschaften festzustellen. Der Finanzierungseffekt entfällt hierbei.

3.4.4 Umfinanzierung

> Unter Umfinanzierung versteht man die Bereitstellung von Finanzierungsmitteln durch Änderung der Zusammensetzung des Vermögens oder Kapitals ohne Zuführung zusätzlicher Mittel.

Umfinanzierung

Man muss dabei folgende Unterscheidung vornehmen:

Umfinanzierung

Umfinazierung im engeren Sinne auf der Kapitalseite | Uminvestierung auf der Vermögensseite

Änderung der Kapitalstruktur

Umfinanzierung im engeren Sinne ist die bewusst herbeigeführte Veränderung der Kapitalstruktur. Das kann geschehen durch

- eine sog. Konsolidierung von Schulden, d.h. Umwandlung von kurzfristigem in langfristiges Fremdkapital, oder
- Umwandlung eines Darlehens in Eigenkapital, indem z.B. ein Darlehensgeber oder ein Lieferant Gesellschafter werden, möglicherweise sogar mit der Absicht einer Vorwärtsintegration im Sinne einer Übernahme.

Umschichtung des Vermögens

Umfinanzierung im Sinne von Uminvestierung bedeutet eine Umschichtung des Vermögens. Dies erfolgt durch die Freisetzung bisher gebundener Vermögenswerte, damit notwendige Finanzmittel beschafft werden können. Folgende Möglichkeiten können als Beispiele genannt werden:

- Veräußerung nicht oder nicht mehr betriebsnotwendiger Teile des Sach- und Finanzanlagevermögens
- Minderung der Bestände an unfertigen und fertigen Erzeugnissen durch Verkürzung der Fertigungs- bzw. Lagerdauer
- Minderung der Bestände an Roh-, Hilfs- und Betriebsstoffen bzw. Waren (Verringerung der Kapitalbindung)
- Minderung des Bestandes an Forderungen durch Kürzung des Zahlungsziels sowie durch straffere Überwachung der Außenstände (Erhöhung des Debitorenumschlags bzw. Verkürzung der Debitorendauer)
- Factoring, d.h. Verkauf von Forderungen aus Lieferungen und Leistungen (siehe Abschnitt 4.2)
- „Sale and lease back“ (siehe Abschnitt 4.1)

3.5 Exkurs: Außenhandelsfinanzierung

Außenhandelsfinanzierung

Die Außenhandelsfinanzierung spielt im Rahmen des Im- und Exports eine wichtige Rolle. Dabei handelt es sich beim Export um die in der Handelsbilanz der volkswirtschaftlichen Rechnung (Zahlungsbilanz) erfasste Warenausfuhr im Gegensatz zum Import. Die steigende Bedeutung des Exports für die deutsche Wirtschaft ist ebenfalls an der zunehmenden Zahl an Finanzprodukten der Außenhandelsfinanzierung zu erkennen. Auch kleine und mittelständische Betriebe führen in zunehmendem

Maße Außenhandelsgeschäfte durch, wobei sie direkt oder indirekt als Im- oder Exporteur auftreten.

Definition

Die Außenhandelsfinanzierung ist eine Sonderform der Absatzfinanzierung bezogen auf die verschiedenen Formen des Außenhandels.

Außenhandelsfinanzierung im engeren Sinn ist die Deckung des Kapitalbedarfs für den Zeitraum des Land-, Luft- oder Seetransports vom Exporteur zum Importeur einschließlich der Übernahme der Risiken im Zusammenhang von Lieferung und Zahlung.

Außenhandelsfinanzierung im weiteren Sinn umfasst darüber hinaus neben der Abwicklung des Zahlungsverkehrs auch die Finanzierung der Produktionsdauer bzw. des Wareneinkaufs beim Exporteur und die Aufnahme bzw. Gewährung von Lieferanten- oder Bankkredit für einen kurz-, mittel- oder langfristigen Zeitraum nach Lieferung durch den bzw. an den Importeur.

Die Außenhandelsfinanzierung befasst sich also mit der Kapitalbeschaffung für einen Zeitraum, der frühestens mit der Leistungserstellung im Exportland beginnt und spätestens beim Zahlungseingang vom Abnehmer des Importeurs endet. Sie schließt die Dispositionen der Abwicklung des Zahlungsverkehrs und die Abwälzung der finanziellen Außenhandelsrisiken mit ein.

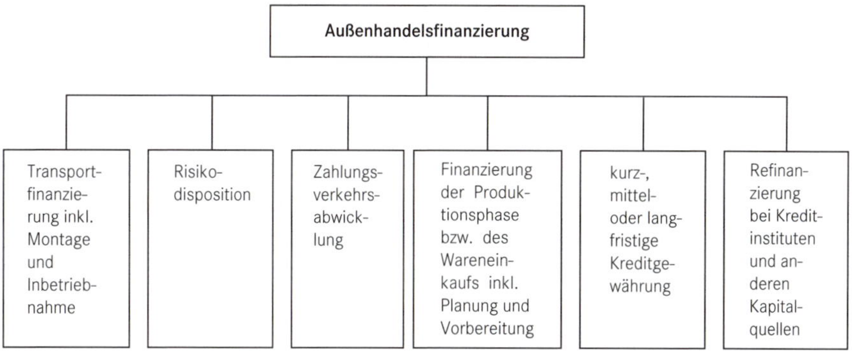

Je nachdem wie die Zahlungs- und Finanzierungsrisiken zwischen Importeur und Exporteur verteilt sind, werden mehrere Arten der Zahlungsabwicklung unterschieden. Sie reichen von der Voraus- oder Anzahlung über das Dokumentenakkreditiv und Dokumenteninkasso bis zur offenen Rechnung. Als Beispiel wird im Folgenden das Dokumentenakkreditiv näher dargestellt.

Das Dokumentenakkreditiv

Dokumentenakkreditiv

Das Dokumentenakkreditiv (letter of credit) ist die wichtigste Absicherungsalternative im Rahmen der Außenhandelsfinanzierung, wenn man von der sehr kostspieligen Möglichkeit der „Forfaitierung“ absieht.

Ziel ist es, das Zahlungsrisiko des Exporteurs und das Lieferrisiko des Importeurs zu minimieren. Es handelt sich um die Zahlungsverpflichtung eines Importeurs (Käufer) mit seiner Bank, in seinem Auftrag und nach seinen Weisungen gegen Übergabe vorgeschriebener Dokumente eine Zahlung an einen Begünstigten, zumeist einen Exporteur (Verkäufer) zu leisten. Ein eröffnetes Akkreditiv stellt ein Zahlungsversprechen einer Bank (Akkreditivbank, eröffnende Bank) dar. Die Bank haftet zusätzlich gegenüber dem Begünstigten. Neben den Vorschriften des BGB existieren von der Internationalen Handelskammer in Paris aufgestellte, einheitliche Richtlinien und Gebräuche für Dokumentenakkreditive (ERA), die inzwischen weltweit üblich und akzeptiert sind.

Incoterms

Ausgangspunkt ist ein Kaufvertrag, in dem neben vielen anderen Bereichen, wie Preis, Menge, Lieferzeitpunkt usw., auch die **„Incoterms“** (International commercial terms) geregelt sind. In diesen werden Rechte und Pflichten von Käufer und Verkäufer geregelt. Grundsätzlich muss in diesem Kaufvertrag eine Akkreditivklausel existieren, um diese Zahlungsart in Gang zu setzen.

Das Zahlungsversprechen der Bank gegenüber dem Exporteur ist bedingt und abstrakt. Bedingt deshalb, da die Zahlung nur gegen die Aushändigung eindeutig bestimmter Dokumente zu einem eindeutig bestimmten Zeitpunkt der Vorlage geleistet wird. Abstrakt, da es vom zugrunde liegenden Kaufvertrag losgelöst ist, d. h. die Bank auch ohne die Erfüllung des Warengeschäfts für die Zahlung bei Dokumentenakkreditiven haftet. Im Zeitpunkt der Vorlage des Dokumentenakkreditivs durch die avisierende Bank wird das Akkreditiv eröffnet.

Übergibt der Exporteur die vereinbarten Dokumente (z. B. Versandpapiere, Handelsrechnung, Prüfzeugnisse, Ursprungszeugnis), wird die avisierende Bank zahlen. Die Prüfung der vom Exporteur vorgelegten Dokumente wird von der avisierenden Bank sehr sorgfältig vorgenommen werden, da das Fehlen einer vereinbarten Bedingung das ganze Rechtsgeschäft beendet.

Formen des Akkreditivs

Es lassen sich mehrere **Formen des Akkreditivs** unterscheiden:

- Ein **unwiderrufliches** Dokumentenakkreditiv kann weder geändert noch widerrufen werden, d. h. die Akkreditivbank bzw. avisierende Bank muss unabhängig von der Bonität des Importeurs haften und an den Exporteur zahlen.
- Beim **widerruflichen Akkreditiv** kann die eröffnende Bank jederzeit bis zur Eröffnung das Zahlungsversprechen zurücknehmen, wenn sich z. B. die wirtschaftlichen Verhältnisse des Importeurs (Käufer) verschlechtert haben.
- Ein **bestätigtes Akkreditiv** liegt vor, wenn die avisierende Bank zusätzlich für die Zahlung an den Exporteur haftet, während beim **unbestätigten Akkreditiv** nur die Akkreditivbank, also in der Regel die Bank des Käufers, haftet.

- Ferner wird zwischen einer befristeten und unbefristeten Akkreditivzusage unterschieden.

Bei einem Sichtakkreditiv (payable after sight) hat die avisierende Bank ohne verzögernde Dokumentenprüfung eine Zahlung unter Vorbehalt zu leisten. Die Dokumentenprüfung erfolgt dann erst später.

Bei einer hinausgeschobenen Zahlung (deferred payment) wird eine Zahlung in Raten oder spätere Zahlung vereinbart. Bei einem Remboursakkreditiv erfolgt die Zahlung durch Akzeptierung eines Wechsels.

Bei einem übertragbaren Akkreditiv handelt es sich um die vertraglich vereinbarte Möglichkeit der Zahlung von der avisierenden Bank an einen Dritten statt den Exporteur.

Je nachdem, ob zwischen den Akkreditivbeteiligten eine zeitlich beschränkte Gültigkeit der Akkreditivzusage erfolgte oder nicht, wird von einem befristeten bzw. unbefristeten Akkreditiv gesprochen. Eine Befristung kann die Einhaltung der vereinbarten Lieferzeit positiv beeinflussen.

Den Ablauf eines Dokumentenakkreditivs zeigt das nachfolgende Schaubild.

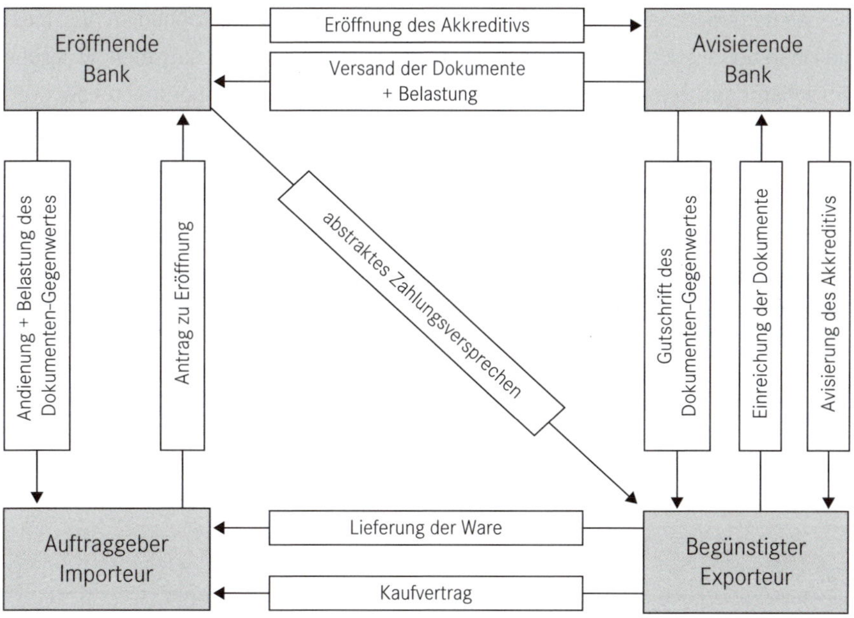

Das Dokumenteninkasso

Dokumenteninkasso

Beim Dokumenteninkasso handelt es sich um den Auftrag eines Zahlungsberechtigten, zumeist eines Exporteurs, an seine Bank, vom Zahlungsverpflichteten (Importeur) die Zahlung einzuziehen. Man spricht vom Inkasso. Für die Legitimation des

Einzugs übergibt der Exporteur seiner Bank Exportdokumente (z. B. ein Konnossement), die dann gegen Zahlung von der Bank oder deren Korrespondenzbank an den Importeur ausgehändigt werden. Mithilfe der Dokumente kommt dann der Importeur an die Waren.

Das Dokumenteninkasso stellt damit aus der Sicht des Exporteurs eine gewisse Sicherheit dar, da die Ware so lange in seinem Besitz bleibt, bis die Zahlung gegen Dokumente erfolgt ist. Aus der Sicht des Importeurs besteht die Sicherheit, dass die Ware hergestellt und auf dem Weg oder am Zielort angekommen ist, sobald er die Versanddokumente vorliegen hat.

Auch für diese Zahlungsform wurden von der französischen Handelskammer sogenannte einheitliche Richtlinien für Inkassi (ERI) aufgestellt.

Abschließend wird kleinen und mittelständischen Unternehmen empfohlen, zumindest bei den ersten Import- und Exportgeschäften die Hilfe von Banken in Anspruch zu nehmen. Dies gilt insbesondere bei Aktivitäten außerhalb der Europäischen Union, wo Dokumentenakkreditiv oder Dokumenteninkasso immer noch eine wichtige Rolle spielen.

Neben den wirtschaftlichen Risiken (vor allem Zahlungsrisiken) können im Auslandsgeschäft vor allem auch Währungsrisiken und politische Risiken auftreten. Mögliche Absicherungen wie z. B. Devisentermingeschäfte, Hermesabsicherungen usw. werden nicht behandelt. An dieser Stelle sei auf die jeweilige Spezialliteratur verwiesen.

Die Forfaitierung

Forfaitierung

Forfaitierung bedeutet regresslosen Verkauf einer Auslandsforderung an eine Forfaitierungsgesellschaft (Forfaiteur). Diese Form kommt meist nur bei Großunternehmen und größeren Auftragssummen vor.

Neben der Forfaitierung gibt es auch Auslandsfactoring, bei dem es um den Verkauf von Auslandsforderungen an eine Factoringgesellschaft geht.

4. Leasing und Factoring als Finanzierungshilfen

4.1 Leasing

Leasing

> **Leasing** ist die Gebrauchsüberlassung einer beweglichen (mobilen) oder unbeweglichen (immobilen) Sache (langlebig oder kurzlebig) an einen „Mieter“ (Leasingnehmer) gegen Entgelt.

Leasing hat in den letzten Jahren enorme Zuwachsraten erfahren. Heute können nahezu alle Wirtschaftsgüter geleast werden. Ständig werden neue Varianten von den Leasinggesellschaften angeboten.

Leasingverträge treten in vielfältiger Form auf. Leasinggeber können z. B. sein:

- Hersteller der Anlagen selbst (sog. Service-Equipment-Leasing oder Hersteller-Leasing), wie es bei EDV- und Telefonanlagen seit Langem üblich ist
- Finanzierungsunternehmen, die Anlagen kaufen und diese dann vermieten (sog. „Finance-Equipment-Leasing“).

Folgende Gesichtspunkte sind zu beachten:

Kriterien

- **Grundmietzeit**
  Es gibt Leasingverträge mit und ohne feste Grundmietzeit. Während der festen Grundmietzeit besteht für die Leasing-Beteiligten keine Kündigungsmöglichkeit.

- **Vertragsdauer**
  Die durchschnittliche Laufzeit der Verträge richtet sich nach der für das Unternehmen voraussichtlichen Nutzungsdauer des Leasingobjektes. Sie beträgt im Allgemeinen für Maschinen vier bis fünf Jahre, mindestens jedoch drei Jahre. Die Dauer für Gebäude beträgt in der Regel 30 Jahre. Falls die Benutzung der Anlagen nach dem Ablauf der Mietdauer immer noch wirtschaftlich ist oder gewünscht wird, kann der Mietvertrag mit einer wesentlich niedrigeren Miete verlängert oder von einer vorher vereinbarten sog. Kaufoption Gebrauch gemacht werden.

- **Kosten**
  Der Mietsatz (Leasinggebühr) richtet sich nach der Vertragsdauer (z. B. Grundmietzeit); je kürzer die Vertragsdauer, desto höher der Mietzins. Die Miete ist so bemessen, dass in dem jeweiligen Zeitraum (z. B. Grundmietzeit) das von der Leasinggesellschaft eingesetzte Kapital getilgt und verzinst wird. Weitere Kosten können durch Transport, Montage, Unterhaltung, Demontage und Versicherung entstehen.

- **Einfluss auf die Bilanz**
  Der Leasingnehmer erwirbt an den Anlagen nur ein Nutzungsrecht und kann dieses nicht aktivieren. Die Bilanz verliert damit an Aussagewert im Rahmen der Analyse. Ausnahmen ergeben sich, wenn im Rahmen einer Kaufoption der Kauf des Leasinggutes nach Ablauf des Leasingvertrages bei Vertragsbeginn fest vereinbart wurde.

Vorteile

Die **Vorteile des Leasings** lassen sich in folgenden Punkten zusammenfassen:

- Kreditwürdige Unternehmungen können ohne Inanspruchnahme von Barmitteln einen Betrieb aufbauen, erweitern oder rationalisieren.
- Die Liquidität kann günstig beeinflusst werden, da die durch Leasing überlassenen Anlagen nicht gekauft werden müssen. Wegen der Verschiedenartigkeit der Leasingverträge in der Praxis ist aber eine genaue Vergleichsrechnung der Leasing- und Kreditangebote unbedingt notwendig.
- Die Anlagen können schnell dem neuesten Stand der Technik und der sich rasch wandelnden Wirtschaftslage angepasst werden, weil die Vertragsdauer der Leasingverträge (Miet- und Pachtverträge) kurz gehalten werden kann.
- Die Leasinggebühren sind Betriebsausgaben und daher steuerwirksam.

Nachteile

Die **Nachteile des Leasings** ergeben sich aus folgenden Punkten:

- Die Leasingraten für die Anlagen sind hoch, weil das eingesetzte Kapital amortisiert werden muss, der Vermieter eine Risikoprämie einkalkuliert und einen angemessenen Gewinn erzielen will. Steuervorteile können Entlastung bringen.
- Das Unternehmen kann durch die monatlich wiederkehrenden und fixen Leasingraten in Liquiditätsschwierigkeiten kommen, wenn die Mietausgaben in den Umsatzerlösen nicht rechtzeitig oder gar nicht (z. B. Forderungsausfall) zurückfließen.

Sale and lease back

Eine Besonderheit stellt das **„Sale and lease back“** dar. Ein Unternehmen verkauft Anlagevermögen an eine Leasinggesellschaft, um es sofort wieder „zurückzuleasen“. Die Bilanzoptik kann verbessert werden, da stille Reserven aufgedeckt werden. Häufig werden solche Maßnahmen auf Druck einer Bank bei Unternehmen vorgenommen, die ihre Liquiditätssituation verbessern wollen bzw. müssen.

Eine Sonderform ist der so genannte Mietkauf. Dabei handelt es sich um einen Mietvertrag mit der Besonderheit, dass der Mieter innerhalb einer bestimmten Frist die Möglichkeit hat, die gemietete Sache durch einseitige Erklärung zu kaufen. Der Mietvertrag geht dann in einen Kaufvertrag über.

Das wirtschaftliche Eigentum geht beim Mietkauf sofort auf den Mieter über, das zivilrechtliche Eigentum dagegen erst nach Bezahlung der letzten Rate. Unter steuerlichen Gesichtspunkten unterscheidet sich der Mietkauf vom Leasing. Die Finanzverwaltung setzt den Mietkauf einem Ratenkauf gleich. Das Wirtschaftsgut wird von Beginn an beim Mieter aktiviert.

Der Vorteil des Mietkaufs besteht für den Mieter darin, dass das Wirtschaftsgut so leichter finanzierbar ist als beispielsweise durch einen Bankkredit. Denn die Finanzierung unterliegt nicht den strengen Anforderungen der Kreditinstitute.

4.2 Factoring

Aus den USA wurde eine Form der Absatzfinanzierung übernommen, die als **„Factoring-System"** bezeichnet wird:

> Der Verkäufer **(Klient)** verkauft einer Factoring-Bank **(Factor)** offene Buchforderungen aus Liefergeschäften. Die Factoring-Bank vergütet dafür den Gegenwert der Forderungen abzüglich Zinsen (für die Zeit vom Ankauf der Forderungen bis zu deren Fälligkeit) und einer Factor-Provision (für die gesamten Dienstleistungen der Factoring-Gesellschaft). Sie wird auch als Manipulationsgebühr bezeichnet.

Factoring

Die Factoring-Gesellschaft kann dabei folgende **Dienstleistungen** übernehmen:

- die **Finanzierungsfunktion** durch die „wechsellose Diskontierung" der Buchforderungen
- Versicherungsfunktion durch die Übernahme des Risikos von Forderungsausfällen **(Delkrederehaftung)**; es handelt sich um das sog. echte Factoring
- **Dienstleistungsfunktion**, z. B. durch Bereitstellung moderner Buchführungseinrichtungen, durch Übernahme der Buchführungsarbeiten und durch Eintreibung der Außenstände.

Durch diese Dienstleistungsangebote hat das Factoring System in den letzten Jahren hohe Zuwachsraten verzeichnen können.

Vorteile des Factorings für die Klienten sind:

Vorteile

- Einsparung der Kosten für Buchführung und Mahnwesen
- kein bzw. eingeschränktes Kreditrisiko
- Verbesserung der Liquidität
- mögliche vorzeitige Bezahlung der Lieferantenrechnungen (Skontoabzug)
- Steuervorteile (Zinsen auf Vorschuss als Betriebsausgabe; ebenso die Factoringgebühr).

Nachteile

Nachteile des Factorings im Handwerk sind:

- hohe Kosten durch Factoringgebühr
- bei den Bau- und Ausbauberufen kaum praktizierbar
- eine gewisse Umsatzgröße (ca. 1 Mio. Euro Jahresumsatz) erforderlich
- nicht auf einzelne Kunden oder Aufträge begrenzbar.

Vor allem größere Kunden sind häufig mit dem Verkauf der Forderungen nicht einverstanden.

Bis vor ein paar Jahren kam vor allem für Handwerksbetriebe das Factoring nicht in Betracht, denn alle Factoringgesellschaften bedienten im Schwerpunkt nur größere Unternehmen. Zwischenzeitlich finden sich immer mehr Anbieter auf dem Markt für kleine und mittelständische Betriebe (Ausnahme: Bau- und Ausbaubranchen).

Geschäftsablauf

Der **Geschäftsablauf** bei Einschaltung eines Factors kann nachstehendes Aussehen haben:

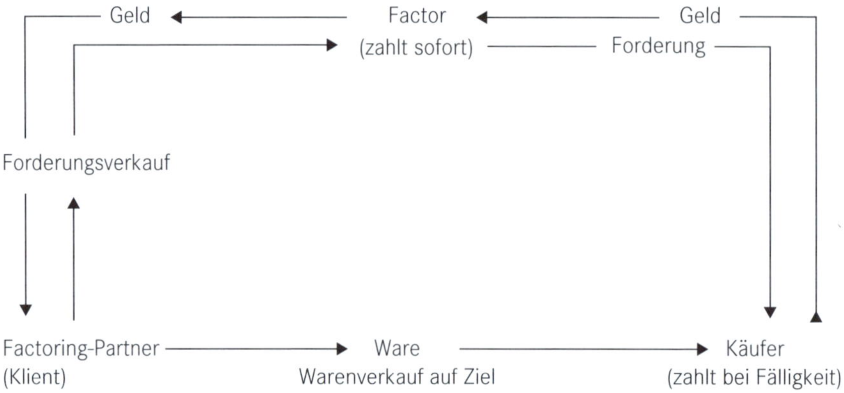

Handlungssituation

Geben Sie Meister Strom Empfehlungen:

- Woran soll er denken, wenn er Leasing als Finanzierungsalternative in Erwägung ziehen möchte?
- Kann Factoring für ihn interessant sein?

5. Finanzierungsregeln und -empfehlungen (Finanzierungsgrundsätze)

Durch die Kenntnis der Kapitalbeschaffungsalternativen taucht die Frage auf, nach welchen Gesichtspunkten und mit welchen eventuellen Konsequenzen finanzwirtschaftliche Entscheidungen getroffen werden und welche Empfehlungen daraus abgeleitet werden können. Prinzipiell wird zwischen horizontalen und vertikalen Regeln unterschieden.

Die Zusammensetzung des Kapitals (Kapitalstruktur) wird durch die Kennzahlen Eigenkapitalquote und Verschuldungsgrad dargestellt. Kapitalstruktur

$$\textbf{Eigenkapitalquote} = \frac{\text{Eigenkapital} \times 100}{\text{Gesamtkapital}}$$

$$\textbf{Verschuldungsgrad} = \frac{\text{Fremdkapital}}{\text{Eigenkapital}}$$

Folgendes **Beispiel** kann die vertikalen Zusammenhänge und Konsequenzen verdeutlichen: Beispiel

Ein Handwerksbetrieb will expandieren und eine Erweiterungsinvestition in Höhe von 500.000,- € vornehmen. Der Unternehmer kann mindestens 100.000,- €, maximal aber 300.000,- € Eigenkapital einsetzen. Aufgrund einer sorgfältigen Gewinnplanung kann er nach Abzug der kalkulatorischen Kosten (Unternehmerlohn, Miete für die selbstgenutzten Räume, Zinsen für das Eigenkapital) jährlich noch mit einem „Bruttogewinn“ in Höhe von 25.000,- € rechnen, von dem aber noch die Verzinsung des jeweils aufgenommenen Fremdkapitals abzusetzen ist.

Die folgenden Finanzierungsalternativen stehen zur Verfügung:

1) 100.000,- € Eigenkapital und 400.000,- € Fremdkapital,
2) 200.000,- € Eigenkapital und 300.000,- € Fremdkapital,
3) 300.000,- € Eigenkapital und 200.000,- € Fremdkapital.

Die Fremdkapitalzinsen betragen pro Jahr entweder

1) 2 % oder
2) 4 % oder
3) 6 %.

Daraus ergeben sich folgende Auswirkungen auf die Rentabilität des Eigenkapitals unter Berücksichtigung unterschiedlicher Zinssätze und Finanzierungsalternativen (vgl. letzte Spalte der nachstehenden Aufstellung):

Eigenkapital (EK) in €	Fremdkapital (FK) in €	Fremdkapitalzinsfuß in %	Fremdkapitalzins in €	Reingewinn (Bruttogewinn minus FK-Zinsen) in €	Rentabilität des Eigenkapitals in %
100.000,-	400.000,-	2	8.000,-	17.000,-	17,00
		4	16.000,-	9.000,-	9,00
		6	24.000,-	1.000,-	1,00
200.000,-	300.000,-	2	6.000,-	19.000,-	9,50
		4	12.000,-	13.000,-	6,50
		6	18.000,-	7.000,-	3,50
300.000,-	200.000,-	2	4.000,-	21.000,-	7,00
		4	8.000,-	17.000,-	5,66
		6	12.000,-	13.000,-	4,33

Vertikale Finanzierungsempfehlungen

Um vertikale Finanzierungsempfehlungen formulieren zu können, muss die Rentabilität des Gesamtkapitals (return on investment) als Vergleichsgröße errechnet werden.

Die **Rentabilität des Gesamtkapitals** beträgt:

$$\frac{\text{Bruttogewinn} \times 100}{\text{Gesamtkapital}} = \frac{25.000,- \times 100}{500.000,-} = 5{,}00\,\%$$

wobei der Bruttogewinn als Gewinn inklusive Fremdkapitalzinsen definiert werden soll.

Leverage-Effekt

Folgende **Finanzierungsgrundsätze,** die auch als **Leverage-Effekt** (Hebeleffekt) bekannt wurden, lassen sich aus der obigen Aufstellung ableiten:

- Fremdkapital erhöht die Eigenkapital-Rentabilität, solange der Fremdkapitalzinsfuß die Gesamtkapital-Rentabilität unterschreitet.
- Fremdkapital verringert die Eigenkapital-Rentabilität, sobald der Fremdkapitalzinsfuß die Gesamtkapital-Rentabilität überschreitet.

Auf die Problematik dieser Aussagen als Verhaltensempfehlung vor allem bei steigenden Zinsen und möglicherweise rückläufigen Gewinnen ist hinzuweisen. Dies gilt auch für die Eigenkapitalquote, die einen starken Einfluss auf die Kreditwürdigkeit hat. Außerdem ist Fremdkapital immer nur in beschränktem Maße beschaffbar. Darüber hinaus spielt für die Eigenkapitalgeber auch die absolute Gewinnhöhe eine wichtige Rolle.

Fristenkongruenz

Bei den horizontalen Finanzierungsempfehlungen (= Grundsätzen) ist zunächst die sog. **Fristenkongruenz** zu beachten: Es muss eine Fristendeckungsgleichheit von Mittelherkunft und Mittelverwendung herrschen.

Die bereits dargestellten **Liquiditätsgrade** stellen Finanzierungsempfehlungen im kurzfristigen horizontalen Bereich dar, wobei auf die Problematik wegen der Zeitpunktbetrachtung noch einmal hinzuweisen ist.

Deckungsgrad

Ein weiterer wichtiger Finanzierungsgrundsatz (-empfehlung) im horizontalen Bereich ist der sog. **Deckungsgrad.** Er ergibt sich ebenfalls aus der Forderung der Fristengleichheit von Kapitalbeschaffung und -verwendung (sog. Fristenkongruenz).

Der Deckungsgrad fordert, dass das langfristig gebundene Vermögen - in der Regel das Anlagevermögen und der „eiserne" Bestand (Sicherheitsbestand) - auch durch langfristiges Kapital (Eigenkapital und langfristiges Fremdkapital) zu finanzieren sind.

Eine Besonderheit der Fristenkongruenz ergibt sich bei besonders risikoreichen Investitionen. Hier lautet die Finanzierungsempfehlung: Besonders risikoreiche Investitionen sind mit risikoarmem Kapital (i. d. R. Eigenkapital) zu finanzieren. Die Begründung liegt vor allem in der zwangsläufigen Ausgabewirksamkeit des Kapitaldienstes (Zins und Tilgung) beim Fremdkapital, auch wenn die Investition nicht zum gewünschten Erfolg führt. Wenn keine zusätzlichen Sicherheiten vorhanden sind, kann dies zur Insolvenz führen.

6. Investitionsplanung und Investitionsentscheidung

Handlungssituation

Handlungssituation (Fallbeispiel)

Schreinermeister Helmut Holz hat große Pläne. Sein Betrieb ist gut etabliert, seine 7 Mitarbeiter sind gut ausgelastet, der Kundenstamm und der Umsatz wachsen ständig. Seit einigen Monaten arbeitet er auch für einen neuen gewerblichen Kunden, der die Zusammenarbeit mit ihm intensivieren will und Aufträge im Wert von 500.000,– € pro Jahr in Aussicht gestellt hat. Damit er diese Anfragen erfüllen kann, will Meister Holz ein neues Holzbearbeitungszentrum anschaffen. Die Maschine soll in der einfachen Version 180.000,– € kosten, inklusive der Peripheriegeräte und der Werkzeuge. Der leistungsstärkere Typ der Maschine, der noch vielseitigere Einsatzmöglichkeiten bietet, soll 250.000,– € kosten. Als Eigenkapital kann er 40.000,– € aus Ersparnissen einsetzen.

Mit dieser Investition verfolgt Meister Holz das strategische Ziel, sich mehr auf anspruchsvolle Serienteile für Industriekunden zu verlagern und den Anteil kleinerer Aufträge zu reduzieren. Denn in diesem Geschäftsfeld sieht er langfristig bessere Marktchancen.

Situationsbezogene Fragen

1. Welche Informationen benötigt Helmut Holz, damit er Investitionsrechnungen durchführen kann?
2. Welche Ergebnisse bringt eine statische, welche Ergebnisse bringt eine dynamische Investitionsrechnung?
3. Wie kann Herr Holz den Kapitalbedarf berechnen?
4. Worauf muss Meister Holz achten, wenn er die Investition solide finanzieren will?
5. Welche Finanzierungsalternativen kommen für Herrn Holz in Betracht?
6. Welche Kriterien sind für ihn bei der Auswahl der richtigen Finanzierung wichtig?

6.1 Definition und Einteilungskriterien

Definition „Investition“

Investition im engeren Sinne bedeutet: Umwandlung liquider Mittel in Gegenstände des Anlagevermögens. Im weiteren Sinne ist jede Umwandlung finanzieller Mittel in andere Vermögensteile als Investition anzusehen, auch wenn diese nicht aktiviert werden, z. B. Bildungsinvestitionen.

Investitionsarten

Einteilungskriterien der Investitionsarten		
nach Art der Nutzleistungen	**nach Zwecksetzung**	**nach zeitlicher Bindung**
• Sachinvestitionen (z. B. in Grundstücke, Anlagen, Vorräte) • Finanzinvestitionen (z. B. in Beteiligungen, Forderungen) • immaterielle Investitionen (z. B. in Forschung und Entwicklung, Werbung, Ausbildung, Sozialleistung)	• Gründungs- bzw. Errichtungsinvestitionen • Ersatz- bzw. Erhaltungsinvestitionen • Erweiterungs- bzw. Ergänzungsinvestitionen Die Unterscheidung in Gründungs- und laufende Investitionen hat eine besondere Auswirkung auf die Art der Finanzierung.	• kurzfristige Investitionen (Bindung nur innerhalb einer Umsatzperiode, d. h. keine periodisch abgegrenzten Verteilungsabschreibungen notwendig) • langfristige Investitionen (Erstreckung über mehrere Perioden)

Einteilungskriterien der Investitionsarten

6.2 Investition und Risiko

Investitionen bestimmen das Leistungspotenzial des Unternehmens in entscheidender Weise. Die rasche technische Entwicklung und die ständige Veränderung der Marktverhältnisse machen eine Anpassung der Leistungsfähigkeit erforderlich. Diese Anpassung geschieht über die Investition. Der wachsende Grad der Mechanisierung und Automatisierung vor allem im Fertigungsbereich bedingt einen steigenden Einsatz der meist knappen finanziellen Mittel und ihre Bindung für einen mehr oder weniger langen Zeitraum.

Investitionen sind risikobehaftet

> Der Investor geht dabei das Risiko ein, dass eine Investition sich als nicht so vorteilhaft erweist, wie er ursprünglich angenommen hat. Damit kann die Existenz des Betriebes gefährdet werden.

Die **Investitionsentscheidung** gehört damit zu den folgenschwersten Entscheidungen der betrieblichen Praxis. Deshalb wird der Investor die Investitionsrisiken durch die Investitionsplanung weitgehend offenzulegen suchen. Ihr Ziel ist eine möglichst treffsichere Investitionsentscheidung zur Verwirklichung des jeweiligen Investitionsmotivs, wie z. B. Ertragssteigerung und/oder Kostensenkung oder Technologieänderung. Eine Investitionsrechnung kann bei der Entscheidung ein Hilfsmittel darstellen, aber das eigentliche Risiko der Entscheidung nicht vermeiden.

6.3 Aufgaben der Investitionsrechnung

Aufgaben der Investitionsrechnung

Im Rahmen der Investitionsplanung soll eine Investitionsrechnung auf folgende Fragen Antwort geben:

- Ist eine einzelne Investition vorteilhaft im Hinblick auf die Ziele der Unternehmung?
- Welche von mehreren möglichen Investitionen soll durchgeführt werden, und zwar bezüglich
  - finanzieller Gesichtspunkte und/oder
  - technischer Möglichkeiten?
- Soll eine bereits vorhandene Anlage durch eine neue ersetzt werden?

Die Investitionsrechnung ist damit ein Hilfsmittel zur Ermittlung der Vorteilhaftigkeit einer Investition.

Handlungssituation

Überlegen Sie gemeinsam mit Ihren Kollegen:

- Warum soll Meister Holz eine Investitionsrechnung durchführen?
- Welche Aussagekraft haben für ihn die unterschiedlichen Verfahren der Investitionsrechnung?

6.4 Verfahren der Investitionsrechnung

Verfahren der Investitionsrechnung

Theorie und Praxis bieten eine Reihe von Verfahren an, um die Vorteilhaftigkeit und damit aber auch das mögliche Risiko einer Investition aufzuzeigen. Das Risiko selbst ist damit nicht beseitigt. Folgende Verfahren (siehe nachfolgende Abbildung) werden unterschieden, wobei unterstellt werden muss, dass in der Praxis meist unvollkommene und unsichere Informationen vorliegen. In solchen Fällen müssen mehrere Rechnungen durchgeführt werden, die von pessimistischen bzw. optimistischen Erwartungen ausgehen. Durch den Einsatz der EDV kann der Rechenaufwand bei Mehrfachrechnungen stark reduziert werden. Bei den Verfahren der Investitionsrechnung wird vereinfacht zwischen statischen und dynamischen Verfahren unterschieden, die im Folgenden erläutert werden.

Verfahren der Investitionsrechnung

statische Verfahren
(= Verfahren
praktischer Prägung)

- Kostenvergleichsrechnung
- Gewinnvergleichsrechnung
- Rentabilitätsrechnung
- Amortisationsrechnung

dynamische Verfahren
(= finanzmathematische
Verfahren)

- Kapitalwertmethode
- interne Zinsfußrechnung
- Annuitätenmethode

Verfahren der Investitionsrechnung (übliche Darstellung)

6.4.1 Die statischen Verfahren

Statische Verfahren

Kennzeichnend für die statischen Verfahren ist, dass sie mit den in der Praxis gebräuchlichen Größen Kosten und Erlöse arbeiten und diese Werte aus dem 1. Jahr der vollen Inbetriebnahme des Investitionsgutes als erwartete Durchschnittswerte heranziehen.

Kostenvergleichsrechnung

- Bei der **Kostenvergleichsrechnung** wird diejenige Investitionsalternative als ökonomisch sinnvoll angesehen, die die niedrigsten Gesamtkosten bzw. bei unterschiedlichen Kapazitäten und Auslastungsgraden die niedrigsten Stückkosten aufweist.

Gewinnvergleichsrechnung

- Mit der **Gewinnvergleichsrechnung** können grundsätzlich Investitionen jeder Art untersucht werden, sofern jeweils Erlöse zugerechnet werden können. Der Gewinn wird dadurch errechnet, dass von zugerechneten Erlösen die zuzurechnenden Kosten abgezogen werden. Die Alternative mit dem vergleichsweise höheren Gewinn ist zu wählen.

Rentabilitätsrechnung

- Die statische **Rentabilitätsrechnung** setzt den durchschnittlichen Jahresgewinn einer Investition zum Kapitaleinsatz ins Verhältnis. Diejenige Alternative ist vorzuziehen, die die größte durchschnittliche jährliche Verzinsung des eingesetzten Kapitals erbringt. Diese Verzinsung muss zudem den Rentabilitätsvorstellungen des Investors entsprechen, die sich möglicherweise am Marktzins und den Investitionsrisiken orientieren werden.

Die Rechenformel lautet:

$$\textbf{Rentabilität in \%} = \frac{\text{zusätzlicher Gewinn aus der Investition (pro Jahr in €)} \times 100}{\text{zusätzlicher (durchschnittlicher) Kapitaleinsatz für die Investition (in €)}}$$

Amortisationsrechnung

- Bei der **Amortisationsrechnung** wird der Zeitraum berechnet, in dem der Kapitaleinsatz einer Investition im Rahmen des Betriebsprozesses über die Umsatzerlöse wieder zurückgeflossen ist. Den auf diese Weise ermittelten Zeitraum bezeichnet man als Amortisationszeit. Diejenige Alternative ist vorzuziehen, die die kürzeste Amortisationszeit aufweist. Diese Methode trägt dem **Sicherheitsaspekt** Rechnung und sollte zusätzlich zu den anderen Methoden angewendet werden.
  Die Rechenformel lautet:

$$\textbf{Amortisationszeit (z. B. in Jahren)} = \frac{\text{Kapitaleinsatz der Investition}}{\text{durchschnittlicher Gewinn \& Abschreibungen aus der Investition (Cashflow) pro Jahr}}$$

In kleinen und mittleren Unternehmen haben sich wegen der einfachen Handhabung die Kostenvergleichsrechnung, die Rentabilitätsrechnung und die Amortisationsrechnung durchgesetzt.

Als Ergebnis ist festzustellen:

- Die statischen Methoden der Investitionsrechnung berücksichtigen nicht die gesamte Investitionsperiode und damit keine Zinsen, sondern nur eine angenommene Teilperiode, die ein Jahr (in der Regel das 1. Jahr der Investition) umfasst.
- Diese Teilperiode wird als repräsentativ für die gesamte Investitionsperiode angenommen.
- Als Rechengrößen werden durchschnittliche Kosten und Erlöse verwendet.
- Die einfachen Methoden der Investitionsrechnung sind nur brauchbar, wenn die zu vergleichenden Investitionsobjekte gleichartig und die ihre Wirtschaftlichkeit bestimmenden Einflussgrößen annähernd konstant sind. Eine weitergehende Methode ist dann die Kosten-Nutzen-Analyse.
- Voneinander abhängende Einflussgrößen bleiben weitgehend unberücksichtigt.
- Kosten und vor allem Erlöse bzw. Erträge müssen dem Investitionsobjekt zurechenbar sein.
- Der Hauptanwendungsbereich der einfachen Rechenmethoden sind die Ersatz- und Rationalisierungsinvestitionen.

6.4.2 Die dynamischen Verfahren

Kennzeichen der dynamischen Verfahren ist die Zeitraumbetrachtung und das Einbeziehen von Zinsen.

Dynamische Verfahren

> Bei den dynamischen Verfahren werden die während der Nutzungsdauer anfallenden Einnahmenüberschüsse (= Differenz aus voraussichtlichen Einnahmen abzüglich voraussichtlicher Ausgaben der geplanten Investition) ermittelt und mit einem vom Investor gewünschten Zinssatz, der sich am Kapitalmarktzins orientieren kann **(= Kalkulationszinssatz)**, abgezinst. Der jeweilige Risikoaspekt ist bei der Festlegung des Kalkulationszinssatzes zu berücksichtigen.

Daraus lässt sich - je nach gewählter Methode - der Kapitalwert, der interne Zinsfuß oder die Annuität einer Investition errechnen und beurteilen.

Kapitalwertmethode

- Die **Kapitalwertmethode** geht von der Kenntnis der laufenden Ausgaben und Einnahmen während der Investitionsdauer aus.
  Der Saldo wird als Rückfluss bezeichnet und kann in etwa mit dem Cashflow, also Gewinn plus Abschreibungen, gleichgesetzt werden.

  Diese Rückflüsse werden mit dem Kalkulationszinssatz, d. h. dem Verzinsungsanspruch des Investors, auf den Barwert abgezinst. Ein eventueller Liquidationserlös am Ende der Nutzungsdauer wird ebenfalls auf den Barwert abgezinst.

  Von der Summe dieser Barwerte zuzüglich des Barwertes des Liquidationserlöses (= Einnahmen aus der Veräußerung des Investitionsgegenstandes) wird der Barwert der Investitionsausgabe (meist Anschaffungskosten der Investition) abgezogen (vgl. Tabelle des nachfolgenden Beispiels).

  Das Ergebnis ist der **Kapitalwert.**

  Ist der **Kapitalwert positiv**, dann verzinst sich das zu jedem Zahlungszeitpunkt noch gebundene Kapital zum Kalkulationszinssatz. Darüber hinaus wird ein Vermögenszuwachs erwirtschaftet, der die tatsächliche Verzinsung erhöht.

  Bei einem **negativen Kapitalwert** ist das Gegenteil der Fall, und die Investition verzinst sich nicht mit dem gewünschten Kalkulationszinssatz.

  Ist der **Kapitalwert gleich null**, dann verzinst sich die Investition gerade zu diesem Zinssatz, wenn sich die Rückflüsse weder zeitlich noch von der Höhe her ändern.

Interne-Zinssatz-Methode

- Die **Interne-Zinssatz-Methode** hilft die tatsächliche Verzinsung (= interner Zinssatz) einer Investition zu ermitteln. Der Kapitalwert ist dann null. Voraussetzung ist, dass man die Rückflüsse aus der Investition zeitlich und der Höhe nach kennt. Der ermittelte interne Zinssatz ist mit dem vom Investor gewünschten Zinssatz zu vergleichen.

Beide Methoden werden anhand eines einfachen Beispiels kurz vorgestellt:

Beispiel

Beispiel

1. Ermittlung des Kapitalwerts

- Investitionsausgabe 100.000,- €
- erwartete Rückflüsse (Gewinne und Abschreibungen) siehe nachstehende Tabelle
- Nutzungsdauer der Investition 5 Jahre
- gewünschter Zinssatz (Kalkulationszinssatz) 10%.

Zusammenstellung der Ergebnisse in nachstehender Abbildung:

Zahlungszeitpunkt t (Ende des jeweiligen Jahres) (1)	**Investitionsausgabe zum Zeitpunkt t_0 (Zeitwert) (2) in €**	**Rückfluss R_1 (Zeitwert) in € (3)**	**Abzinsungsfaktoren für 10% (4)**	**Barwerte (5) = (3) × (4) - (2) × (4) in €**
0	100.000,-	-	1,0	-100.000,-
1	-	30.000,-	0,9091	27.273,-
2	-	40.000,-	0,8264	33.056,-
3	-	30.000,-	0,7513	22.539,-
4	-	20.000,-	0,6830	13.660,-
5	-	20.000,-	0,6209	12.418,-
Kapitalwert = Summe der Barwerte der jährlichen Nettozahlungen				**+ 8.946,-**

Ermittlung des Kapitalwerts

Da der Kapitalwert positiv ist, verzinst sich die Investition mit mehr als 10%, wenn die Rückflüsse in der angegebenen Höhe und zum jeweiligen Zeitpunkt anfallen.

2. Ermittlung des internen Zinssatzes

Der interne Zinssatz ist die tatsächliche Verzinsung des Investitionsvorhabens, wenn die Annahmen (z. B. Rückflüsse) so eintreffen. Er ergibt sich, wenn der Kapitalwert = 0 ist. Das unter 1. verwendete Beispiel wird fortgesetzt, indem man einen positiven und einen negativen Kapitalwert (ermittelt durch zwei Versuchszinssätze) ermittelt und daraus den internen Zinssatz durch Interpolation ermittelt (siehe nachfolgende Tabelle).

Zahlungszeitpunkt t	Investitionsausgabe I_0 (Zeitwert) in €	Rückfluss R_1 (Zeitwert) in €	Abzinsungsfaktoren für $p_1 = 10\%$	Barwerte für p_1 in €	Abzinsungsfaktoren für $p_2 = 20\%$	Barwerte für p_2 in €
0	100.000,-	-	1,0	100.000,-	1,0000	100.000,-
1	-	30.000,-	0,9091	27.273,-	0,8333	24.999,-
2	-	40.000,-	0,8264	33.056,-	0,6944	27.776,-
3	-	30.000,-	0,7513	22.539,-	0,5787	17.361,-
4	-	20.000,-	0,6830	13.660,-	0,4823	9.646,-
5	-	20.000,-	0,6209	12.418,-	0,4019	8.038,-
Kapitalwert					**+8.946,-**	**-12.180,-**

Ermittlung des internen Zinssatzes

Der gesuchte interne Zinssatz muss also zwischen 10% und 20% liegen. Mithilfe nachstehender Formel und unter Verwendung der Symbole der Tabelle lässt sich der interne Zinssatz wie folgt berechnen:

$$r = p_1 - \text{Kapitalwert für } p_1 \; \frac{p_2 - p_1}{\text{Kapitalwert für } p_2 - \text{Kapitalwert für } p_1} \; \%$$

Werden die Werte der obigen Tabelle in die Formel eingesetzt, erhält man folgendes Ergebnis:

$$r = 10 - 8.946 \; \frac{20 - 10}{-12.180 - 8.946} \; \% = 14{,}2\%$$

Dieser Zinssatz entspricht der tatsächlichen Verzinsung der Investition, wenn die Rückflüsse in der angenommenen Höhe und zu den angenommenen Zeitpunkten anfallen. Hier steckt das Risiko der Investitionsentscheidung. Der Investor wird die ermittelte Verzinsung (interner Zinsfuß) mit seinem eigenen Verzinsungswunsch, der sich am Marktzins und der Risikoeinschätzung orientieren kann, vergleichen und möglicherweise unter Berücksichtigung anderer Kriterien über die Investitionsvornahme positiv oder negativ entscheiden. Auch hier sind Alternativrechnungen mit optimistischen und pessimistischen Erwartungen empfehlenswert.

Annuitätenmethode

- Die **Annuitätenmethode** ist wie die Interne-Zinssatz-Methode eine Variante der Kapitalwertmethode. Wesentliches Kennzeichen der Annuitätenmethode ist die Umrechnung der Investitionssumme und der Rückflüsse in gleiche Jahresbeträge (Annuitäten). Die Umrechnung erfolgt mithilfe von sogenannten Wiedergewinnungsfaktoren, die für eine gegebene Nutzungsdauer und einen angenommenen Kalkulationszinssatz wie die Abzinsungsfaktoren aus Tabellen entnommen werden können.

  Es werden verglichen die

  - **Annuität der Investitionssumme**
    mit der
  - **Annuität der Rückflüsse**.

Beispiel

Es wird untersucht, ob eine Anlage mit folgenden Werten eine Verzinsung von mindestens 10 % bringt:

- Kapitaleinsatz im Zeitpunkt der Investitionsvornahme: 100.000,- €
- Rückfluss über die gesamte Lebensdauer: 30.000,- € pro Jahr
- Nutzungsdauer: 5 Jahre
- Kalkulationszinssatz: 10 %.

Da die Annuität der Rückflüsse über die gesamte Nutzungsdauer als konstant angenommen wird, erübrigt sich in diesem Fall eine Umrechnung. Es muss lediglich eine Umrechnung der Investitionssumme erfolgen:

100.000,- € × 0,2638 = 26.380,- € pro Jahr (sogenannter Wiedergewinnungsfaktor. Er ist aus Tabellen ablesbar.)

Da die Annuität der Rückflüsse jährlich um 3.620,- € größer als die Annuität der Investitionssumme ist, liegt die tatsächliche Verzinsung (Effektivverzinsung) über dem angenommenen Kalkulationszinssatz von 10 %. Die Investition ist unter diesen Voraussetzungen als vorteilhaft anzusehen.

6.4.3 Beurteilung der Verfahren

Problematik der statischen und dynamischen Verfahren

Die **Problematik** der statischen und vor allem dynamischen Verfahren liegt in folgenden Hauptpunkten:

- Die Beschaffung der Informationen für die Investitionsrechnung ist wegen des Zukunftscharakters der Investition schwierig. Insbesondere bezieht sich dies auf die zukünftigen Einnahmen und Ausgaben sowie auf die Nutzungsdauer.

- Die genaue Zurechnung der Einnahmen (Erlöse) auf das einzelne Investitionsgut ist oftmals kaum möglich.
- Die Ermittlung des Kalkulationszinssatzes ist bei den dynamischen Verfahren in der Praxis nicht unumstritten.
- Man geht davon aus, dass die Investition voll finanzierbar ist.
- Das mit jeder Investition verbundene Risiko ist nur sehr schwer und mit hohem Rechenaufwand in die Rechnung einzubeziehen.
- Beim Vergleich von Investitionsalternativen geht man davon aus, dass Nutzungsdauer und Investitionssumme in etwa gleich sind, d. h. eine sog. **Differenzinvestition** nicht in den Vergleich einbezogen werden muss. Wäre dies der Fall, käme es darauf an, ob die Differenzinvestition als eigenständige Investition berücksichtigt werden kann.
- Da nicht alle Einflussgrößen für die Entscheidung direkt quantifizierbar sind, ist vielfach der rechnerische Teil durch eine **Kosten-Nutzen-Analyse** zu ergänzen.

Faustregeln

Wegen dieser Problematik schlägt die Praxis bei der Investitionsentscheidung **Faustregeln** vor (Beispiele).

Beispiele

- „Eine Ersatzinvestition ist vorzunehmen, wenn die alte Anlage voll abgeschrieben ist."
- „Anlagen werden jeweils ersetzt, sobald sie eine bestimmte Nutzungsdauer (gemessen meist an der Zahl der Maschinenlaufstunden) erreicht haben."
- „Eine Anlage wird ersetzt, sobald ihre Instandhaltungskosten höher geworden sind als die Abschreibungen der Ersatzanlage."
- „Risikoreiche Investitionen sind mit risikolosem Kapital zu finanzieren."

Die ausschließliche Verwendung derartiger **Faustregeln ist gefährlich**, weil sie von zu stark vereinfachenden Annahmen ausgehen, die der Realität des Investitionsprozesses, den sie nur in Teilabschnitten erfassen, nicht gerecht werden. Dementsprechend ist die Gefahr von **Fehlentscheidungen** und damit Fehlinvestitionen bei der ausschließlichen Anwendung dieser Faustregeln groß. Andererseits ist die Investitionsrechnung nur eine **Entscheidungshilfe.**

Teil III: Kosten- und Leistungsrechnung

Verf.: Werner Rössle

1. Die Kosten- und Leistungsrechnung (KLR) als Teil des betrieblichen Rechnungswesens

Lernziele und Kompetenzen

Geprüfte Betriebswirte/innen nach der Handwerksordnung kennen die verschiedenen Teilbereiche des betrieblichen Rechnungswesens und sind in der Lage, die grundlegenden Begrifflichkeiten der Kosten- und Leistungsrechnung zu verstehen, verständlich zu erklären sowie durch Praxisbeispiele zu ergänzen.

Handlungssituation (Fallbeispiel)

Handlungssituation

In einem mittelgroßen Handwerksunternehmen aus dem Bereich Sanitär, Heizung und Klima (SHK) in der Rechtsform einer GmbH möchte der Geschäftsführer einem Meisterschüler die seiner Ansicht nach wichtigen Begrifflichkeiten in der Kosten- und Leistungsrechnung beibringen. Diese Begriffe werden in der betrieblichen Praxis häufig verwechselt, ohne dass man sich über die unterschiedliche Bedeutung bewusst ist. Vor allem ist dem Geschäftsführer wichtig, dass der Meisterschüler die nachstehenden Begriffspaare mit Beispielen aus dem Handwerk erklären kann:

- Auszahlung - Einzahlung
- Ausgabe - Einnahme
- Aufwand - Ertrag
- Kosten - Leistung.

1.1 Aufgaben des betrieblichen Rechnungswesens

Aufgaben des betrieblichen Rechnungswesens

Unternehmen sind soziale Systeme, deren Aufgabe es ist, durch die Produktion von Sachgütern und/oder Dienstleistungen bestimmte Probleme ihrer Umwelt zu lösen. Es soll darauf hingewiesen werden, dass im Weiteren nicht immer die „Dienstleistung" gesondert erwähnt wird. Damit verfolgen die Unternehmen gleichzeitig das Ziel, Einkommen für ihre Mitglieder (z. B. Anteilseigner, Gesellschafter oder auch Mitarbeiter) zu erwirtschaften. Um eine Zweck- und Zielerreichung zu gewährleisten, sind die Unternehmen gezwungen, menschliche Arbeit, Werkstoffe, Energie und Anlagen einzusetzen und in gezielter Form Informationen zu sammeln, zu verarbeiten und in zweck- und zielgerichteter Art und Weise innerhalb und außerhalb des Unternehmens zu verbreiten.

Ein Teil des dafür notwendigen Informationssystems ist das **betriebliche Rechnungswesen:** Seine Aufgabe besteht allgemein darin, die in einem Unternehmen ablaufenden Prozesse und die damit verbundenen Geld- und Güterströme, Wertverzehre und -zuwächse sowie Bestandsbildungen (z. B. Anlagen, Werkstoffe, Geldmittel, Forderungen und Verbindlichkeiten) nach Wert und Menge zu erfassen und zu dokumentieren.

Aufgabe der Kosten- und Leistungsrechnung

> Der Kosten- und Leistungsrechnung als Teil des betrieblichen Rechnungswesens kommt dabei als Gegenstück zur Finanzbuchhaltung die Aufgabe zu, die betrieblichen Wertverzehre **(Kosten)** und Wertzuwächse **(Leistungen)** zu erfassen und auszuwerten.

1.2 Begriffe der Kosten- und Leistungsrechnung

1.2.1 Übersicht

In jeder Art von Unternehmen findet ein als Produktion bezeichneter Prozess statt, durch den die wirtschaftliche Identität von Gütern und/oder Dienstleistungen so verändert wird, dass **neue Wirtschaftsgüter** entstehen. Eine solche Veränderung der Identität von Gütern findet z. B. nicht nur bei der Herstellung von Wurstwaren statt, sondern auch dann, wenn sie von einem Händler übernommen und an Endverbraucher veräußert werden.

Wird der Wert der eingesetzten Güter mit dem der neu geschaffenen Güter verglichen, kann festgestellt werden, ob ein wirtschaftlicher Erfolg oder Misserfolg erreicht wurde.

Grundbegriffe

Aufgrund dieser Zusammenhänge wurden in der Betriebswirtschaftslehre Grundbegriffe entwickelt, die nachstehend erklärt werden.

- Die Begriffe **Auszahlung, Ausgabe, Aufwand und Kosten**.
  Sie ermöglichen es, dass die Einsatzseite (Input) zu erfassen und zu beschreiben ist.
- Die Begriffe **Einzahlungen, Einnahmen, Ertrag und Leistung**.
  Sie dienen der Erfassung des Produktions- und Dienstleistungsergebnisses (Output).
- Die Begriffe **Ergebnis, Gewinn** und **Verlust**.
  Durch sie wird der wirtschaftliche Erfolg/Misserfolg des Produktions- und Dienstleistungsergebnisses dargestellt.

1.2.2 Abgrenzung der Begriffe Auszahlung, Ausgabe, Aufwand und Kosten

Der Begriff **Auszahlung** lässt sich folgendermaßen erklären: Verlässt Bargeld den Betrieb, d. h. vermindern sich die liquiden Mittel Kasse oder Bank, so bezeichnet man diese Vorgänge als Auszahlungen. Auszahlung

Wenn zu den Auszahlungen noch der Bereich der Forderungs- und Schuldenentstehung und Schuldenabwicklung erfasst wird, dann spricht man von **Ausgaben**. Ausgabe ist also Auszahlung plus Forderungsabgang plus Schuldenzugang. Ausgabe

Wichtiger für die Belange der Kostenrechnung ist die Abgrenzung zum Aufwand: Als **Aufwand** bezeichnet man den Werteverzehr in einer Abrechnungsperiode, z. B. in einem Jahr. Aufwand

Der Verbrauch von Werten kann einerseits in einer Umformung von Werten bestehen.

Beispiel: Verbrauch von Roh-, Hilfs- und Betriebsstoffen zur Leistungserstellung.

In diesen Fällen steht dem Verbrauch ein Gegenwert in Form von **Leistungen** gegenüber. Leistung

Andererseits kann der Verbrauch ohne direkten Gegenwert erfolgen, dann liegt **neutraler Aufwand** vor.

Beispiele: Spenden oder außerordentliche Aufwendungen.

Der Teil des in einer Periode eingetretenen Wertverzehrs, der bei der Erstellung der Betriebsleistungen angefallen ist, stellt (die) **Kosten** dar. Kosten

> Kosten sind der in Geld bewertete normale Einsatz von Mitteln jeder Art zur Erstellung von Leistungen, also Gütern und/oder Dienstleistungen.

Kosten werden entweder für eine Zeiteinheit bzw. Periode oder für eine Leistungseinheit (Kostenträger) ermittelt. Kosten sind charakterisiert durch Kostenbegriff

- Güter- und/oder Dienstleistungsverzehr,
- Leistungsbezogenheit und
- geldmäßige Bewertung.

Das Gegenstück zu den Kosten als dem betrieblichen Werteinsatz sind die daraus entstehenden **betrieblichen „Leistungen“**. Es handelt sich um die gesamte betriebliche Erzeugung von Gütern und/oder Dienstleistungen, für die Kosten entstanden sind.

Betriebliche Leistungen

> Zu den betrieblichen Leistungen gehören
>
> - alle absatzfähigen Güter und/oder Dienstleistungen (also Aufträge),
> - alle für den innerbetrieblichen Ver- oder Gebrauch erstellten Güter und/oder Dienstleistungen (also selbst erstellte Anlagen, Vorrichtungen, Werkzeuge, Privatverbrauch usw.).

Neutraler Aufwand

Aufwand und Kosten stimmen also nicht in vollem Umfange überein, da es Aufwand gibt, der nichts mit der Erstellung von Betriebsleistungen zu tun hat oder ihnen nicht oder nicht in voller Höhe zugerechnet wird. Man bezeichnet diesen Aufwand als **neutralen Aufwand**.

Zusatzkosten und Anderskosten

Weiterhin werden aber auch Kosten verrechnet, denen entweder kein Aufwand oder nicht in voller Höhe der Kosten Aufwand entspricht. Man bezeichnet diese Kosten als **Zusatzkosten** und **Anderskosten** oder zusammengefasst auch als **kalkulatorische Kosten**.

Grundkosten

Soweit sich Aufwand und Kosten decken, spricht man von **Zweckaufwand bzw. Grundkosten**.

Der neutrale Aufwand, d. h. der Aufwand, der keine Kosten darstellt, lässt sich in drei Kategorien unterteilen: betriebsfremder Aufwand, außerordentlicher Aufwand und bewertungsbedingter neutraler Aufwand.

Betriebsfremder Aufwand

- **Betriebsfremder Aufwand** liegt vor, wenn ein Wertverzehr überhaupt keine Beziehung zur betrieblichen Leistungserstellung hat.

  Beispiel: Eine Spende an das Rote Kreuz oder an eine Partei.
  Dieser Aufwand hat mit der Leistungserstellung nichts zu tun und gehört deshalb nicht in die Kostenrechnung.

Außerordentlicher Aufwand

- **Außerordentlich** ist ein **Aufwand**, wenn er zwar durch die Erstellung von Betriebsleistungen verursacht wird, aber so außergewöhnlich ist, dass er nicht direkt bzw. sofort in die Kalkulation der Selbstkosten eingerechnet werden kann. Denn sonst würden die Selbstkosten einer Periode durch zufallsbedingten Wertverzehr erhöht werden und könnten folglich weder eine sinnvolle Grundlage für die Preiskalkulation noch eine Grundlage für die Ermittlung einer konkurrenzfähigen Preisuntergrenze sein.

  Beispiele: Feuerschäden oder eine zu Bruch gegangene Maschine.

Bewertungsbedingter Aufwand

- **Bewertungsbedingter** neutraler Aufwand liegt vor, wenn einem Aufwand, der seinem Wesen nach kostengleich sein könnte, durch die Art der Verrechnung keine Kosten entsprechen. Dieser Sachverhalt ergibt sich, wenn z. B. in der Bilanz für ein Wirtschaftsgut ein höherer Abschreibungsbetrag als in der Kostenrechnung errechnet wird. Dies kann gemacht werden, weil entweder die Verteilung der Anschaffungskosten auf die Jahre der Nutzung aufgrund unterschiedlicher Zielsetzungen in der Bilanz nach einem anderen Abschreibungsverfahren als in der Kostenrechnung erfolgt oder/und die Abschreibung in der Bilanz auf der Basis der Anschaffungskosten, in der Kostenrechnung aber auf der Basis der Wiederbeschaffungskosten vorgenommen wird.

Beispiel: Würde für ein Wirtschaftsgut in einer Periode in der Bilanz eine Abschreibung von 2.400,- € und in der Kostenrechnung von 2.000,- € verrechnet, so sind aufgrund der gewählten Verrechnungsmethoden 2.000,- € Zweckaufwand und somit Grundkosten. 400,- € stellen neutralen Aufwand dar.

Die erläuterten Begriffe sind in der nachfolgendenden Abbildung dargestellt.

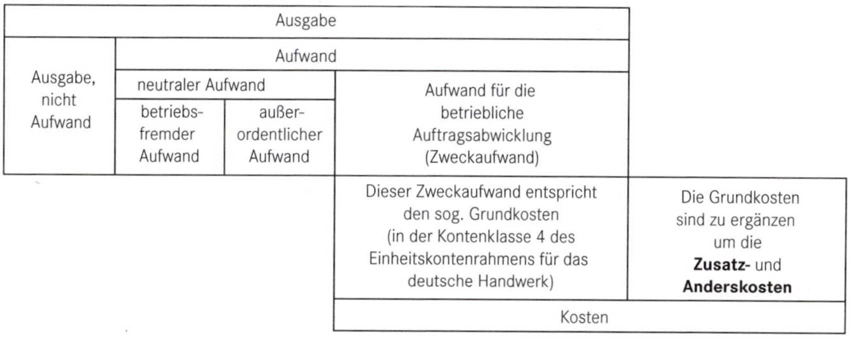

Abgrenzung von Ausgabe, Aufwand und Kosten (in Anlehnung an Schmalenbach)

1.2.3 Abgrenzung der Begriffe Einzahlung, Einnahme, Ertrag und Leistung

Einzahlung

Als **Einzahlung** bezeichnet man alle Geldeingänge im Unternehmen, d. h. also Zugang von Kassenbeständen und jederzeit verfügbarem Bankguthaben.

Einnahme

Entsprechend zur Ausgabe wird unter einer **Einnahme** jeder Zugang an flüssigen Mitteln verstanden, auch unter Einbeziehung von Kreditvorgängen, und zwar unabhängig vom Zahlungsgrund.

Einnahmen = Einzahlungen + Forderungszugang + Schuldenabgang.

Einnahmen können z. B. entstehen aus

- Geldeingängen bei Verkäufen,
- Kapitalerhöhungen, z. B. bei einer GmbH,
- der Aufnahme von Darlehen sowie
- Nebengeschäften, z. B. Mieteinnahmen.

Ertrag

Unter **Ertrag** wird in der Kosten- und Leistungsrechnung der in einer Periode erwirtschaftete Bruttowertzuwachs verstanden. Dabei bleiben die gleichzeitig entstandenen Wertverzehre unberücksichtigt.

Ertragsarten

> Bei Erträgen unterscheidet man zwischen
>
> - Zweckerträgen,
> - neutralen Erträgen und
> - Erträgen, die das Gesamtergebnis betreffen.

Zweckerträge

Zweckerträge sind Erträge, die aus Wertzuwächsen stammen, die dem Betriebszweck entsprechen. Für ihre Ermittlung gilt:

	Umsatzerlöse, die dem Betriebszweck entsprechen (Zweckumsätze)
+ / ./.	Bestandsveränderungen an unfertigen und fertigen Erzeugnissen
+	andere aktivierte Eigenleistungen des Betriebes, die dem Betriebszweck entsprechen
=	Zweckertrag (= Gesamtleistung)

Bestandsveränderungen und Eigenleistungen sind dabei grundsätzlich mit Herstellungskosten zu bewerten.

Gibt es neben den **Bestandsveränderungen** an **unfertigen** und **fertigen Erzeugnissen** keine anderen zu aktivierenden Eigenleistungen, so sind Zweckerträge und Zweckumsätze einer Periode immer dann gleich hoch, wenn genau die in der betreffenden Periode produzierten Leistungen auch verkauft worden sind. Wurde mehr produziert als verkauft (positive Bestandsveränderung), so sind die Zweckerträge um die Bestandsveränderungen höher als die Zweckumsätze. Bei negativer Bestandsveränderung wurde mehr verkauft als produziert. Die Zweckerträge sind um die Bestandsveränderungen kleiner als die Zweckumsätze.

Bei den **anderen aktivierten Eigenleistungen** handelt es sich um Leistungen, die ein Unternehmen für den eigenen Bedarf hergestellt hat. Sie sind in der Regel darauf gerichtet, dem Betriebszweck zu dienen, und gehören damit zum Zweckertrag (Gesamtleistung). Im Wesentlichen sind das selbst erstellte Anlagen sowie Großreparaturen.

Neutrale Erträge

Die **neutralen Erträge** können wie die neutralen Aufwendungen betriebsfremd, periodenfremd, außerordentlich oder rechentechnisch bedingt sein.

- **Betriebsfremde Erträge** stammen aus Tätigkeiten, die nicht zur Erfüllung des Betriebszwecks notwendig sind, ihm also nicht entsprechen.

Beispiel: Für eine Maschinenfabrik gilt das für Erträge aus der Beteiligung an einem anderen Unternehmen, Erträge aus Wertpapiergeschäften oder aus der Vermietung von Wohnungen oder Fahrzeugen.

- **Periodenfremde Erträge** sind Erträge betrieblicher Art, die nicht derjenigen Periode zugeordnet werden konnten, zu der sie wirtschaftlich gehören.
  Beispiel: Vom Finanzamt zurückgezahlte Kostensteuern aufgrund einer Betriebsprüfung.
- **Außerordentliche Erträge** sind z. B. Gewinne aus dem Verkauf von nicht mehr betriebsnotwendigen Anlagegegenständen sowie den Schaden übersteigende Zahlungen von Versicherungen.
- **Rechentechnisch bedingte neutrale Erträge** haben denselben sachlichen Hintergrund wie die entsprechenden Aufwendungen. Es handelt sich dabei um abrechnungstechnisch bedingte, fiktive Erträge, die dazu dienen, kalkulatorische Kosten in der Ertragsrechnung (Finanzbuchführung) zu neutralisieren. Einen realen Wertzuwachs gibt es dabei nicht.

Erträge, die das Gesamtergebnis betreffen

Das **Gesamtergebnis betreffende Erträge** stammen insbesondere aus der Erstattung nicht kalkulierbarer Steuern, also Rückzahlung zu viel bezahlter Körperschaftsteuer. Sie führen zu einer Erhöhung des Gesamtergebnisses in derjenigen Periode, in der sie dem Unternehmen zufließen.

Leistung

Der Begriff **Leistung** wird in der Kosten- und Leistungsrechnung unterschiedlich gebraucht. Als Leistungen werden zunächst die von einem Unternehmen hervorgebrachten, in Geldeinheiten gemessenen und dem Betriebszweck entsprechenden Erzeugnisse und/oder Dienstleistungen bezeichnet. Sofern diese Leistungen verkauft oder aktiviert werden, führen sie zu einem Wertzuwachs.

- Diejenigen Leistungen, die zu einem Wertzuwachs führen, werden unter der Bezeichnung **Grundleistung** zusammengefasst. Zweckertrag und Grundleistung sind also gleichzusetzen.
- Von **Zusatzleistungen** bzw. kalkulatorischen Leistungen wird dann gesprochen, wenn Leistungen und damit auch der durch sie repräsentierte Wert verschenkt werden, sodass weder ein Ertrag noch ein Wertzuwachs bleibt. Ein anschauliches Beispiel dafür sind Arzneimuster für Ärzte.

Leistungen in der KLR

> Für die Kosten- und Leistungsrechnung reicht diese Gliederung aber nicht aus. Es muss unterschieden werden zwischen
>
> - Hauptleistungen,
> - innerbetrieblichen Leistungen und
> - Nebenleistungen.

Haupt-leistungen

- **Hauptleistungen** sind die bewerteten, zum Verkauf bestimmten bzw. bereits verkauften Leistungen eines Unternehmens. Sie repräsentieren den Hauptteil des insgesamt erzielten Wertzuwachses.

Innerbetriebliche Leistungen

- **Innerbetriebliche Leistungen** sind Leistungen, die zur Erfüllung des Betriebszwecks für den Einsatz im eigenen Unternehmen produziert werden. Es wird deshalb auch von **Eigenleistungen** oder Wiedereinsatzleistungen gesprochen.
  Zu den zu **aktivierenden Eigenleistungen** gehören z. B. selbst erstellte Maschinen und Anlagen sowie Großreparaturen und Großwerkzeuge (z. B. Formen). Aufgrund des durch sie repräsentierten Wertzuwachses sind zu aktivierende Eigenleistungen von der Sache her den Hauptleistungen gleichzusetzen.

  Nicht aktivierbare Eigenleistungen sind z. B. interne Transportleistungen, die Erzeugung von Energie sowie kleinere, selbst durchgeführte Reparaturen. Auch Leistungen im Bereich der EDV, der Planung u. a. können hier erfasst werden. Die nicht aktivierbaren Eigenleistungen stellen keinen selbstständigen Wertzuwachs dar. Der Wert dieser Leistungen macht vielmehr einen Teil des Wertes der Hauptleistungen aus.

Neben-leistungen

- Unter dem Begriff **Nebenleistungen** werden zwei unterschiedliche Sachverhalte zusammengefasst:
  - Zum einen handelt es sich dabei um Leistungen, die ein Unternehmen für seine Kunden gewissermaßen als Ergänzung der Hauptleistungen zu erbringen hat, z. B. Verpackungs- und Transportleistungen.
  - Zum anderen werden Produkte als Nebenleistungen bezeichnet, deren Entstehung in einem technischen oder wirtschaftlichen Zusammenhang mit der Erstellung der Hauptleistung steht. Diese Nebenleistungen werden neben den Hauptleistungen am Markt angeboten. Typische Beispiele dafür sind Nebenprodukte, wie sie bei der Produktion anfallen, z. B. zu verkaufendes Brennholz als Abfall.

Nebenleistungen, die einen Erlös erbringen, gehören zu den Grundleistungen. Werden Nebenleistungen umsonst erbracht (z. B. kostenlose Verpackung oder Zufuhr), so müssen sie als Zusatzleistungen eingeordnet werden.

Schließlich werden mit dem Begriff Leistung auch noch Arbeitsergebnisse bezeichnet. In diesem Sinne wird z. B. von der **Arbeitsleistung** eines Mitarbeiters gesprochen.

Die Zusammenhänge zwischen Einnahmen, Erträgen und Leistungen sind in der nachfolgenden Abbildung dargestellt.

Abgrenzung von Einnahme, Ertrag und Leistung (in Anlehnung an Schmalenbach)

Kontrollfragen zur Kompetenzüberprüfung

Der Geschäftsführer ist vom Wissensstand des Meisterschülers überzeugt. Trotzdem stellt er ein paar Verständnisfragen, deren Antworten im obigen Kapitel nachzulesen sind.

1. Unterscheiden Sie die Begriffe „Auszahlung, Ausgabe, Aufwand und Kosten".
2. Unterscheiden Sie die Begriffe „Einzahlung, Einnahme, Ertrag und Leistung".
3. Erklären Sie anhand eines Beispiels die Sachverhalte „betriebsfremder und außerordentlicher Aufwand".
4. Begründen Sie, warum die „Tilgung eines Kredits" eine „Auszahlung", aber keine „Kosten" darstellt.
5. Erklären Sie anhand eines Beispiels aus dem Unternehmen den Sachverhalt einer „betrieblichen Leistung".
6. Was stellt betriebswirtschaftlich eine „Eigenleistung" dar?
7. Warum wird in der Kosten- und Leistungsrechnung zwischen „Zweckertrag" und „neutralem Ertrag" unterschieden?
8. Führen Sie ein Beispiel zu der Aussage „Einnahme, nicht Ertrag" an.
9. Stellen „Abschreibungen auf Sachanlagen" eine „Auszahlung" dar?
10. Was ist das Typische an den „Grundkosten"?

2. Aufgaben, Prinzipien und Aufbau der Kosten- und Leistungsrechnung

Lernziele und Kompetenzen

Geprüfte Betriebswirte/innen nach der Handwerksordnung haben einen Überblick über Aufgaben, Prinzipien und Aufbau der Kosten- und Leistungsrechnung und sind in der Lage, diese zu differenzieren nach

- Objekten,
- dem Zeitbezug,
- dem Grad der Kostennormierung,
- dem Umfang der Kostenzurechnung und
- der Zeitfolge und Häufigkeit der Rechnungen.

Die Aufgaben der Kosten- und Leistungsrechnung bestehen darin, die anfallenden Kosten vollständig und periodengerecht zu erfassen und sie den Kostenstellen und Kostenträgern so zuzuordnen, dass nicht nur das Leistungsergebnis der Periode, sondern auch das Ergebnis je Kostenträger bzw. je Kostenträgergruppe ermittelt werden kann. Die Prinzipien und der Aufbau der Kosten- und Leistungsrechnung sind zu beachten.

Handlungssituation

Handlungssituation (Fallbeispiel)

In einer mittelgroßen GmbH ist vom Organisationsaufbau ausgehend eine Gliederung der Kosten- und Leistungsrechnung nach Objekten notwendig. In einem Gespräch mit dem Controller ist dem Geschäftsführer klar, dass die Ziele der Kosten- und Leistungsrechnung nur durch einen entsprechenden Aufbau erreicht werden können.

Welche Vorschläge kann der Controller dem Geschäftsführer und den ebenfalls anwesenden zwei Meistern machen?

2.1 Aufgaben der Kosten- und Leistungsrechnung für die Unternehmensführung

Aufgaben der KLR

Es lassen sich fünf Teilaufgaben ableiten:

- **Kontrolle der Wirtschaftlichkeit** der betrieblichen Abläufe
  Die abzusetzenden Leistungen sollen nach dem Minimumprinzip hergestellt werden. Dazu ist eine ständige Beobachtung der Ursachen der Kostenentstehung und Kostenentwicklung insgesamt sowie je **Kostenart** und **Kostenstelle** notwendig.

- **Preisermittlung**
  Der Preis wird in der Realität nicht (nur) am Markt gebildet, weil die meisten Unternehmen in sog. unvollkommenen Märkten tätig sind. Damit haben sie die Möglichkeit, ihre Leistungen durch Maßnahmen der **Produktdifferenzierung und Präferenzenbildung** von vergleichbaren Erzeugnissen abzuheben und sich damit einen Spielraum für eine aktive Preispolitik zu schaffen. Eine aktive **Preispolitik** setzt aber die Kenntnis der eigenen Kostensituation und damit eine Kosten- und Leistungsrechnung voraus, die auf die Bedürfnisse des jeweiligen Unternehmens zugeschnitten ist. Dies gilt insbesondere für die Preisbildung neuer Produkte und/oder Dienstleistungen sowie bei vielen Formen der Einzelfertigung, wie sie in mittelständischen Betrieben vielfach üblich ist.
- **Preiskontrolle**
  Sinn der Preiskontrolle ist es, ein Urteil über die **Gewinnträchtigkeit** von Leistungen bei gegebenen Kosten und Preisen abgeben zu können.

  Fällt das Ergebnis dieser Prüfung bei bestimmten Leistungen auf längere Sicht gesehen negativ aus, so kann das zu einer Änderung der Angebotspalette bzw. des Produktionsprogramms führen. Dabei ist auch zu bedenken, dass für einzelne Leistungen der Fremdbezug kostengünstiger sein kann als die Eigenproduktion.
- **Erfolgsermittlung** je Abrechnungsperiode
  Die Kostenträgerzeitrechnung hat die Aufgabe, als **kurzfristige Erfolgsrechnung** Erfolg oder Misserfolg eines Unternehmens oder einzelner Leistungen oder Leistungsgruppen zu ermitteln (z. B. Monate, Vierteljahr, Jahre).
- **Informationsbeschaffung**
  Wichtig dabei ist, dass der Kostenrechnung bei der Bewertung von unfertigen und fertigen Erzeugnissen sowie anderer zu aktivierender Eigenleistungen eine hohe Bedeutung für die **Bilanzierung** nach Handels- und Steuerrecht zukommt. Außerdem kann die Kosten- und Leistungsrechnung auch für die **Finanzplanung** und **Investitionsrechnung** wertvolle Dienste leisten, und zwar insbesondere als Grundlage für die Ermittlung der mit der Leistungserstellung bzw. Investitionsdurchführung verbundenen **Ausgaben.**

2.2 Prinzipien der Kosten- und Leistungsrechnung

Prinzipien der KLR

Für die Kosten- und Leistungsrechnung haben sich im Laufe der Zeit eine Reihe von Prinzipien als Handlungsempfehlungen herausgebildet, die zwar wichtig sind, im Folgenden aber nur kurz aufgezählt werden sollen:

- Prinzip der **Wirtschaftlichkeit** bei der Ermittlung von Kosteninformationen.
  Beispiel: Die Kosten einer Informationsbeschaffung dürfen nicht höher sein als deren Nutzen.
- Prinzip der **Objektivität**, d. h. gleiche Sachverhalte müssen gleich behandelt werden.
  Beispiel: Das Gehalt eines Geschäftsführers einer GmbH und der kalkulatorische Unternehmerlohn eines OHG-Gesellschafters sollten bei gleichen Sachverhalten nicht differieren.
- Prinzip der **Vollständigkeit**, d. h. vollständige Erfassung der anfallenden Kosten.
  Beispiel: Vollständige Erfassung aller angefallenen Produktivlöhne.
- Prinzip der Ausschaltung **außergewöhnlicher Ereignisse**.
  Beispiel: Eine über die üblichen Instandhaltungskosten hinausgehende Reparatur.
- Prinzip der **Periodengerechtigkeit**, d. h. alle Kosten und Leistungen müssen in diejenige Abrechnungsperiode in die Kosten- und Leistungsrechnung eingehen, der sie wirtschaftlich zuzuordnen sind.
- **Verursachungs- und Deckungsprinzip**, d. h. die Kosten müssen entweder nach der Verursachung oder nach dem Tragfähigkeitsprinzip dem Kostenträger zugerechnet werden.
- Nach dem **Durchschnittsprinzip** sind extreme Einzelwerte durch Durchschnittswerte zu ersetzen.
- Das Prinzip der **Aktualität** verlangt, dass die Informationen aus der Kosten- und Leistungsrechnung möglichst zeitgenau sind. Dies setzt auch eine aktuelle Kostenerfassung in der Buchhaltung voraus.

2.3 Aufbau der Kosten- und Leistungsrechnung

Gliederung der KLR

Um einen Überblick über Aufbau, Formen und Gestaltungsmöglichkeiten der Kosten- und Leistungsrechnung zu erhalten, bietet sich eine Gliederung nach folgenden Merkmalen (siehe auch „Lernziele und Kompetenzen“) an:

- nach **Objekten**,
- nach dem **Zeitbezug**,
- nach dem **Grad der Kostennormierung**,
- nach dem Volumen der auf die Kostenträger zugerechneten Kosten **(Umfang der Kostenzurechnung)** und
- nach der **Zeitfolge** und der **Häufigkeit** der betreffenden Rechnungen

2.3.1 Gliederung nach Objekten: Kostenarten-, Kostenstellen- und Kostenträgerrechnung

Gliederung nach Objekten

> Die Gliederung nach Objekten knüpft am logischen Aufbau der Kosten- und Leistungsrechnung an:
>
> - Welche Kosten sind entstanden **(Kostenartenrechnung)**?
> - Wo sind die Kosten entstanden **(Kostenstellenrechnung)**?
> - Wofür sind die Kosten entstanden, bzw. welche Leistung muss/kann welche Kosten tragen **(Kostenträgerrechnung)**?

Kostenarten und Kostenartenrechnung

Als **Kostenarten** werden die unterschiedlichen Formen des betrieblichen Verbrauchs bezeichnet (z. B. Löhne und Gehälter oder Material- und Energieverbrauch). Der Begriff **Kostenartenrechnung** steht für die erste Stufe der Kosten- und Leistungsrechnung, nämlich für die nach Kostenarten gegliederte, also geordnete zeitnahe Erfassung des betrieblichen Wertverzehrs einer Abrechnungsperiode.

Kostenstellen und Kostenstellenrechnung

Als **Kostenstellen** werden diejenigen organisatorisch abgegrenzten Bereiche eines Unternehmens bezeichnet, in denen Kosten anfallen. Da solche Bereiche in jedem Unternehmen in Form von Abteilungen, Unterabteilungen etc. bereits bestehen, ist es aus Gründen der Übersichtlichkeit und Wirtschaftlichkeit sinnvoll, sich bei der Kostenstellenbildung an der Aufbauorganisation zu orientieren.

Beispiel:
Kostenstellen können z. B. folgende betriebliche Teilbereiche sein: Geschäftsleitung oder Verwaltung, Verkauf, Einkauf, Fertiglager, Formerei, Gießerei und Gussputzerei, aber auch Reparatur, Service und Verkauf bei Kfz-Betrieben.

Die Aufgabe der **Kostenstellenrechnung** ist es, jeder Kostenstelle möglichst genau diejenigen Kosten zuzurechnen, die in ihr entstanden sind.

Kostenträger und Kostenträgerrechnung

Kostenträger sind die von einem Unternehmen hervorgebrachten, dem Betriebszweck entsprechenden Güter und/oder Dienstleistungen. Sie haben letztlich die ihnen zuzurechnenden Kosten zu „tragen". Entsprechend der Gliederung der betrieblichen Leistungen werden bei den Kostenträgern Hauptkostenträger, Hilfskostenträger und Nebenkostenträger unterschieden. Dabei entsprechen die Hauptkostenträger den Hauptleistungen, die Hilfskostenträger den nicht aktivierbaren innerbetrieblichen Leistungen und die Nebenkostenträger den Nebenleistungen.

Die Beantwortung der Frage, welche Kosten für bestimmte Kostenträger oder für bestimmte Kostenträgergruppen angefallen sind, ist Aufgabe der **Kostenträgerrechnung**. Dabei ist zwischen der **Kostenträgerstückrechnung** (Kalkulation) und der **Kostenträgerzeitrechnung** (Ergebnisrechnung) zu unterscheiden.

> Zweck der **Kostenträgerstückrechnung** ist es, die auf eine Einzelleistung oder auf eine Summe gleicher Einzelleistungen zuzurechnenden (entfallenden) Kosten zu ermitteln. Durch die **Kostenträgerzeitrechnung** soll das Leistungsergebnis für einzelne Abrechnungsperioden ermittelt werden, und zwar nicht nur insgesamt, sondern auch für einzelne Kostenträger und Kostenträgergruppen. Besonders geeignet ist die Kostenträgerzeitrechnung für kurzfristige (monatliche, vierteljährliche) Erfolgsrechnungen (vgl. dazu auch Abschnitt 6.2 und Kapitel 9).

2.3.2 Gliederung nach dem Zeitbezug: Vor-, Nach-, Zwischen- und auftragsbegleitende Kalkulation

Gliederung nach dem Zeitbezug

Vorkalkulationen (oder Angebotskalkulationen) sind Rechnungen, die der Leistungserstellung vorausgehen.

Vorkalkulation

> Zweck der Vorkalkulation ist es, die voraussichtlichen Kosten einer in Aussicht genommenen Leistung zu bestimmen. Besonders wichtig ist die Vorkalkulation immer dann, wenn aufgrund einer Anfrage oder einer Ausschreibung ein Angebot abgegeben werden soll.

Bei der **Nachkalkulation** handelt es sich um eine nachträglich (d.h. nach Beendigung einer bestimmten Leistung) durchzuführende Rechnung.

Nachkalkulation

> Die Nachkalkulation soll die einem Kostenträger oder einer Kostenträgergruppe tatsächlich zuzurechnenden Kosten ermitteln und damit die Möglichkeit eines Soll-Ist-Vergleichs auf der Grundlage der Vorkalkulation eröffnen.

Zwischenkalkulation

Zwischenkalkulationen sind bei Projekten mit langer Abwicklungsdauer (z.B. Schiffsbau, Bau von Schwermaschinen, große Bauaufträge) notwendig, und zwar einerseits für Bilanzierungszwecke und andererseits, um dadurch neue Erkenntnisse für die weiteren Dispositionen zu gewinnen und eventuelle Überschreitungen des Voranschlags möglichst gering zu halten bzw. zu korrigieren. Die Zwischenkalkulationen sollten durchgeführt werden, wenn bestimmte, im Voraus festzulegende Teilleistungen abgeschlossen sind.

Auftragsbegleitende Kalkulation

Die **auftragsbegleitende Kalkulation** (Synchronkalkulation) ist von der Sache her eine Nachkalkulation, die sich dadurch auszeichnet, dass sie parallel zum Produktions- bzw. Auftragsfortschritt durchgeführt wird. Voraussetzung dafür sind entsprechend ausgebaute Systeme der Betriebsdatenerfassung und Datenverarbeitung. Es gibt dazu branchenspezifische Programme, die ständige Kostenkontrollen für das Unternehmen und damit Steuerungsmöglichkeiten im Sinne eines Projektcontrollings zulassen.

Target Costing

Die **Zielkostenrechnung** (auch retrograde Kalkulation oder **Target Costing**) ist eine kundenorientierte, aus Japan stammende Kostenrechnungsmethode, die vor allem eine strategische Entscheidungshilfe auf wettbewerbsintensiven Märkten darstellt. Die Zielkostenrechnung beantwortet die Frage „Was darf ein Produkt kosten?" anhand einer retrograden Kalkulation. Dabei ist es notwendig, einen „wettbewerbsfähigen Marktpreis" (Target Price) und die Produktpräferenzen potenzieller Kunden zu ermitteln.

2.3.3 Gliederung nach dem Grad der Kostennormierung: Ist-, Normal- und Plankostenrechnung

Istkostenrechnung

In einer reinen **Istkostenrechnung** müsste ausschließlich mit den effektiv angefallenen Kosten (Istpreise × Istmenge) gearbeitet werden. Das ist aufgrund der für jede Kostenrechnung unabdingbaren zeitlichen Abgrenzung bestimmter Kostenarten (z. B. Versicherungsprämien und kalkulatorische Zinsen) aber nicht sinnvoll, sodass es eine reine Istkostenrechnung gar nicht geben kann. Eine den Erfordernissen der zeitlichen Abgrenzung angepasste (bereinigte) Istkostenrechnung kann aber durchaus für Zwecke der **Nachkalkulation** interessant sein.

Normalkostenrechnung

Unter der **Normalkostenrechnung** werden verschiedene Formen der Kosten- und Leistungsrechnung zusammengefasst, die sich durch unterschiedliche Grade der Kostennormierung unterscheiden.

- In der einfachsten Form werden die als „normal" bezeichneten Kosten als Durchschnittswerte (sogenannte **statistische Mittelwerte**) der Istkosten vergangener Perioden definiert, wobei von einer als „normal" betrachteten Beschäftigung ausgegangen werden sollte. Diese Vorgehensweise ist als problematisch anzusehen, weil sie unterstellt, dass die in der Vergangenheit maßgeblichen Kosteneinflussgrößen auch für die Zukunft bestimmend sein werden.
- In einer weiterentwickelten Form der Normalkostenrechnung wird deshalb versucht, bei der Festsetzung der Normalkosten aktuelle bzw. zukünftige Kostenbestimmungsfaktoren (z. B. Lohn- oder Verfahrensänderungen) bereits zu berücksichtigen, also mit **aktualisierten Mittelwerten** zu arbeiten. Durch den Vergleich von Normalkosten (Vorkalkulation) mit bereinigten Istkosten (Nachkalkulation) ermöglicht die Normalkostenrechnung die Ermittlung von Über- und Unterdeckungen und damit auch eine **Abweichungs- und Ursachenanalyse**.

Plankostenrechnung

- Der höchste Grad der Kostennormierung wird in der **Plankostenrechnung** erreicht. Die Kostenvorgaben in Form der Plankosten beruhen hier nicht mehr primär auf Vergangenheitswerten, sondern auf Mengengrößen (Planmengen), die mithilfe technischer Berechnungen und Verbrauchsstudien ermittelt und mit geplanten Preisen (Planpreisen) bewertet werden. Außerdem wird bei der Festlegung der Plankosten von einer als planmäßig definierten Beschäftigung ausgegangen. Durch die Anpassung der (flexibel gehaltenen) Plankosten an Beschäftigungsschwankungen ermöglicht die (flexible) Form der Plankostenrechnung einen Soll-Ist-Vergleich, bei der die Istgrößen an vorher definierten, technisch bestimmten Sollwerten gemessen werden.

Zwischen den geplanten und den tatsächlich angefallenen Kosten müssen zwangsläufig immer dann Differenzen auftreten,

- wenn die tatsächlich zu bezahlenden Einstandspreise nicht mit den geplanten Preisen übereinstimmen (Preisabweichungen),
- wenn Plan- bzw. Soll-Verbrauchsmengen und Ist-Verbrauchsmengen verschieden hoch sind (Verbrauchsabweichungen),
- wenn der tatsächliche Beschäftigungsgrad nicht mit dem Planwert übereinstimmt (Beschäftigungsabweichung).

Preisabweichungen

Zur Ermittlung der **Preisabweichungen** ist den Istkosten der Wert gegenüberzustellen, der sich ergibt, wenn die betreffenden Wertverzehre mit den **Planpreisen** (Istmenge × Planpreis) bewertet werden. Diese Größe wird (logisch nicht ganz einwandfrei) als Istkosten zu Planpreisen bezeichnet. Es gilt also:

Preisabweichung = Istkosten zu Planpreisen ./. Istkosten

Verbrauchsabweichungen

Verbrauchsabweichungen ergeben sich, wenn die für ein bestimmtes Leistungsvolumen geplanten Mengenverbräuche (Sollmengen) nicht mit den tatsächlich angefallenen Faktoreinsatzmengen (Istmengen) übereinstimmen. Da Unterschiede zwischen Planpreisen und Istpreisen bereits mit den Preisabweichungen erfasst werden, sind die Mengenabweichungen zu Planpreisen zu bewerten, sodass sich folgende Formel ergibt:

Verbrauchsabweichung = Sollkosten ./. Istkosten zu Planpreisen

Aus den Formeln für die Preis- und Verbrauchsabweichung folgt:

Sollkosten ./. (Preisabweichung + Verbrauchsabweichung) = Istkosten zu Istpreisen

Die **Beschäftigungsabweichung** misst die Differenz zwischen den geplanten Managementkosten und der Summe der eingespielten Soll-Deckungsbeiträge. Wie sich aus der Formel für den Verrechnungssatz für Soll-Deckungsbeiträge ergibt, wird der pro Beschäftigungsstunde zu verrechnende Soll-Deckungsbeitrag auf Basis der Planstunden ermittelt. Die geplanten Managementkosten können also nur dann genau erwirtschaftet werden, wenn die Planbeschäftigung erreicht wird. Somit gilt:

Beschäftigungsabweichung

Beschäftigungsabweichung = verrechnete Soll-Deckungsbeiträge ./. geplante Managementkosten

oder

Beschäftigungsabweichung = verrechnete Plankosten ./. Sollkosten
Verrechnete Plankosten = Gesamt-Plankostensatz × Iststunden

2.3.4 Gliederung nach dem verrechneten Volumen der Kosten auf den Kostenträger: Voll- und Teilkostenrechnung

Vollkostenrechnung

Von einer **Vollkostenrechnung** wird dann gesprochen, wenn grundsätzlich alle anfallenden Kosten auf die Kostenträger zugerechnet werden, die die Kosten auch verursacht haben.

Teilkostenrechnung

Bei der **Teilkostenrechnung** wird den Kostenträgern dagegen nur ein bestimmter Teil der angefallenen Kosten zugeordnet (zugerechnet).

Die restlichen Kosten werden erst bei der Ermittlung des Leistungsergebnisses berücksichtigt. Um Missverständnisse zu vermeiden, ist hier ausdrücklich festzuhalten, dass auch bei der Teilkostenrechnung nicht auf die vollständige Erfassung aller Kosten in der Kostenstellenrechnung verzichtet werden kann. Die Unterscheidung zwischen Voll- und Teilkostenrechnung bezieht sich also nur auf die Kostenträgerrechnung. In der Regel werden Teilkostenrechnungen in der Form einer Deckungsbeitragsrechnung aufgemacht (vgl. dazu Kapitel 10).

Parallelkalkulation

Wird parallel für ein und dasselbe Objekt sowohl eine Vollkostenrechnung als auch eine Teilkostenrechnung erstellt, so wird vielfach von einer **Parallelkalkulation** gesprochen.

Werden beide Rechnungen unmittelbar in einer Gesamtrechnung miteinander kombiniert, kann von einer kombinierten **Teil- (oder Grenz-) und Vollkostenrechnung** gesprochen werden. Die Übergänge zwischen beiden Bezeichnungen sind allerdings fließend.

2.3.5 Gliederung nach der Zeitfolge

Gliederung nach der Zeitfolge

Die Kostenarten-, Kostenstellen- und die Kostenträgerzeitrechnung sollten in regelmäßigen Abständen (monatlich, vierteljährlich, jährlich) durchgeführt werden. **Zeitfolge** und **Häufigkeit** der Kalkulation sind dagegen insbesondere vom Produktionsprogramm und der Fertigungsorganisation (z. B. Einzelfertigung, Fließfertigung) abhängig.

Bei der für viele mittelständische Betriebe typischen Einzelfertigung muss etwa aufgrund von Anfragen und nach der Abwicklung eines Auftrages kalkuliert werden. Wird durch Fließfertigung für den anonymen Markt produziert, ist eine Kalkulation insbesondere bei Einführung neuer Produkte erforderlich. Ansonsten müssen die Kosten der Produktion fortlaufend überwacht werden, um über Wirtschaftlichkeit und Rentabilität des Produktionsprogramms informiert zu sein.

2.3.6 Gliederung nach der Prozessfolge: Prozesskostenrechnung

Prozesskostenrechnung

Die **Prozesskostenrechnung** stellt einen Ansatz dar, mit dessen Hilfe die Kosten der indirekten Unternehmensbereiche (oder die Kosten eines Dienstleistungsunternehmens) besser geplant und gesteuert bzw. auf die Produkte oder Leistungen zugerechnet werden können. Die in den Kostenstellen des Unternehmens abgewickelten Aufgaben werden in prozessbezogene Aktivitäten zerlegt. Diesen Aktivitäten werden die Kosten in Abhängigkeit von sogenannten Kostentreibern (Costdrivers) zugeordnet und daraus Prozesskostensätze ermittelt. Mithilfe der Prozesskostensätze werden die prozessbezogenen Gemeinkosten auf die Produkte bzw. Leistungen zugerechnet.

So können z. B. bei der Tätigkeitsanalyse des Hauptprozesses „Materialbeschaffung" folgende Teilprozesse anfallen:

- Angebote vergleichen
- Bestellungen durchführen
- Waren annehmen
- Material lagern.

Die „Costdrivers" dazu können sein:

- Anzahl der Angebote
- Anzahl der Bestellungen
- Anzahl der Lieferungen
- Anzahl der einzulagernden Teile.

Kontrollfragen zur Kompetenzüberprüfung

Zur Überprüfung der vom Kalkulator gemachten Vorschläge stellt der Geschäftsführer ein paar Kontrollfragen an seine zwei Meister.

1. Auf welche Fragen geben die Kostenarten-, Kostenstellen- und Kostenträgerrechnung eine Antwort?
2. Die Kostenträgerrechnung gliedert sich in zwei wichtige Bereiche. Welche sind dies?
3. Kosten können nach dem Grad der Kostennormierung unterteilt werden. Wie sieht dieser Unterteilung aus?
4. Eine regelmäßige Überwachung der Kosten ist von Vorteil. Welche Vorteile sehen Sie?
5. Eine Kalkulation kann zu unterschiedlichen Zeitpunkten erfolgen. Welche Zeitpunkte bieten sich an?
6. In der Prozesskostenrechnung spricht man von Kostentreibern (Costdrivers). Was versteht man darunter, und welche Bedeutung haben sie?
7. Ein Vergleich von Plan- und Istkosten führt meistens zu Abweichungen. Welche Gründe für die Abweichungen können vorliegen?
8. Eine Abweichung ist die Beschäftigungsabweichung. Beschreiben Sie Sachverhalt und Wirkung.
9. Was versteht man unter einer „Parallelkalkulation“, und welchen Vorteil sehen Sie?
10. In welchen Situationen ist eine Zielkostenrechnung (Target Costing) besonders hilfreich?

3. Kostenarten und Kostenartenrechnung

Lernziele und Kompetenzen

Geprüfte Betriebswirte/innen nach der Handwerksordnung kennen den Aufbau der Kosten- und Leistungsrechnung und ihre Bedeutung für unternehmerische Entscheidungen.

Ein weiterer wichtiger Sachverhalt ist die Kenntnis über die verschiedenen Einteilungsmöglichkeiten der Kostenarten und deren Erfassung in der Kostenartenrechnung, um Informationen für die Kostenplanung und Kostenkontrolle zu erhalten.

Handlungssituation

Handlungssituation (Fallbeispiel)

In einem Gespräch wird dem Inhaber eines Holzbaubetriebs vom Meister eine Reihe von Kostenarten genannt, die seiner Meinung nach in der Kalkulation für die Renovierung eines Daches nicht in voller Höhe berücksichtigt worden sind. Er nennt in einem Atemzug das Fertigungsmaterial, die Abschreibungen, die kalkulatorischen Zinsen als direkt dem Auftrag zurechenbare Kosten und die Löhne der zwei Zimmerergesellen als viel zu hohe Gemeinkosten.

Der Inhaber des Holzbaubetriebes ist über diese Aussagen erstaunt und empfiehlt dem Meister, das nachfolgende Kapitel „Kostenarten und Kostenartenrechnung" durchzuarbeiten und bei Fragen auf ihn zuzukommen. Der Meister willigt widerwillig ein.

Es tauchen die **Fragen** auf, ob alle Kostenarten einem Auftrag direkt zuzurechnen sind, und wenn nein, wie eine Zurechnung der nicht direkt zurechenbaren - also der Gemeinkosten - möglichst verursachungsgerecht erfolgen kann. Oder sollten gar die nicht zurechenbaren Kosten unberücksichtigt bleiben? Das würde die Kalkulation wesentlich vereinfachen.

3.1 Aufgaben der Kostenartenrechnung

Kostenartenrechnung

Die Kostenartenrechnung hat die Aufgabe, den mengen- und wertmäßigen Verzehr an Stoffen, Rechten, Kräften und Nutzungen für die betriebliche Leistungserstellung an den Entstehungsstellen zu erfassen und in der Buchhaltung festzuhalten.

Für die Erfassung der Kosten ist es zunächst wichtig, nach welchen Gesichtspunkten Kosten eingeteilt werden können.

3.2 Einteilungsmöglichkeiten der Kostenarten

Aus einer Reihe von Einteilungsmöglichkeiten sollen vier Alternativen erläutert werden:

- nach der Entstehung
- nach der Verrechnung bzw. Zurechnung
- nach der Abhängigkeit vom Beschäftigungsgrad und
- nach der Ausgaben- bzw. Auszahlungswirksamkeit.

3.2.1 Einteilung der Kosten nach der Entstehung

Nach der Entstehung lassen sich die Kosten (beispielhaft) einteilen in:

- Stoff- oder Materialkosten
- Arbeitskosten
- Anlagekosten
- Kapitalkosten
- Fremdleistungskosten
- Kosten der menschlichen Gesellschaft (z. B. Steuern).

Stoffkosten oder Materialkosten

Stoffkosten oder Materialkosten

Stoff- oder Materialkosten entstehen in allen Betriebstypen der Wirtschaft. Ihre Bedeutung für die einzelnen Zweige ist aber wegen des Anteils an den Gesamtkosten unterschiedlich. Im Fertigungsbetrieb fallen Kosten für Roh-, Hilfs- und Betriebsstoffverbrauch sowie Kosten für bezogene Fertig- oder Halbfertigteile in teilweise erheblichem Umfang an.

Arbeitskosten

Arbeitskosten

Arbeitskosten sind Kosten, die durch den Einsatz von Arbeitskräften entstehen. Sie gliedern sich in:

- Löhne und Gehälter einschließlich aller Familien-, Gefahren-, Schmutz-, Sonntags-, Feiertags- und Nachtzuschläge (produktive und unproduktive Arbeitskosten)
- Sozialkosten
  - gesetzliche soziale Abgaben (Arbeitgeberbeiträge zur Sozialversicherung, Krankengeldzuschüsse)
  - freiwillige soziale Aufwendungen (Jubiläumsgaben, Zuschüsse zur Verpflegung)
- sonstige Personalkosten (Stellenausschreibungen, Vorstellungskosten, Umzugskosten)
- kalkulatorischer Unternehmerlohn bei Personengesellschaften.

Anlagekosten und Abschreibungen

Anlagekosten

Anlagekosten sind Kosten, die durch das Anlagevermögen bedingt sind, insbesondere durch die Instandhaltung und Abnutzung. Die Instandhaltung verursacht Stoff- oder Material-, Arbeits- und Fremdleistungskosten. Die Abnutzung wird in den Abschreibungen erfasst.

Abschreibung

> Unter **Abschreibung** versteht man den auf eine Wirtschaftsperiode entfallenden Aufwand, der durch den Einsatz solcher Vermögenswerte entsteht, deren betriebsgewöhnliche Nutzungsdauer sich über mehrere Perioden erstreckt.

Abschreibungen sind insoweit Kosten, als die Vermögensminderung durch die normale betriebliche Inanspruchnahme sowie durch voraussehbare wirtschaftliche Entwertung verursacht wird.

Die Abschreibung kann verursacht werden durch

- Abnutzung (betriebsbedingter Verbrauch),
- Substanzverringerung (betriebsbedingter Verbrauch bei Abbaubetrieben wie Steinbruch usw.),
- wirtschaftliche Überholung (technischer Fortschritt, veränderte Absatzverhältnisse),
- Preisschwankungen auf dem Markt (Preisrückgang für Anlagegüter),
- Zeitablauf bei befristeten Rechten (Konzessionen, Patente),
- Missverhältnisse zwischen Buchwert und Ertragswert (Abschreibung auf Rentabilitätsbasis im Zusammenhang mit Sanierungen) sowie
- bilanz- und finanzpolitische Zielsetzungen (Problem der stillen Reserven).

Arten der Abschreibung

Die **Arten der Abschreibung** können bestimmt werden:

- **nach dem Zweck**
  - Die **bilanzmäßige** (bilanzielle oder steuerlich zulässige) Abschreibung ermittelt die Buch- und Bilanzwerte und ist in der GuV-Rechnung festgehalten.
  - Die **kalkulatorische** Abschreibung soll die Erfassung der einsatzbedingten Wertminderung, die Einbeziehung des Wertverzehrs in die Selbstkosten, den Einsatz der Abschreibung im Erlös sowie die Ersatzbeschaffung sichern. Basis für die Ermittlung sind die sog. **Wiederbeschaffungskosten** und möglicherweise eine andere Nutzungsdauer als bei der bilanziellen Abschreibung.
- **nach der Zahl und Art der abzuschreibenden Gegenstände**
  - Einzelabschreibung eines einzelnen Vermögensgegenstandes
  - Serienabschreibung bei gleichartigen Gütern
  - Pauschalabschreibung. Sie erstreckt sich auf eine Gesamtheit verschiedenartiger Güter.

- **nach der Regelmäßigkeit der Abschreibung**
  - Ordentliche (planmäßige) Abschreibung, z. B. normale Abnutzung einer Maschine nach einem Abschreibungsplan.
  - Außerordentliche (außerplanmäßige) Abschreibung, z. B. Abschreibung wegen technischen Fortschritts oder wegen Überbeanspruchung.
- **nach dem Abschreibungsgrundwert**
  - Abschreibung vom Anschaffungs- oder Herstellungswert (-kosten).
  - Abschreibung vom Buchwert (Abschreibungsrestwert).
  - Abschreibung vom Tages- oder Wiederbeschaffungswert. Bei dieser Art sollen die über die Erlöse angesammelten Abschreibungsbeträge die Ersatzbeschaffung eines gleichartigen Gegenstandes sichern (vgl. dazu kalkulatorische Abschreibung).
- **nach der Buchungstechnik**
  - Direkte Abschreibung mit jeweiligem Ausweis der Buchwerte in der Bilanz.
  - Indirekte Abschreibung mit Ausweis des Anschaffungs- oder Herstellungswertes auf der Aktivseite sowie der Wertberichtigung als Korrekturposten auf der Passivseite der Bilanz. Nach den Vorschriften des HGB (Stand 2018) ist diese Methode nur noch bei Personengesellschaften anwendbar.
- **nach dem Abschreibungsverlauf**
  - **Konstante (lineare)** Abschreibung. Bei ihr bleiben die Abschreibungsbeträge jährlich gleich.

    Berechnung:

    $$\textbf{Abschreibungsbetrag pro Periode} = \frac{\text{Anschaffungs- oder Herstellungsaufwand (-kosten) gem. HGB}}{\text{Gesamtnutzungsdauer}}$$

  - Degressive Abschreibung. Bei ihr werden die Abschreibungsbeträge jährlich kleiner. Es gibt zwei Ausprägungsformen, wobei deren Anwendung durch gesetzliche Vorschriften immer wieder geändert wird.

    Bei der **arithmetisch-degressiven** (digitalen) Abschreibung wird der Anschaffungswert durch die Summe 1 + 2 + 3 + ... n dividiert, wobei n die Nutzungsdauer ist. Der ermittelte Quotient wird mit dem entsprechenden Jahresfaktor (1 + Restnutzungsdauer) vervielfacht.

Berechnung:

$$\text{Abschreibungsbetrag} = \frac{\text{Anschaffungswert}}{(1 + 2 + 3 + \ldots n)} \times (1 + \text{Restnutzungsdauer})$$

Beispiel:

Anschaffungswert: 30.000,- €
Gesamtnutzungsdauer: 5 Jahre

$$\frac{30.000,-€}{(1 + 2 + 3 + 4 + 5)} = \frac{30.000,-€}{15} = 2.000,-€$$

Abschreibungsbetrag in (€):

im 1. Jahr:	5 × 2.000,- € =	10.000,- €
im 2. Jahr:	4 × 2.000,- € =	8.000,- €
im 3. Jahr:	3 × 2.000,- € =	6.000,- €
im 4. Jahr:	2 × 2.000,- € =	4.000,- €
im 5. Jahr:	1 × 2.000,- € =	2.000,- €
		30.000,- €

Bei der **geometrisch-degressiven** Abschreibung erfolgt die Abschreibung vom Buchwert bei gleichem Abschreibungssatz. Das Abschreibungsverfahren führt theoretisch nie zum Restwert 0 (unendliche Abschreibung). Es hat daher nur einen Sinn, wenn ein Restwert etwa in Höhe des Schrottwertes verbleibt. Ein Übergang zur linearen Abschreibung ist möglich.

Hinweis: Auch wenn die degressive AfA aktuell nicht mehr zulässig ist, so kann diese Form der Abschreibung jedoch jederzeit steuerrechtlich wieder zulässig werden. Handelsrechtlich kann die degressive Art nach wie vor verwendet werden (siehe auch Teil I, Abschnitt 3.4.1.2).

- **Progressive** Abschreibung. Bei ihr werden die Abschreibungsbeträge jährlich größer. Auch hier unterscheidet man die arithmetische und die geometrische Form.
- Abschreibung nach der **Beanspruchung oder Leistung**. Der Abschreibungsbetrag richtet sich nach dem Ausmaß der Beanspruchung (Betriebsstunden, Fahrtkilometer) oder den erzeugten Produktionseinheiten einer Leistungsperiode.

Berechnung:

Abschreibungsbetrag pro Periode =

$$\frac{\text{Anschaffungswert} \times \text{geplante jährliche Betriebsstunden}}{\text{geplante Betriebsstunden während der Nutzungsdauer}}$$

- **Abschreibung für Substanzverringerung**. Der Abschreibungsbetrag richtet sich nach dem Substanzabbau (z. B. Bergbau) der Rechnungsperiode. Daraus ergibt sich folgender Abschreibungsbetrag:

$$\textbf{Abschreibungsbetrag pro Periode} = \frac{\text{Anschaffungswert} \times \text{jährlicher Substanzverbrauch}}{\text{Gesamtsubstanz}}$$

Kapitalkosten

Kapitalkosten

Die Berechnung der Zinsen für das im Unternehmen „arbeitende" Kapital sowie die Ermittlung der Wagniskosten für das betriebsbedingte Kapital wird im Rahmen der „kalkulatorischen Zinsen" und „kalkulatorischen Wagnisse" aufgezeigt.

Fremdleistungskosten

Fremdleistungskosten

Fremdleistungskosten entstehen durch die Inanspruchnahme von Leistungen fremder Betriebe in Form von

- Transportkosten, Gebühren für Nachrichtenübermittlung
- Miet- und Pachtkosten
- Kosten für Strom, Gas, Wasser aus fremden Betrieben
- Reparaturkosten und Instandsetzungen durch fremde Betriebe usw.

Kosten der menschlichen Gesellschaft

Steuern und Abgaben

Hier handelt es sich um Steuern und Abgaben, die der Staat, also Bund, Länder und Gemeinden, zur Erfüllung seiner Aufgaben benötigt. Inwieweit Steuern bei den Betrieben als Kosten angesehen werden können, ergibt sich aus den einzelnen Steuergesetzen und ist von der Steuerart abhängig (Kostensteuern). Vom Gewinn abhängige Steuern (z. B. Körperschaftsteuer) stellen keine Kosten dar.

3.2.2 Einteilung der Kosten nach der Verrechnung bzw. Zurechnung

Folgende Einteilung ist üblich:

- **Einzelkosten** oder direkt dem Auftrag oder dem Erzeugnis (Dienstleistung) zurechenbare Kosten, z. B. Fertigungsmaterial oder Fertigungslöhne.
- **Gemeinkosten** oder nicht direkt dem Auftrag oder dem Erzeugnis (Dienstleistung) zurechenbare Kosten, z. B. Verwaltungs- und Vertriebskosten.
- Sonderkosten in Form von Sondereinzelkosten, die dem Auftrag oder dem Erzeugnis (Dienstleistung) direkt zurechenbar sind, z. B. **Sondereinzelkosten** der Fertigung in Form von Spezialwerkzeugen oder Sondereinzelkosten des Vertriebs in Form von Spezialverpackungsmaterial für einen Auftrag.

Einzelkosten

Gemeinkosten

Sondereinzelkosten

Diese Einteilung wird bei der Zuschlagskalkulation (einfach und differenziert) berücksichtigt.

3.2.3 Einteilung der Kosten nach der Abhängigkeit vom Beschäftigungsgrad

Variable Kosten

Fixe Kosten

Folgende Einteilung ist üblich:

- **variable** oder sich mit dem Beschäftigungsgrad **verändernde Kosten**, sog. beschäftigungsvariable Kosten
- **fixe** oder sich mit dem Beschäftigungsgrad (z. B. Produktionsmenge) **nicht verändernde Kosten**, sog. beschäftigungsfixe Kosten.

Variable Kosten können in verschiedenen Formen auftreten. Man unterscheidet bei den variablen Kosten in

- proportionale,
- unterproportionale und
- überproportionale Kosten.

Proportionale Kosten verändern sich in gleichem Maße wie die Produktionsmenge, unterproportionale Kosten nehmen weniger, überproportionale Kosten nehmen mehr als die Produktionsmenge zu.

Im Folgenden soll ein Beispiel für proportionale Kosten gezeigt werden.

Beispiel:
Für die Herstellung eines Erzeugnisses wird u. a. ein Schalter im Wert von 10,- € verwendet. Bei unterschiedlichen Produktionsmengen ergeben sich folgende Materialkosten (ohne Berücksichtigung eines eventuellen Rabatts):

Produktionsmenge in Stück	**Kosten in €**	
	je Stück	insgesamt
0	0,-	0,-
100	10,-	1.000,-
200	10,-	2.000,-
300	10,-	3.000,-
400	10,-	4.000,-
500	10,-	5.000,-
600	10,-	6.000,-

Variable (hier: proportionale) Kosten

Grafisch sind die Zusammenhänge in der nachfolgenden Abbildung dargestellt.

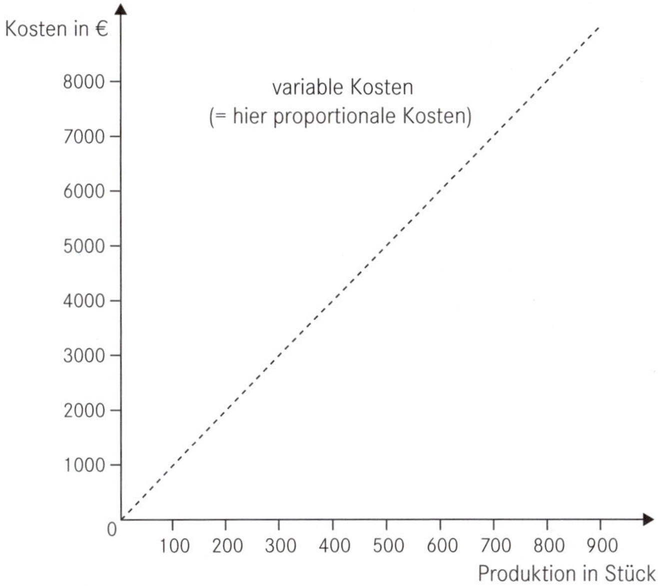

Der Verlauf variabler (hier: proportionaler) Kosten

> **Fixe Kosten** sind solche Kosten, die in der jeweiligen Abrechnungsperiode (z. B. 1 Jahr) in annähernd gleicher Höhe unabhängig von der Produktionsmenge anfallen.

Beispiel:

Das Material für ein Produkt wird u. a. auf einer Drehbank bearbeitet. Die Abnutzung (Abschreibung) pro Zeiteinheit (z. B. ein Monat) für diese Maschine beträgt 1.000,- €. Wenn dieser Betrag gleichmäßig auf die hergestellte Erzeugnismenge verteilt wird, ergibt sich folgende Auswirkung auf die Kosten pro Mengeneinheit, wobei die Kapazitätsgrenze bei 900 Stück liegen soll (siehe nachfolgende Tabelle).

Produktionsmenge in Stück	**Fixe Kosten in €**	
	insgesamt	je Stück
0	1.000,-	0,-
100	1.000,-	10,00
200	1.000,-	5,00
300	1.000,-	3,33
400	1.000,-	2,50
500	1.000,-	2,00

Produktionsmenge in Stück	Fixe Kosten in €	
	insgesamt	je Stück
600	1.000,-	1,67
...	...	...
...	...	...
900	1.000,-	1,11

Fixe Kosten bei unterschiedlicher Produktionsmenge (sog. degressive Kosten)

Grafisch sind die Zusammenhänge in der nachfolgenden Abbildung dargestellt.

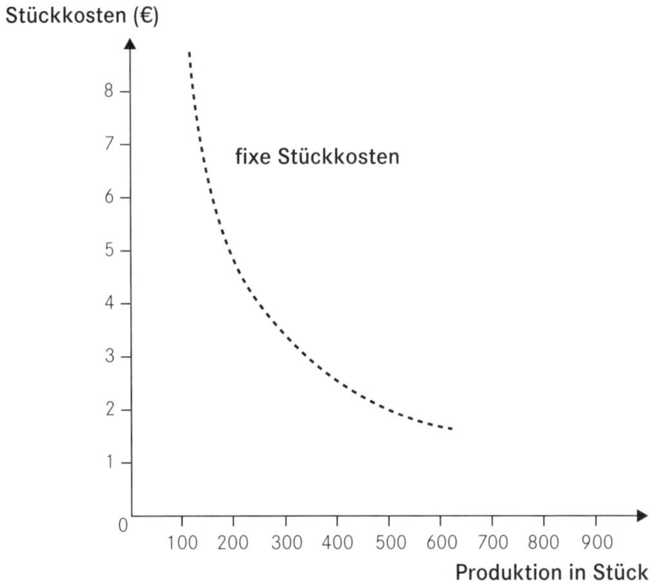

Verlauf der Fixkosten, bezogen auf die Produktion (in Stück) (fixe Stückkosten oder degressive Kosten)

> Fixkosten müssen im Unternehmen besonders intensiv beobachtet werden, weil sie sich nur durch Entscheidungen, z. B. Abbau von Fertigungskapazitäten oder organisatorische Änderungen senken lassen.

Stufenfixe oder sprungfixe Kosten

Stufenfixe oder sprungfixe Kosten entstehen, wenn sich im Rahmen der vorhandenen Kapazität bestimmte Fixkosten (z. B. Gehälter) durch Neueinstellung einer weiteren Person erhöhen und dann wieder bis zu einem bestimmten Beschäftigungsgrad fix bleiben.

Bei rückläufiger Beschäftigung kommt es häufig vor, dass vor allem die sprungfixen Kosten auf ihrem bisherigen Niveau bleiben und nicht den vermuteten Sprung nach „unten" machen. Man spricht von der **Kostenremanenz**, weil erhöhte Kapazitäten (Maschinen und/oder Personal) nicht sofort abgebaut werden können.

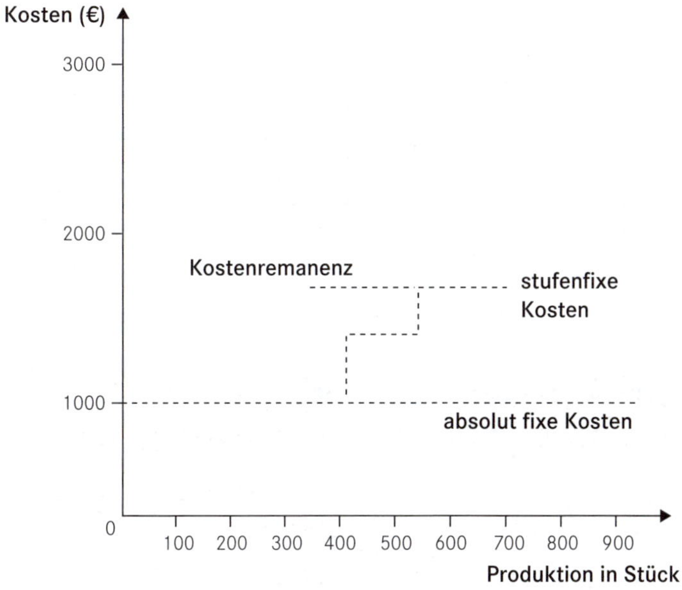

Verlauf der fixen Kosten

> **Mischkosten** sind teilweise beschäftigungsabhängig und teilweise beschäftigungsunabhängig.

Mischkosten

Beispiel:
Die für die Bearbeitung des Materials eingesetzte Drehbank hat eine Stromaufnahme von 12 kWh. Der Strompreis beträgt 0,10 € je kWh zuzüglich einer monatlichen Grundgebühr von 50,- €. In der nachfolgenden Tabelle sind die Kosten für unterschiedliche Laufzeiten (= Beschäftigung) je Monat zusammengestellt:

Die für die Maschine aufzuwendenden Energiekosten enthalten sowohl fixe als auch variable Kostenanteile: Die Grundgebühr fällt in jedem Monat in gleicher Höhe an; sie stellt den Fixkostenanteil dar. Der Stromverbrauch der Maschine variiert mit der Laufzeit und der Beanspruchung; die verbrauchsbedingten Stromkosten sind also variabel.

Laufstunden je Monat	Fixe Kosten in €		Variable Kosten in €		Mischkosten in €	
	gesamt	je Std.	gesamt	je Std.	gesamt	je Std.
100	50	0,50	120	1,20	170	1,70
110	50	0,45	132	1,20	182	1,65
120	50	0,42	144	1,20	194	1,62
130	50	0,38	156	1,20	206	1,58
140	50	0,36	168	1,20	218	1,56
150	50	0,33	180	1,20	230	1,53
160	50	0,31	192	1,20	242	1,51
170	50	0,29	204	1,20	254	1,49
...						

Ermittlung der Mischkosten für unterschiedliche Maschinenlaufzeiten

Kontrollfragen zur Kompetenzüberprüfung

1. Auf welche Frage soll die Kostenartenrechnung eine Antwort geben?
2. Wie lassen sich Kostenarten einteilen, und welche Bedeutung hat diese Einteilung für die Aufgaben der Kostenrechnung?
3. Kostenarten lassen sich z. B. in Einzel- und Gemeinkosten einteilen. Was ist das Unterscheidungskriterium?
4. Warum sind Gemeinkosten schwieriger zu berücksichtigen als Einzelkosten?
5. Welches Merkmal wird bei der Unterscheidung in „fixe" und „variable" Kosten herangezogen?
6. Fixkosten sind häufig Gemeinkosten. Was schlagen Sie bei der Kalkulation für die Behandlung der fixen Gemeinkosten vor, wenn die Preise wegen der Konkurrenz gesenkt werden müssen?
7. Welche Kostenart ist in Ihrem Unternehmen prozentual am höchsten?
8. Welche Kostenart fällt beim Leasing weg und muss durch welche ersetzt werden?
9. Gemeinkosten fallen in unterschiedlichen Bereichen des Unternehmens an. Wie kann man feststellen, welche Gemeinkosten in welchem Unternehmensbereich (Abteilung) angefallen sind?
10. Warum ist es wichtig, in kalkulatorische und bilanzielle bzw. steuerlich zulässige Abschreibungen zu unterscheiden?

4. Kalkulatorische Kosten und ihre Bedeutung für unternehmerische Entscheidungen

Lernziele und Kompetenzen

Geprüfte Betriebswirte/innen nach der Handwerksordnung wissen über Kosten Bescheid, die nicht mit realen Geldströmen übereinstimmen und als Oberbegriff Zusatz- und Anderskosten umfassen. Es ist also bekannt, dass kalkulatorische Kosten Kostenarten im betrieblichen Rechnungswesen sind, die nicht direkt einer Aufwandsart der Finanzbuchhaltung entsprechen, weil sie entweder von dieser abgegrenzt werden oder ihnen kein direkter Aufwand gegenübersteht.

Nachstehende kalkulatorische Kosten sind also bekannt und können für unternehmerische Entscheidungen verwendet werden:

- kalkulatorische Abschreibungen
- kalkulatorische Raumkosten (Miete)
- kalkulatorischer Unternehmerlohn
- kalkulatorische Wagnisse
- kalkulatorische Zinsen auf das betriebsnotwendige Vermögen (Kapital).

Handlungssituation (Fallbeispiel)

Ein mittelständischer Zimmererbetrieb in der Rechtsform eines Einzelunternehmens möchte auf Wunsch des Inhabers seine Kostensituation möglichst verursachungsgerecht erfassen, damit sowohl aus der Angebots- wie auch aus der Nachkalkulation verwendbare Ergebnisse herausgeholt werden können. In diesem Zusammenhang wurden auch die kalkulatorischen Kosten und deren Bedeutung bei der Preisermittlung und -kontrolle und sowie zum Preisvergleich angesprochen.

Der Unternehmer stellt sich die Frage, ob Sie als seine Führungskraft die Bedeutung der kalkulatorischen Kosten kennen.

4.1 Einteilung der Kosten nach der Ausgabenwirksamkeit

Es ist bekannt, dass zwischen Ausgaben und Kosten Unterschiede bestehen, d. h. nicht alle Kosten führen zu Ausgaben und umgekehrt. Diese Unterscheidung ist vor allem bei notwendigen Preissenkungen aufgrund des Kostendrucks wichtig, weil sich dadurch Auswirkungen auf die Liquidität des Unternehmens ergeben können.

Zusatzkosten und Anderskosten

Die bereits erwähnten **Zusatzkosten** und **Anderskosten**, die sich also nicht oder nicht in gleicher Höhe auf Ausgaben bzw. Auszahlungen zurückführen lassen, können in mehreren Varianten auftreten, wobei eine Zuordnung in Anders- bzw. Zusatzkosten unterschiedlich diskutiert werden kann.

Zusatzkosten und Anderskosten können vorkommen als:

- kalkulatorische Abschreibungen (Anderskosten)
- kalkulatorische Zinsen (Anderskosten)
- kalkulatorische Wagniskosten (Anderskosten)
- kalkulatorischer Unternehmerlohn bei Personengesellschaften (Zusatzkosten)
- kalkulatorische Raumkosten (Zusatzkosten).

Diese Zusatz- und Anderskosten stellen also keine bzw. nur teilweise unmittelbare Ausgaben dar. Sie gehen aber in die Kalkulation als Kostenbestandteile ein.

4.2 Kalkulatorische Kostenarten

4.2.1 Kalkulatorische Abschreibungen

Die kalkulatorischen Abschreibungen erfassen die verbrauchsbedingten Wertminderungen des betrieblichen Anlagevermögens, das hier zu Wiederbeschaffungskosten (ersatzweise zu Anschaffungs- oder Herstellungskosten) anzusetzen ist.

Verbrauchsbedingte Wertminderung

Verbrauchsbedingte Wertminderungen werden verursacht durch

- Verschleiß (Abnutzung) des abnutzbaren Anlagevermögens,
- Substanzverlust des abbaubaren Anlagevermögens (z. B. Steinbruch),
- Zeitablauf befristeter Rechtswerte und/oder
- voraussehbare technische Entwicklungen und Bedarfsverschiebungen, wovon jeder Teil des Anlagevermögens betroffen sein kann.

Die kalkulatorischen Abschreibungsquoten werden in der Anlagenkartei vermerkt.

4.2.2 Kalkulatorische Zinsen

Die kalkulatorischen Zinsen erfassen die Zinskosten des betriebsbedingten Kapitals. Würde nur der tatsächliche Zinsaufwand für das Fremdkapital einschließlich Kredit- und Überziehungsprovision in die Kostenrechnung eingesetzt, so bliebe die Verzinsung des Eigenkapitals unberücksichtigt.

Die kalkulatorischen Zinsen werden deshalb aus folgenden Werten errechnet:

Berechnung der kalkulatorischen Zinsen

	Summe der kalkulatorischen Restwerte des betriebsbedingten Anlagevermögens
+	Summe des durchschnittlich gebundenen betriebsbedingten Umlaufvermögens
=	betriebsbedingtes Vermögen
./.	zinsfrei überlassenes Fremdkapital (Verbindlichkeiten aus Lieferungen und Leistungen, Kundenanzahlungen, kurzfristige Rückstellungen)
=	zu verzinsendes betriebsbedingtes Kapital

Aus ihm ist der Zins zu errechnen. Nach Abzug der Zinserträge des betriebsbedingten Umlaufvermögens ergibt sich der kalkulatorische Zins. Als Zinsfuß wird (meist einheitlich für das betriebsbedingte Vermögen und für zinsfreies Fremdkapital) der in der Berechnungszeit geltende Kapitalmarktzinsfuß verwendet. Den für die Kalkulation öffentlicher Aufträge jeweils zu verwendenden Zinsfuß setzen die Wirtschaftsministerien der Bundesländer fest.

Beispiel für kalkulatorische Zinsen:
Eine Druckerei hat aus den Bestandszahlen des Vorjahres (Eröffnungsbilanz + 4 Quartalsbestände) die in der nachfolgenden Aufstellung dargestellten Durchschnittswerte (in €) der Bilanz ermittelt.
Die Wertpapiere erbringen 6 % Zinsen aus 11.000,- € Nennwert; das Bankguthaben (enthalten in den flüssigen Mitteln) erbringt 200,- € Zinsen.
Als einheitlicher Zinsfuß ist 6,5 % anzusetzen.

Durchschnittsbestände-Bilanz für 20____ (€)			
Gebäude	306.600,-	Stammkapital	540.000,-
Maschinen	412.200,-	Rücklage	22.600,-
Betriebs- und Geschäftsausstattung	13.800,-	Rückstellungen	2.100,-
		Hypotheken	136.000,-
Roh-, Hilfs- und Betriebsstoffe	18.800,-	Darlehen	23.000,-
Abfallstoffe	2.300,-	Verbindlichkeiten aus Lieferungen und Leistungen	64.700,-
Forderungen	46.200,-		
Wertpapiere des Umlaufvermögens	10.600,-	sonst. Verbindlichkeiten	26.700,-
flüssige Mittel	47.500,-	Gewinn	42.900,-
	858.000,-		**858.000,-**

Das betriebsbedingte Anlagevermögen ist gemäß folgenden Angaben zu berechnen:				
Gegenstände	**Anschaffungswert (€)**	**Nutzungsdauer (Jahre)**	**kalkulatorische Abschreibung (%)**	**restliche Nutzungsdauer (Jahre)**
Gebäude	432.000,-	40	2,5	30
Maschinen	456.000,-	8	12,5	7,5
Betriebs- und Geschäftsausstattung	146.400,-	12	8,33	2

Daraus ergibt sich folgende Berechnung der kalkulatorischen Zinsen:

	€	€	€
1. Betriebsbedingtes Anlagevermögen			
Gebäudeanschaffungswert	432.000,-		
./. 10 × 2,5 % Abschreibung	108.000,-	324.000,-	
Maschinenanschaffungswert	456.000,-		
./. 6,25 % Abschreibung	28.500,-	427.500,-	
Betriebs- und Geschäftsausstattung	146.400,-		
./. 10 × 8,33 % Abschreibung	122.000,-	24.400,-	775.900,-
2. Betriebsbedingtes Umlaufvermögen			
Roh-, Hilfs- und Betriebsstoffe		18.800,-	
Abfallstoffe		2.300,-	
Wertpapiere		10.600,-	
Forderungen		46.200,-	
flüssige Mittel		47.500,-	125.400,-
			901.300,-

		€	€	€
3. Betriebsbedingtes Kapital				
Rückstellungen	zinsfreies Fremdkapital		2.100,-	
Verbindlichkeiten aus Lieferungen und Leistungen			64.700,-	
sonstige Verbindlichkeiten			26.700,-	- 93.500,-
				807.800,-
4. zu verzinsendes betriebsbedingtes Kapital				
6,5 % Zins aus 807.800,-				52.507,-
./. 6,0 % Zins aus 11.000,- Wertpapiere		660,-		
./. Bankzinsen		200,-		860,-
5. kalkulatorische Zinsen				**51.647,-**

4.2.3 Kalkulatorische Wagnisse (Kalkulatorische Risiken)

Die kalkulatorischen Wagniskosten erfassen die betriebsbedingten Einzelwagnisse, die mit der Leistungserstellung verbunden sind. Die hauptsächlichen Wagnisarten sind das Bestände-, Fertigungs-, Entwicklungs-, Vertriebs- und Gewährleistungsrisiko.

Berechnung der kalkulatorischen Wagnisse

Grundlage für die Berechnung sind die durchschnittlichen, während eines vorausgegangenen Zeitabschnitts (etwa 5 Jahre) **tatsächlich eingetretenen Wagnisverluste**. Werden Wagnisse durch Fremdversicherungen gedeckt, entfällt die Verrechnung kalkulatorischer Wagnisse. Die Versicherungsprämien sind dann Grundkosten.

Kosten bei Eigenversicherung sind nach versicherungsmathematischen Grundsätzen zu berechnen; sie treten an die Stelle der Prämien für Fremdversicherung. Das allgemeine Unternehmerwagnis ist rechnerisch nicht erfassbar und kann daher nicht in die Kostenrechnung einbezogen werden. Es wird in der Gewinnspanne mit abgegolten.

4.2.4 Kalkulatorischer Unternehmerlohn

Kalkulatorischer Unternehmerlohn

> Der kalkulatorische Unternehmerlohn erfasst bei Personengesellschaften die Kosten für die Arbeitsleistung des Unternehmers (Gesellschafter, Einzelunternehmer).

Er wird in Höhe des Gehalts eines Angestellten mit gleichwertiger Tätigkeit in einem Unternehmen gleichen Standorts, Geschäftszweigs und Betriebsgröße berechnet. Das Geschäftsführergehalt eines GmbH-Gesellschafters ist nicht zum kalkulatorischen Unternehmerlohn zu rechnen, sondern wird als Aufwand (Personalaufwand) in der GuV-Rechnung erfasst und gelangt zur Auszahlung.

4.2.5 Kalkulatorische Raumkosten (Miete)

Kalkulatorische Raumkosten

> Die kalkulatorischen Raumkosten umfassen meist nur den **Fixkostenanteil** der gesamten Gebäude- und Grundstückskosten, also z. B.
>
> - kalkulatorische Abschreibungen von Gebäuden und
> - den kalkulatorischen Zins des in den Gebäuden investierten Kapitals (wenn nicht bereits im kalkulatorischen Zins für das betriebsbedingte Kapital erfasst).

Alle **variablen Kosten** wie Gebäudeinstandhaltungs-, Heizungs- und Beleuchtungskosten werden dem Verbrauch entsprechend auf den einschlägigen Kostenartenkonten erfasst.

Oft werden auch alle betriebsbedingten Grundstücks- und Gebäudekosten mit ihrem tatsächlichen Anfall direkt auf den einschlägigen Kostenartenkonten verbucht. Dann entfällt der Ansatz eines kalkulatorischen Betrags. Fallen größere Gebäudereparaturen an, sind sie in voller Höhe gewinnmindernd zu verbuchen, der Gesamtbetrag muss im laufenden und in den folgenden Jahren anteilig in die Kostenrechnung übernommen werden.

Kalkulatorische Miete wird im Rechnungswesen selten verrechnet. Anlass dazu bestünde insbesondere dann, wenn der Betrieb - ohne Mieter zu sein - Räume im privaten Gebäude des Unternehmers nutzen würde.

Kontrollfragen zur Kompetenzüberprüfung

1. Kostenarten lassen sich auf unterschiedliche Art einteilen. Führen Sie zwei Möglichkeiten an.
2. Ein Unterscheidungsmerkmal ist die „Ausgabewirksamkeit“. Zählen Sie fünf nicht ausgabewirksame Kostenarten auf.
3. Die Praxis kennt „Anderskosten“ und „Zusatzkosten“. Was versteht man jeweils darunter?
4. Warum unterscheidet man in der Kostenrechnung zwischen „bilanziellen oder steuerlich zulässigen“ und „kalkulatorischen“ Abschreibungen und wie werden diese jeweils ermittelt?
5. Zinsen werden in der GuV-Rechnung und in der Kostenrechnung unterschiedlich behandelt. Welche Unterscheidung wird vorgenommen und warum?
6. Erklären Sie den „kalkulatorischen Unternehmerlohn“ und machen Sie Angaben zu seiner Ermittlung.
7. Der „kalkulatorische Unternehmerlohn“ wird vergeblich in der GuV-Rechnung gesucht. Geben Sie eine Begründung dazu an.
8. Welche Folgen hat die Nichtberücksichtigung der kalkulatorischen Kosten in der GuV-Rechnung und in der Kalkulation?
9. Welche Auswirkungen haben die kalkulatorischen Kosten auf die betriebliche Liquidität?
10. Halten Sie den Begriff „kalkulatorische Kosten“ für treffend?

5. Kostenstellenrechnung durch Kostenerfassung und -verrechnung im Betriebsabrechnungsbogen (BAB)

Lernziele und Kompetenzen

Geprüfte Betriebswirte/innen nach der Handwerksordnung wissen, dass in der Kostenstellenrechnung die Einzel- und die Gemeinkosten auf den Ort ihrer Entstehung verursachungsgerecht verteilt werden. Voraussetzung dafür ist die Ausrichtung der Kostenartenrechnung auf die Notwendigkeiten der Kostenstellenrechnung. Deshalb sind die Kosten nach Einzel- und Gemeinkosten getrennt zu erfassen.

Die Einzelkosten und die Sondereinzelkosten werden direkt auf die Kostenträger, die diese Kosten letztlich verursachen, verrechnet. Bei den Gemeinkosten kann diese direkte Zurechnung nicht erfolgen. Man kann nur versuchen festzustellen, an welcher Stelle bzw. welchem Ort bzw. welchem Bereich im Unternehmen die Gemeinkosten anfallen bzw. angefallen sind. Eine Kostenstelle ist also eine Kosten verursachende Stelle im Unternehmen, in der die Gemeinkosten entstehen und der sie deshalb zugerechnet werden müssen.

Hilfsmittel für die Gemeinkostenverteilung auf die Kostenstellen ist der sogenannte Betriebsabrechnungsbogen (BAB), aus dessen Ergebnissen die Gemeinkostenzuschlagsätze für die Zuschlagskalkulation ermittelt werden. Ungenauigkeiten in der Zurechnung der Gemeinkosten führen zu Fehlern in der Kalkulation.

Handlungssituation (Fallbeispiel)

Ihr Chef, ein kostenbewusster Unternehmer, legt großen Wert auf die verursachungsgerechte Erfassung und Verteilung der Einzel- und vor allem der Gemeinkosten. Ausgangspunkt ist die „Kostenartenrechnung", in der auf die Frage „Welche Kosten sind angefallen?" (Einzel- und Gemeinkosten bzw. fixe und variable Kosten) eine Antwort gegeben wird.

Der Unternehmer beauftragt Sie als kompetenten Mitarbeiter, die Gemeinkosten vollständig zu erfassen, dann verursachungsgerecht auf die zu bildenden Kostenstellen des Betriebes zu verteilen und daraus die Gemeinkostenzuschlagsätze zu ermitteln. Dem Unternehmer ist dabei auch wichtig, dass die Probleme und damit die Nachteile bei der Ermittlung der Zuschlagsätze erkannt und bei der Anwendung in der Kalkulation berücksichtigt werden.

5.1 Die Aufgaben der Kostenstellenrechnung

> **Die Kostenstellenrechnung** gibt Antwort auf die Frage: **Wo** sind die Kosten **entstanden?**

Aufgabe der Kostenstellenrechnung

Die Kostenstellenrechnung soll

- die **Kosten** je Kostenstelle **ermitteln**,
- die **Betriebsüberwachung** erleichtern und
- die **Entwicklung** jeder Kostenstelle gesondert **beobachtbar** machen.

Darüber hinaus soll sie

- **Verantwortungsbereiche** schaffen, damit das Verantwortungsbewusstsein der Kostenverantwortlichen stärken und den Leistungswillen der Mitarbeiter innerhalb der Kostenstellen steigern.
- In vielen Betrieben stellt sie zugleich die Voraussetzung zur Ermittlung einer leistungsgerechten Beteiligung der Belegschaft an der betrieblichen **Wertschöpfung** dar. Die Wertschöpfung wird ermittelt, indem man von der Gesamtleistung des Unternehmens (Umsatzerlöse ± Bestandsveränderungen + Eigenleistungen) die bezogenen Vorleistungen (Roh-, Hilfs- und Betriebsstoffe und Abschreibungen auf Sachanlagen) abzieht.

  Wertschöpfung
- Die unmittelbar wichtigste Aufgabe der **Kostenstellenrechnung** besteht darin, als Basis einer möglichst genauen Kostenträgerrechnung zu dienen, insbesondere dann, wenn die Kostenträger die Kostenstellen ungleich in Anspruch nehmen oder wenn eine Kostenstelle selbstständige Leistungen erbringt (z. B. eine betriebseigene Kraftanlage).

5.2 Die Bildung von Kostenstellen

> **Kostenstellen** sind kostenverursachende Bereiche im Unternehmen, in denen die darin entstandenen Kosten ermittelt werden.

Bildung von Kostenstellen

Die Bildung von Kostenstellen kann erfolgen nach

- dem Ort, also den räumlichen Einheiten im Betrieb, oder
- der Aufgabe (Funktion) oder
- den Verantwortungsbereichen oder
- den Kostenträgern oder
- verrechnungstechnischen Gesichtspunkten.

Häufig überschneiden sich die ersten drei Gliederungsgesichtspunkte. Bei wachsenden Betrieben verschwindet aber im Laufe der Zeit diese Einheitlichkeit, weil durch Umorganisation organische Einheiten leicht zerrissen werden.

> Größe, Art und Organisation des Unternehmens spielen daher bei der Bildung von Kostenstellen eine wesentliche Rolle.

Die in der nachfolgenden Abbildung vorgestellte Untergliederung in Kostenstellen ist sicher nur in größeren mittelständischen Betrieben zu finden. Dies wirkt sich dann auf die Zuschlagskalkulation unmittelbar aus.

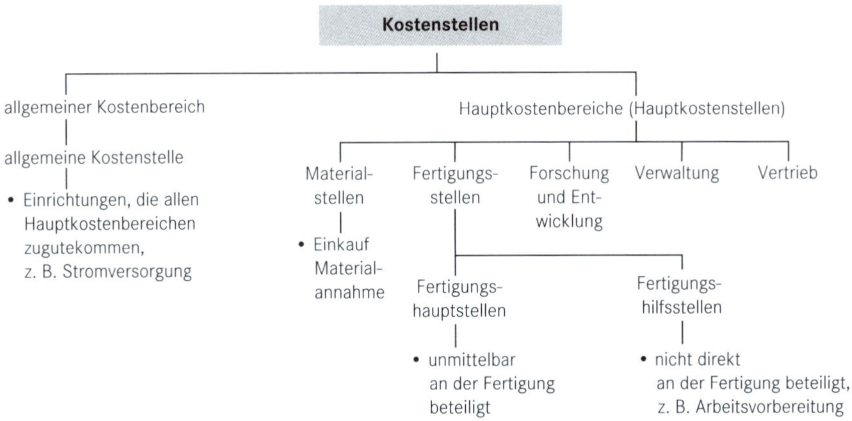

Aufgabenbezogene (funktionale) Einteilung der Kostenstellen

Umlage der Gemeinkosten auf Hauptkostenstellen

Die **allgemeine Kostenstelle** sowie **Forschung und Entwicklung** werden im sogenannten Umlageverfahren auf die restlichen vier Bereiche übertragen. Die Fertigungshilfsstelle wird auf die Fertigungsstellen übertragen. Die **Hauptkostenstellen** können nach Bedarf weiter unterteilt werden. So kann z. B. die Fertigungskostenstelle in Fertigung (Neuanfertigung) und Reparatur aufgeteilt werden, was im Handwerk durchaus denkbar ist. Außerdem ist im Handwerk auch eine Aufteilung in Werkstatt bzw. Reparatur und Verkauf (Laden) üblich.

5.3 Die Zurechnung von Gemeinkosten auf Kostenstellen im Betriebsabrechnungsbogen (BAB)

Die Bedeutung der Kostenstellenrechnung liegt in folgenden Punkten:

Betriebsabrechnungsbogen

- Die Gliederung des Betriebes in Kostenstellen ist die organisatorische Voraussetzung für die Aufstellung des **Betriebsabrechnungsbogens (BAB)** und die nachfolgende Kostenträgerrechnung.

- Die Kostenstellenrechnung ermöglicht die Verursachungskontrolle und erfasst die Veränderung der Kosten jeder einzelnen Kostenstelle und damit der gesamten Kosten. Die je Auftrag bzw. Fertigungsserie anfallenden Einzelkosten werden auf den Auftragsbegleitzetteln bzw. Laufkarten manuell oder elektronisch vermerkt und den Kostenträgern direkt zugerechnet. Die Gemeinkosten werden mithilfe des Betriebsabrechnungsbogens (BAB) auf die oben beschriebenen Kostenstellen nach folgender Schrittfolge verteilt:
  - Übernahme der Gemeinkosten aus den entsprechenden Konten.
  - Zumessung und Zuteilung (Verteilung oder Aufschlüsselung) dieser Kosten nach erprobten Schlüsseln (z. B. qm, Verbrauch, Zahl der Beschäftigten usw.) auf die Kostenstellen (einstufig oder mehrstufig).
  - Addition der Stellengemeinkosten jeder Kostenstelle.
  - Errechnung der Gemeinkosten-Zuschlagssätze.

Verteilung der Gemeinkosten

Der **einstufige BAB** wird in der nachfolgenden Abbildung dargestellt, wobei die jeweiligen Belange der kleinen und mittleren Unternehmen berücksichtigt werden müssen. So kann z. B. eine Trennung in Reparatur bzw. Produktion und Ladengeschäft sinnvoll sein, ebenso kann zwischen einzelnen Gewerken unterschieden werden. Größere Betriebe, die mehrere Niederlassungen haben, sind meist nach **Profit-Centern** gegliedert, die wirtschaftlich wie eigenständige Unternehmen behandelt werden, es aber nicht sind.

Einstufiger BAB

Nach der Zugehörigkeit der Gemeinkosten zu den einzelnen Kostenbereichen unterscheidet man:

Arten von Gemeinkosten

- **Materialgemeinkosten**
  Das sind Gemeinkosten, die im Zusammenhang mit der Beschaffung, Annahme, Lagerung, Pflege, Ausgabe und Versicherung des Materials entstehen.
- **Fertigungsgemeinkosten**
  Dazu zählen alle Gemeinkosten, die in der Fertigung anfallen, wie Hilfslöhne für Maschinisten, Gehälter für Meister und technische Angestellte, Verbrauch von Strom, Gas und Wasser in der Herstellung, Hilfs- und Betriebsstoffverbrauch, soweit die Fertigung betroffen ist, Abschreibungen auf Maschinen und maschinelle Anlagen usw. Kosten im Rahmen der Fertigung, die dem einzelnen Erzeugnis oder dem einzelnen Auftrag direkt zugerechnet werden können, werden nicht berücksichtigt (Sondereinzelkosten der Fertigung).
- **Verwaltungsgemeinkosten**
  Hierzu rechnet man die Kosten für die Leitung des Unternehmens, z. B. Gehälter für die Geschäftsleitung und die Angestellten, Büromaterial, Abschreibungen auf die Geschäftsausstattung.

- **Vertriebsgemeinkosten**
  Darunter fallen Gemeinkosten, die mit dem Absatz der Erzeugnisse und/oder Dienstleistungen zusammenhängen, z. B. die Kosten für die Lagerung der Erzeugnisse, für das Verkaufsbüro, die Werbung, die Verpackung und den Versand, soweit diese nicht direkt auf das einzelne Erzeugnis zugerechnet werden können (Sondereinzelkosten des Vertriebs).

Zuteilung der Gemeinkosten

Bei der **Zumessung und Zuteilung der Gemeinkosten** werden grundsätzlich zwei Arten von Schlüsseln unterschieden:

- Bewegungs- oder Leistungsschlüssel
  Das sind Mengenangaben über Verbrauch, Rauminanspruchnahme usw.
- Bestands- und Ausstattungsschlüssel
  Das sind Angaben über Vermögenswerte in den Kostenstellen, z. B. Bestände, gebundenes Kapital usw.

In der Regel gibt man dem Bewegungs- oder Leistungsschlüssel den Vorzug, weil er nicht Preisschwankungen unterworfen ist. Trotzdem handelt es sich bei der Schlüsselung meist nur um eine näherungsweise Kostenzuordnung. Auch hierbei ist das Prinzip der Wirtschaftlichkeit zu beachten, d. h. zeitlicher Aufwand und Nutzen sollten beachtet werden.

Nach der Zurechnung aller Gemeinkosten und Stellenkosten auf die Hauptkostenstellen werden dort die gesammelten Kosten entweder

- zur Stückzahl der Erzeugnisse oder
- zu den in der Hauptkostenstelle verbrauchten Einzelkosten
  in ein Verhältnis gesetzt.

Zuschlagssätze für Gemeinkosten

Ergebnis sind die für die Zuschlagskalkulation notwendigen **Gemeinkostenzuschlagssätze** für

- Materialgemeinkosten (MGK),
- Fertigungsgemeinkosten (FGK),
- Verwaltungsgemeinkosten (VwGK) und
- Vertriebsgemeinkosten (VtGK).

Kostenstellen / Kostenarten	bereinigte Zahlen der Buchführung und sonstiger Aufzeichnungen	Materialkostenstelle	Fertigungskostenstelle	Verwaltungs- und Vertriebskostenstelle
Fertigungsmaterial, Fertigungslöhne = Einzelkosten				
Gemeinkosten, z. B.: • gesetzliche Sozialabgaben • unproduktive Löhne • Betriebssteuern (ohne Umsatzsteuer) • betriebliche Versicherungen • kalkulatorische Zinsen • kalkulatorische Abschreibungen • Instandhaltungskosten usw.				
		Stellengemeinkosten Materialstelle	Stellengemeinkosten Fertigungsstelle	Stellengemeinkosten Verwaltungs- und Vertriebsstelle
Gemeinkostenzuschlagssätze in Prozent		%	%	%

Vereinfachtes Schema eines einstufigen Betriebsabrechnungsbogens (Anmerkung: Verwaltung und Vertrieb sind hier zusammengefasst.)

Sofern in einem Unternehmen Bereiche (Abteilungen) vorhanden sind, die ihre Leistungen an alle Kostenstellen abgeben (z. B. zentrale EDV) oder die der eigentlichen Leistungserstellung Hilfsdienste leisten, sind die von diesen Bereichen (Abteilungen) verursachten Kosten im BAB gesondert zu erfassen.

Mehrstufiger BAB

Der **mehrstufige BAB** enthält deshalb neben Hauptkostenstellen (Material, Fertigung, Verwaltung, Vertrieb) auch allgemeine Kostenstellen und Fertigungshilfsstellen. Es sind dann interne verursachungsgerechte Verrechnungen notwendig.

Treppen- und Stufenleiterverfahren

Erbringt eine Vorkostenstelle an mehrere Kostenstellen eine Leistung, so muss im Wege eines Kostenstellenausgleichs- oder Umlageverfahrens die Verteilung der primären Kosten erfolgen. Häufig wird dieses Umlageverfahren in Form einer Blockumlage (prozentuale Verteilung) der Kosten der Vorkostenstelle entsprechend der Anzahl belieferter Endkostenstellen oder im Wege eines **Treppen- bzw. Stufenleiterverfahrens** gemäß ihrer Leistungsinanspruchnahme vorgenommen. Problematisch erweist sich die Verteilung der Gemeinkosten bei gegenseitiger Leistungsabgabe von zwei Kostenstellen. Hier müssen im Rahmen eines Gleichungssystems sämtliche Leistungsverflechtungen bzw. gegenseitige Leistungsbeiträge verrechnet werden. Damit ist eine verursachungsgerechte Verteilung bzw. Verrechnung auf die Kostenträger im Wege der Ermittlung von Zuschlagssätzen vorzunehmen.

5.4 Die Ermittlung von Gemeinkostenzuschlagssätzen

Berechnung der Gemeinkostenzuschlagssätze

Die Berechnung der Gemeinkostenzuschlagssätze erfolgt nach der Formel:

$$\textbf{Gemeinkostenzuschlagssatz (\%)} = \frac{\text{Stellengemeinkosten} \times 100}{\text{Stelleneinzelkosten}}$$

Die **Stellengemeinkosten** lassen sich aus der entsprechenden Summenspalte des BAB entnehmen, z. B. Materialgemeinkosten, Fertigungsgemeinkosten usw.

Die einzelnen Zuschlagssätze werden wie folgt ermittelt:

$$\textbf{Materialgemeinkostenzuschlagssatz (MGK) in \%} = \frac{\text{Materialgemeinkosten} \times 100}{\text{Materialeinzelkosten}}$$

$$\textbf{Fertigungsgemeinkostenzuschlagssatz (FGK) in \%} = \frac{\text{Fertigungsgemeinkosten} \times 100}{\text{Fertigungseinzelkosten (meist Fertigungslöhne)}}$$

$$\textbf{Verwaltungsgemeinkostenzuschlagssatz (VwGK) in \%} = \frac{\text{Verwaltungsgemeinkosten} \times 100}{\text{Herstellkosten}}$$

$$\textbf{Vertriebsgemeinkostenzuschlagssatz (VtGK) in \%} = \frac{\text{Vertriebsgemeinkosten} \times 100}{\text{Herstellkosten}}$$

Die **Herstellkosten** werden nach dem Schema der Zuschlagskalkulation (vgl. Abschnitt 6.2.5) ermittelt. Sie dürfen nicht mit den Herstellungskosten nach § 255 Abs. 2 und 3 HGB verwechselt werden. Diese werden anders ermittelt.

Herstellkosten ≠ Herstellungskosten

Verwaltungs- und Vertriebsgemeinkosten werden oftmals auch über einen einheitlichen Zuschlagssatz in Beziehung zu den Herstellkosten der abgesetzten Erzeugnisse gesetzt und damit gemeinsam verrechnet.

In kleineren Betrieben, in denen eine klare Trennung von Kostenstellen nicht oder nur schwer möglich ist, wird vielfach **keine Differenzierung der Gemeinkosten** vorgenommen, sondern en bloc entweder auf die produktiven Löhne oder auf die Materialeinzelkosten bezogen (vgl. Abschnitt 8.2).

Nachteilig an dem **differenzierten Zuschlagsverfahren** ist die Tatsache, dass gegenwärtig die Zuschlagssätze ständig steigen, weil mehr und mehr Kosten nur als Gemeinkosten erfassbar sind. Deshalb gehen immer mehr mittlere und kleinere Fertigungsunternehmen dazu über, für jedes Erzeugnis angefallene Maschinenstunden in den Hauptkostenstellen zu erfassen.

In jeder Hauptkostenstelle wird dann ein **Maschinenstundensatz** (vgl. dazu Kapitel 7) in der Form errechnet, dass die gesamten maschinenabhängigen Fertigungsgemeinkosten durch die Zahl der geleisteten Maschinenstunden geteilt werden. Die Erfassung des Maschinenstundenverbrauchs für jedes Erzeugnis oder für jeden Auftrag ist dann die Grundlage für die Weiterverrechnung der Kosten.

Maschinenstundensatz

In Betrieben, die eine entsprechende Kostenstellengliederung zulassen, werden auch Zuschlagssätze ermittelt, die unmittelbar auf die Kostenstelle bzw. einen „Kostenplatz" bezogen sind. Man spricht vom Kostenstellensatz bzw. Platzkostenverrechnungssatz.

Kostenstellensatz

$$\textbf{Kostenstellensatz (in \%)} = \frac{\text{Gemeinkosten der Kostenstelle} \times 100}{\text{Einzelkosten der Kostenstelle}}$$

bzw.

$$\textbf{Platzkostenverrechnungssatz (in \%)} = \frac{\text{Gemeinkosten des „Kostenplatzes"} \times 100}{\text{Gesamtleistung des „Kostenplatzes"}}$$

Der BAB sollte monatlich oder wenigstens vierteljährlich aus den Zahlen der jeweiligen Vorperiode neu erstellt bzw. überprüft werden. In der Regel werden die mithilfe des BAB errechneten **Ist-Zuschlagssätze** von Monat zu Monat schwanken, da sich durch Preisänderungen der Roh-, Hilfs- und Betriebsstoffe, durch Lohn- und Gehaltserhöhungen, durch Verwendung anderer Materialien oder aufgrund unterschiedlicher Beschäftigung auch die Gemeinkosten und die Zuschlagsgrundlagen ändern. Durch dieses ständige Schwanken verliert aber die Kalkulation ihre feste Grundlage. Jeden Monat wäre mit neuen Zuschlagssätzen zu rechnen. Für die Kalkulation von Erzeugnissen (oder Aufträgen und Dienstleistungen) werden während der Erstellung Zuschlagssätze des Vormonats verwendet, da man für die Angebotsabgabe nicht die Aufstellung des BAB nach Abschluss des laufenden Monats abwarten kann.

Vorgehensweise in der Praxis

In der Praxis ersetzt man die nur für die Kostenstelle wichtigen Ist-Zuschlagssätze durch **Normal-Zuschlagssätze**, die für mehrere Monate festgelegt werden. Sie werden auch als **Soll-Zuschlagssätze** bezeichnet. Die aufgrund dieser Normalzuschlagssätze verrechneten Gemeinkosten heißen entsprechend Normal- oder Sollgemeinkosten (vgl. dazu auch die Ausführungen in Abschnitt 10.2).

Die **Normalzuschläge** lassen sich sehr einfach ermitteln, indem man aus einer Anzahl früher errechneter Ist-Zuschlagssätze (etwa der vergangenen 12 Monate) den Durchschnitt bildet. Kalkuliert man mit diesen Normalsätzen, wird die Kalkulation stetiger.

Ermittlung einer Über- bzw. Unterdeckung

Selbstverständlich muss am Ende des Monats (oder eines anderen Zeitraums) festgestellt werden, ob die verrechneten Normalgemeinkosten die tatsächlich entstandenen Gemeinkosten decken. Da Normal- und Istkosten nur in seltenen Fällen genau übereinstimmen, ergibt sich eine Über- bzw. Unterdeckung.

> Die Über- bzw. Unterdeckung wird wie folgt errechnet:
> Normalkosten ./. Istkosten = Über- bzw. Unterdeckung.

Bei einer **Überdeckung** liegen die verrechneten Normalkosten über den Istkosten. Die mit Normalsätzen kalkulierten Selbstkosten sind höher als die wirklich entstandenen Selbstkosten.

Bei einer **Unterdeckung** liegen die verrechneten Normalkosten unter den Istkosten. Die tatsächlich angefallenen Kosten werden durch die Kalkulation mit Normalzuschlägen nicht mehr gedeckt.

Es ist zweckmäßig, die Über- oder Unterdeckung im BAB auszuweisen.

Soll-Ist-Vergleich

> Der BAB dient somit auch der ständigen Überprüfung der Normal-Zuschlagssätze, die bei erheblichen Abweichungen entsprechend zu ändern sind. Die Abweichungsanalyse ist daher unbedingt durch eine Ursachenanalyse zu ergänzen.

Kontrollfragen zur Kompetenzüberprüfung

Der Unternehmer ist von Ihrer Kompetenz überzeugt. Trotzdem stellt er ein paar Kontrollfragen:

1. Warum ist die Nichtberücksichtigung der Gemeinkosten für ein Unternehmen gefährlich?
2. Was versteht man unter einer Kostenstelle, und nach welchen Gesichtspunkten können in den einzelnen Betrieben Kostenstellen gebildet werden?
3. Mit zunehmender Betriebsgröße wird in den Unternehmen zwischen Haupt- und Hilfskostenstellen (auch Vorkostenstellen) unterschieden. Was hat das für eine Konsequenz für den BAB?
4. Bei den Hilfskostenstellen wird eine Trennung in „allgemeine" und „besondere" Hilfskostenstellen vorgenommen. Führen Sie je ein Beispiel an.
5. Nach der Art der Verrechnung der Kosten unterscheidet man in
   - Stelleneinzelkosten und
   - Stellengemeinkosten.

   Worin besteht der Unterschied?
6. Die Verteilung der Gemeinkosten erfolgt mithilfe von Verteilungsschlüsseln. Führen Sie drei typische Schlüssel an und beurteilen Sie diese kritisch.
7. Die Ermittlung der Gemeinkostenzuschlagsätze erfolgt nach einer Grundformel. Wie lautet diese Formel, welches sind die Bezugsgrößen, und wonach richten sich diese?
8. Beurteilen Sie die Zuschlagsätze unter Berücksichtigung unterschiedlicher Beschäftigungssituationen.
9. Zuschlagsätze können von Rechnungs- zu Rechnungsperiode schwanken. Welche Gründe können vorliegen, und wie berücksichtigt man diese Schwankungen?
10. Welche Rechtfertigung hat der Übergang von Istkostenzuschlagsätzen auf Normalzuschläge?

6. Die Kostenträgerrechnung auf der Basis von Vollkosten

Lernziele und Kompetenzen

Geprüfte Betriebswirte/innen nach der Handwerksordnung kennen die einzelnen Bereiche der Vollkostenrechnung und können diese kritisch beurteilen, vor allem im Hinblick auf die Problematik der Ermittlung und Verrechnung der Gemeinkosten bei der Preisermittlung in der Zuschlagskalkulation. Eine besondere Rolle spielt dabei neben anderen Kalkulationsarten der Maschinenstunden- und der Stundenverrechnungssatz.

Führungskräfte aus dem Handwerk wissen, in welchen Teilen der Zuschlagskalkulation Kosteneinsparungen möglich und zu einer marktbedingten Veränderung des Angebotspreises notwendig sind.

Handlungssituation (Fallbeispiel)

In einem mittelständischen Handwerksunternehmen (GmbH) aus der SHK-Branche (Sanitär-, Heizungs- und Klimabranche) schlägt der Geschäftsführer die Überprüfung der bisher praktizierten Angebotskalkulation vor. Diese wurde zu seinem Missfallen sehr lasch gehandhabt. Er will die verschiedenen Kalkulationsverfahren auf ihre Anwendung in seinem Betrieb prüfen, um einigermaßen sicher zu sein, dass der ermittelte Angebotspreis auch vom potenziellen Kunden akzeptiert wird. Insbesondere hat der Geschäftsführer das Gefühl, dass der Einsatz bestimmter Geräte beim Kunden und in der Werkstatt von der Kostenverursachung her nicht oder nicht richtig erfasst wird.

Die nachstehenden Ausführungen beantworten seine **Fragen** bezüglich der Wirksamkeit der **Gemeinkostenzuschlagssätze**.

6.1 Ziele und Bereiche der Kostenträgerrechnung

Aufgabe der Kostenträgerrechnung

Die Kostenträgerrechnung gibt eine Antwort auf die Frage: Wer (Produkt und/oder Dienstleistung) soll bzw. kann die Kosten tragen?

Ziele

Die **Ziele der Kostenträgerrechnung** sind die

- Ermittlung der **Selbstkosten** einer Leistung,
- **Gegenüberstellung** der Selbstkosten mit dem erzielten Verkaufspreis,
- **Ermittlung des Gewinns** je Leistungseinheit oder für die Zeitperiode sowie

- Bereitstellung von **Kosteninformationen zur Bewertung** selbst erstellter Anlagen und fertiger bzw. unfertiger Erzeugnisse.

Als **Kostenträger** werden unterschieden:

- für den Markt bestimmte Leistungen
  Diese können unterteilt werden in
  - tatsächlich abgesetzte Leistungen und
  - auf Lager genommene Leistungen.
- innerbetriebliche Leistungen
  Diese können unterteilt werden in
  - aktivierbare Leistungen und
  - nicht aktivierbare Leistungen.

Daraus ergibt sich die in der nachfolgenden Abbildung dargestellte Aufteilung:

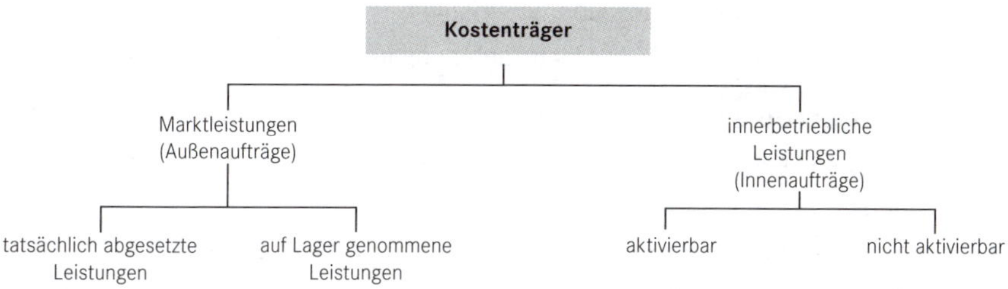

Arten von Kostenträgern

Teilbereiche der Kostenträgerrechnung

Die **Kostenträgerrechnung** ist in zwei Teilbereiche zu untergliedern:

- Die **Kostenträgerstückrechnung** ermittelt in der Vor-, Zwischen- und Nachkalkulation die Stückherstellkosten bzw. die Stückselbstkosten der Kostenträger.
- Die **Kostenträgerzeitrechnung** ist eine Periodenrechnung und erfasst die Kosten eines Abrechnungszeitraums, untergliedert nach Kostenarten. Durch Gegenüberstellung der Kosten mit den jeweiligen Erlösen wird aus der Kostenträgerzeitrechnung eine kurzfristige Erfolgsrechnung.

Die Kostenträgerrechnung erfüllt somit zwei Hauptaufgaben:

- **Kontrollaufgabe** bei feststehendem Marktpreis. Ein Vergleich zwischen Marktpreis und ermittelten Selbstkosten zeigt den Grad der **Kostendeckung (Kostenträgerzeitrechnung)**.
- **Angebotspreisermittlung** bei Angebotskalkulation. Dies gilt insbesondere bei Einzelfertigung und bei Leistungen, die noch keinen Marktpreis besitzen **(Kostenträgerstückrechnung oder Kalkulation)**.

6.2 Die Kostenträgerstückrechnung

6.2.1 Aufgaben

Aufgaben der Kostenträgerstückrechnung

Die Kostenträgerstückrechnung soll Informationen liefern

- für die **Preispolitik** des Unternehmens, vor allem
  - bei der Ermittlung der Preisstellung in Konkurrenzsituationen durch Festlegung der Preisuntergrenze (z. B. variable Kosten bei der Teilkostenrechnung),
  - bei der Bestimmung des Angebotspreises bei bestimmten Vertragsgestaltungen, insbesondere bei öffentlichen Aufträgen nach den Leitsätzen für die Preisermittlung aufgrund von Selbstkosten (LSP),
  - in der Frage der Beschaffung von Einsatzgütern (Festlegung der Preisobergrenzen) bzw. für die Entscheidung über Eigenfertigung oder Fremdbezug (make or buy),
  - bei der Suche nach kurz- und langfristigen Preisuntergrenzen, deren Unterschreitung die Existenz der Unternehmung infrage stellt,
- für die **Bewertung** der Bestände an Halb- und Fertigfabrikaten und der selbst erstellten Anlagen in Handels- und Steuerbilanz sowie in der Betriebsergebnisrechnung,
- für die **Planung**, insbesondere im Produktions- und Absatzbereich (Produktionsprogramm und Sortiment),
- über die Zusammensetzung des **Erfolgs** und damit zur Erfolgslenkung (Gewinnplanung).

6.2.2 Kalkulationsarten

Kalkulationsarten und -verfahren

Zur Ermittlung der Selbstkosten des Kostenträgers können verschiedene **Kalkulationsarten und -verfahren** zur Anwendung kommen, die nach unterschiedlichen Kriterien klassifiziert werden:

- nach dem **Kalkulationszeitpunkt** (Kalkulationsarten)
  - Vorkalkulation (Angebotskalkulation)
  - Zwischenkalkulation bzw. auftragsbegleitende Kalkulation (Kontrollinstrument bei längerfristigen Projekten)
  - Nachkalkulation (Vergleich mit der Vorkalkulation als Soll-Ist-Vergleich und damit als Grundlage für spätere Vorkalkulationen)
- nach dem **inhaltlichen Aufbau** (Kalkulationsverfahren)
  In der Betriebswirtschaftslehre unterscheidet man mehrere Kalkulationsverfahren, die in der nachfolgenden Abbildung im Überblick zusammengefasst sind.

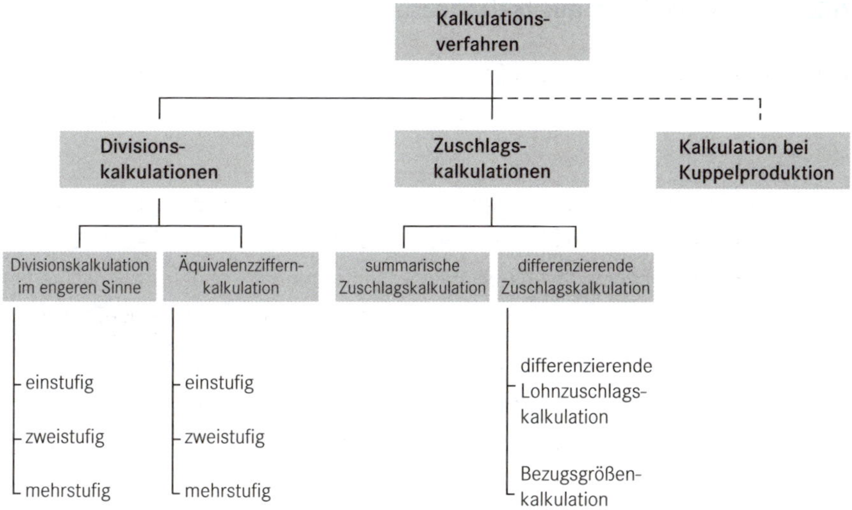

Systematik der Kalkulationsverfahren

In den weiteren Betrachtungen wird im Hinblick auf die Anwendung in kleinen und mittleren Unternehmen kurz auf die Divisions-, Äquivalenzziffern- und verstärkt auf die Zuschlagskalkulation eingegangen. Die Kalkulation bei Kuppelproduktion, sog. Komplementärproduktion, ist z. B. in der chemischen Industrie vorherrschend. Sie wird hier nicht näher erläutert.

6.2.3 Divisionskalkulation

Divisionskalkulation bei Einproduktunternehmen

Die in einer Periode angefallenen Gesamtkosten werden durch die produzierten Leistungen dividiert. Die **Divisionskalkulation** eignet sich für Betriebe, die **einheitliche** oder zumindest **gleichartige Produkte in Serie** herstellen. Eine Anwendung in größeren Betrieben ist dann gegeben, wenn neben Normalaufträgen (Kundenaufträge) Serien gefertigt werden müssen, die - sofern eine Kostenzurechnung möglich ist - mit dem Divisionsverfahren kalkuliert werden können.

Ein besonderer Vorteil dieser Methode besteht darin, dass bei Aufteilung der Selbstkosten in fixe und variable Bestandteile die **Gewinnschwelle** (Break-even-Point) (vgl. dazu Abschnitt 10.3) sowohl mengen- als auch wertmäßig **berechnet** werden kann. Der Betrieb erhält auf diese Weise Kenntnis über den Zusammenhang zwischen Seriengröße und Gewinnentwicklung. Dadurch kann die Gefahr, Aufträge anzunehmen, bei denen keine Deckung der variablen Kosten erwartet wird, verringert werden.

Die Divisionskalkulation findet in mittelständischen Unternehmen, die vielfach auf individuelle Einzelfertigung ausgelegt sind, eher weniger Anwendung.

6.2.4 Äquivalenzziffernkalkulation

Kalkulation mit Wertvergleichszahlen

In Betrieben, die **wenige gleichartige, aber im Wert ungleiche Produkte** herstellen, kann man mit sogenannten **Äquivalenzzahlen** (Wertvergleichszahlen) kalkulieren.

Bei der Ermittlung der Äquivalenzzahlen werden zunächst für die Kostenarten, die je Fertigungseinheit bei den einzelnen Erzeugnisarten verschieden sind, die Kostenanteile je Fertigungseinheit ermittelt. Meist handelt es sich dabei um verschieden hohe Material- und/oder verschieden hohe Lohnkosten bei sonst gleichen Kosten je Einheit.

Diese Kostenanteile je Fertigungseinheit werden in ein Wertverhältnis zueinander gesetzt, wobei man die Herstellkosten des billigsten oder des Hauptproduktes (Grundprodukt) der Zahl 1 gleichsetzt.

> Die ermittelten Äquivalenzzahlen sind so lange verwendbar, wie die Verhältnisse der Kostenarten sich untereinander nicht wesentlich ändern.

Das Anpassen der Äquivalenzzahlen an die Marktpreise ist problematisch, weil der tatsächliche Gewinn der einzelnen Erzeugnisarten dadurch verdeckt wird.

6.2.5 Zuschlagskalkulation

Aufbau der Zuschlagskalkulation

Die **Zuschlagskalkulation** ist die am weitesten entwickelte Form der kostenorientierten Preisermittlung. Viele Varianten der Angebotspreisermittlung in mittelständischen Unternehmen bauen auf ihren Grundsätzen auf. Sie beruht auf der Unterscheidung in Einzel-, Gemein- und Sonderkosten. Die Genauigkeit der Kalkulation hängt weitgehend von der **Richtigkeit der Gemeinkostenzuschläge** ab.

Die Zurechnung der Gemeinkosten ist aber oft ungenau, weil darin variable Bestandteile enthalten sind, die unterschiedlich auf Beschäftigungsveränderungen reagieren. Der Zuschlagssatz kann also erst nachträglich zuverlässig errechnet werden und gilt dann nur für einen bestimmten Beschäftigungsgrad. Für Betriebe mit starken Beschäftigungsschwankungen ist daher die genaue Beobachtung der Kostenverläufe äußerst wichtig.

> Der **Aufbau der Zuschlagskalkulation** ist abhängig von der gewählten Zuschlagsbasis. Man unterscheidet die summarische und die differenzierende Zuschlagskalkulation.

Summarische Zuschlagskalkulation

- Bei der **summarischen Zuschlagskalkulation** werden die gesamten Gemeinkosten der Abrechnungsperiode durch einen einzigen (summarischen) Zuschlagssatz verrechnet. Als Zuschlagsgrundlage (Bezugsbasis) kommen die Materialeinzelkosten, die Lohneinzelkosten (Fertigungseinzelkosten) oder die gesamten Einzelkosten in Betracht. Diese vereinfachte Form kann zu Ungenauigkeiten bei der Preisermittlung führen. Im Handwerk findet diese Form im Zusammenhang mit dem Stundenverrechnungssatz (vgl. dazu Abschnitt 8.2) häufig Anwendung.

Differenzierende Zuschlagskalkulation

- Die Anwendung der **differenzierenden Zuschlagskalkulation** setzt eine Aufspaltung der Gemeinkosten in Material-, Fertigungs-, Verwaltungs- und Vertriebsgemeinkosten voraus (vgl. nachfolgende Abbildung), wie sie gewöhnlich in der Kostenstellenrechnung (Betriebsabrechnungsbogen) vorgenommen wird. Mithilfe der im Betriebsabrechnungsbogen gewonnenen Gemeinkostenzuschlagssätze werden die Gemeinkosten den für die einzelnen Produkte direkt erfassbaren Einzelkosten zugeschlagen. Gebräuchlich ist dabei das unten aufgeführte Kalkulationsschema.

<table>
<tr><td>Material-einzel-kosten</td><td>Material-gemein-kosten</td><td>Lohn-einzel-kosten (Ferti-gungs-löhne)</td><td>Ferti-gungs-gemein-kosten</td><td>Sonder-einzel-kosten der Ferti-gung</td><td colspan="3" rowspan="2"></td></tr>
<tr><td colspan="2">Materialkosten</td><td colspan="3">Fertigungskosten</td></tr>
<tr><td colspan="5">Herstellkosten</td><td>Verwal-tungsge-meinkosten</td><td>Vertriebs-gemeinkos-ten</td><td>Sonder-einzelkos-ten des Vertriebs</td></tr>
<tr><td colspan="8">Selbstkosten</td></tr>
</table>

Aufbau der differenzierenden Zuschlagskalkulation

Daraus ergibt sich nachstehendes **Schema der Zuschlagskalkulation:**

		(1)	Materialeinzelkosten
	+	(2)	Materialgemeinkosten (MGK)
	=	(3)	Materialkosten
	+	(4)	Fertigungslöhne
	+	(5)	Fertigungsgemeinkosten (FGK)
	+	(6)	Sondereinzelkosten der Fertigung (SEF)
	=	(7)	Fertigungskosten
(3) + (7)	=		**Herstellkosten**
	+	(8)	Verwaltungsgemeinkosten (VwGK)
	+	(9)	Vertriebsgemeinkosten (VtGK)
	+	(10)	Sondereinzelkosten des Vertriebs (SEV)
	=	(11)	**Selbstkosten**

Schema der differenzierenden Zuschlagskalkulation

Ermittlung der Angebotspreise

Zur **Ermittlung des Angebotspreises** muss noch der Gewinnzuschlag und die gesetzliche Mehrwertsteuer berücksichtigt werden. Allerdings sei darauf hingewiesen, dass in den jeweiligen Gemeinkosten, vor allem in den Fertigungsgemeinkosten, bereits kalkulatorische Kosten (wie z. B. Eigenkapitalverzinsung) enthalten sind. Daher findet man in der Angebotskalkulation der Unternehmen für den Kunden den Gewinnzuschlag nicht gesondert ausgewiesen. Rabatt und Skonto müssen entsprechend berücksichtigt werden. Sie werden im Angebot ausgewiesen und sind oft das Ergebnis von Preisverhandlungen.

Kontrollfragen zur Kompetenzüberprüfung

Der Geschäftsführer des SHK-Betriebes kommt von einer Innungsversammlung zurück und hat in einem Fachvortrag zum Thema Kosten- und Leistungsrechnung über die von ihm schon lange beabsichtigten Veränderungen wichtige Anregungen erhalten. Das ermutigt ihn, Ihnen folgende Kontrollfragen zu stellen:

1. Warum werden Kalkulationen erstellt?
2. Warum ist die Angebotskalkulation für jedes Unternehmen und jeden potenziellen Kunden von enormer Bedeutung?
3. Warum ist es für jeden Betrieb wichtig zu wissen, welche Kostenarten in der Kalkulation den Angebotspreis besonders beeinflussen?
4. In jedem Handwerksunternehmen spielen die Gemeinkosten eine immer größere Rolle. Wie machen sich diese in den einzelnen Kalkulationsarten bemerkbar?
5. Gemeinkosten werden in der traditionellen Zuschlagskalkulation in unterschiedlicher Weise berücksichtigt. Man unterscheidet die summarische und die differenzierte oder differenzierende Zuschlagskalkulation. Worin bestehen die Unterschiede?
6. Die einzelnen Kalkulationsmethoden sind nicht in allen Bereichen der Wirtschaft anwendbar. Für welche Art von Unternehmen eignet sich z. B. die Äquivalenzziffernkalkulation?
7. Welche Auswirkungen auf die Genauigkeit der Kalkulation können sich ergeben, wenn sich die Beschäftigungs- bzw. Auftragssituation verändert?
8. Im Zusammenhang mit dem Auftreten von sprung- oder stufenfixen Kosten spricht man auch von der sog. Kostenremanenz. Was versteht man darunter, und wie kann sich das Unternehmen „schützen“?
9. Bei welchen Kostenarten lassen sich bei Preisverhandlungen am ehesten Einsparungen vornehmen?
10. Die Preisuntergrenze spielt in Preisverhandlungen eine wichtige Rolle. Wo liegt bei der Vollkostenrechnung die Preisuntergrenze?

7. Die Maschinenstundensatzrechnung

Lernziele und Kompetenzen

Geprüfte Betriebswirte/innen nach der Handwerksordnung haben im Rahmen der Zuschlagskalkulation die Bedeutung der Fertigungsgemeinkosten und die Problematik ihrer Verrechnung in einem produzierenden und kapitalintensiven Handwerksbetrieb kennengelernt. Die Kapitalintensität der Aggregate und Maschinen zwingt den Kalkulator, die Fertigungsgemeinkosten in maschinenabhängige und maschinenunabhängige, d. h. restliche Fertigungsgemeinkosten aufzuteilen. Der Kalkulator kann dadurch die Kostenermittlung in der Fertigung zeitabhängiger und damit wesentlich genauer vornehmen. Die Errechnung eines Maschinenstundensatzes ist das Ziel.

Handlungssituation (Fallbeispiel)

Ihr Chef, geschäftsführender Gesellschafter einer mittelgroßen GmbH, die auf mehreren CNC-Maschinen Zulieferteile für die Automobilindustrie herstellt, ist mit der traditionellen Zuschlagskalkulation mit hohen Zuschlagssätzen bei den Fertigungsgemeinkosten nicht mehr zufrieden. Er hat den Eindruck, dass manche Teile zu teuer und manche zu billig kalkuliert werden. Er kann die angebotenen Preise im Moment nur deshalb durchsetzen, weil er mit seinen Qualitätsteilen ein gewisses Alleinstellungsmerkmal hat. Der Geschäftsführer ist bei einem der üblichen Erfahrungsaustausche von einem Kollegen bestärkt worden, für seine CNC-Maschine einen Maschinenstundensatz von Ihnen ermitteln zu lassen.

7.1 Gründe für die Maschinenstundensatzrechnung

Prinzip der Vollkostenrechnung

Das Prinzip der Vollkostenrechnung besteht darin, dass die Kosten dem Auftrag, der sie verursacht, auch verursachungsgerecht zugerechnet werden. Dies geschieht nicht nur prozentual, sondern auch zeitabhängig.

Nachteile

Hauptbestandteil der Fertigungsgemeinkosten sind in einem maschinenintensiven Betrieb die **maschinenabhängigen Kosten**. Ihre Verrechnung auf die Kostenträger innerhalb des üblichen Fertigungsgemeinkostenzuschlags (FGK) führt dazu, dass Aufträge u. U. falsch kalkuliert werden, wenn in der Kostenträgerrechnung immer der gleiche Zuschlagssatz angesetzt wird.

Die falsche Kalkulation entsteht für Aufträge,

- die in der gleichen Fertigungsstelle den Einsatz von Maschinen mit höheren Kosten erfordern bzw.
- die in der gleichen Fertigungsstelle den Einsatz von Maschinen mit niedrigeren Kosten erfordern und
- die mehr Maschinenstunden benötigen als der Durchschnitt, bzw. Aufträge, die weniger Maschinenstunden benötigen als der Durchschnitt.

Dieser Fehler lässt sich vermeiden, wenn die maschinenabhängigen Kosten aus den Fertigungsgemeinkosten herausgezogen und in sog. Maschinenstundensätzen (oft auch Maschinenminutensätzen) gesondert verrechnet werden. Nach der Ausklammerung liegen die Zuschlagssätze für die dann noch übrig bleibenden **Restfertigungsgemeinkosten** der einzelnen Fertigungsstellen nahe beieinander.

Vorteile

> Damit ergeben sich folgende Vorteile:
>
> - Durch Herausnahme der maschinenabhängigen Kosten aus dem FGK-Zuschlag ist es möglich, die Zahl der Fertigungsstellen und damit der Zuschlagssätze zu verringern.
> - Die Ermittlung und Anwendung der Maschinenstundensätze gewährleistet eine laufende Kontrolle der wichtigsten Maschinenkosten.

7.2 Grundlagen der Maschinenstundensatzrechnung

Maschinenabhängige Kosten

Zu den **maschinenabhängigen Kosten** gehören insbesondere folgende Kostenarten:

- kalkulatorische Abschreibungen auf Maschinen
- Zinsen für das in den Maschinen investierte Kapital
- Instandhaltungskosten der Maschinen
- Raum- bzw. Platzkosten der Maschinen
- Energiekosten der Maschinen
- evtl. Werkzeugkosten und
- Personalkosten des Maschinenbedieners, wenn sie direkt der Maschine zugerechnet werden können.

Ermittlung der Laufstunden

Die maschinenabhängigen Kosten bezieht man auf die **betrieblichen Laufstunden**, die sich aus der durchschnittlichen Inanspruchnahme der Maschinen ergeben.

Beispiel:

Zahl der jährlichen Arbeitstage multipliziert mit den täglichen Arbeitsstunden: 249 Tage × 8 Std	=	1.992 Std.
./. durchschnittliche Ausfallzeit wegen Krankheit	ca.	71 Std.
./. durchschnittliche Ausfallzeit wegen Urlaub	ca.	50 Std.
./. Reinigungszeit	ca.	40 Std.
./. Ausfallzeit durch Störungen wie Maschinenschaden, Stromausfall usw.	ca.	36 Std.
	Rest	**1.795 Std.**

= rund 1.800 Stunden jährlich bzw. rund 150 Stunden monatlich.

Die für die Kalkulation zu verwendende Laufstundenzahl ergibt sich aus dem vorhandenen oder geschätzten Auftragsvolumen (Beschäftigungsgrad). Je nach Höhe des Fixkostenanteils wird dadurch auch die Höhe des Maschinenstundensatzes beeinflusst (siehe unten).

7.3 Die Ermittlung der maschinenabhängigen Kosten

Beispiel

Die Ermittlung der maschinenabhängigen Kosten kann von folgenden Überlegungen ausgehen:

Beispiel:

1. **Abschreibungsbetrag je Maschinenstunde**

   Abschreibungsgrundwert für die Berechnung des Abschreibungsbetrages je Maschinenstunde sind die gesamten Anschaffungskosten.

   Wiederbeschaffungskosten

   Da die Wiederbeschaffungskosten in der Regel steigen, sind die Anschaffungskosten durch die Wiederbeschaffungskosten bei der Ermittlung der kalkulatorischen Abschreibung zu ersetzen.

   Die Nutzungsdauer einer Maschine ist durch vorsichtige Schätzung unter Beachtung von Abnutzung, Alter, technischer Weiterentwicklung, voraussehbarer Bedarfsverschiebung, Mehrschichteneinsatz und Umwelteinflüssen festzulegen.

   Bei Leasing fallen die Abschreibungen weg und werden durch die Leasinggebühren ersetzt.

2. Zins je Maschinenstunde

Zinsen

Die kalkulatorischen Zinsen müssen von Jahr zu Jahr jeweils neu aus dem kalkulatorischen Restwert errechnet werden. Da dies zeitraubend ist, wählt die Praxis häufig die halben Wiederbeschaffungskosten als Kapitalbasis.

$$\textbf{Zinskosten} = \frac{\text{Wiederbeschaffungskosten}}{2} \times \frac{\text{Zinssatz}}{100}$$

3. Instandhaltungskosten je Maschinenstunde

Instandhaltung

Die Instandhaltungskosten umfassen Reparaturen und Wartungsdienst. Anstelle der jährlich wechselnden Instandhaltungskosten verwendet man als Basis häufig die aufgrund der Erfahrungswerte früherer Jahre geschätzten voraussichtlichen Instandhaltungskosten der Gesamtnutzungsdauer.

4. Raum- bzw. Platzkosten je Maschinenstunde

Raum- bzw. Platzkosten

Die Raumkosten einer Maschine sind von dem durch sie beanspruchten Raumbedarf abhängig. Er umfasst die Grundfläche der Maschine, den notwendigen Bedienungsraum und Abstellraum für die Werkstücke.

Im Raumkostensatz werden die Abschreibungen, Zinsen, Instandhaltungskosten für Gebäude und Energieversorgung usw. abgegolten, ferner die Heizungs-, Beleuchtungs-, Versicherungs- und eventuell die anteiligen Personalkosten.

5. Energiekosten je Maschinenstunde

Energiekosten

Wird die Maschine durch Kraftstrom angetrieben, ergibt sich der Energieverbrauch aus der auf dem Typenschild der Maschine angegebenen kW-Zahl. Der reale Energieverbrauch liegt jedoch aufgrund der geringeren tatsächlichen Inanspruchnahme des Motors meist nur bei einem geringeren Prozentsatz.

Der Energieverbrauch von Maschinen, die mit flüssigem Kraftstoff, Gas oder Dampf betrieben werden, ist in Liter/h oder m^3/h zu ermitteln.

Der Verbrauch ist mit dem Preis pro Einheit zu bewerten.

Ermittlung Maschinenstundensatz

Die Addition der Kosten (1 bis 5) ergibt den **Maschinenstundensatz**. Man kann auch die Summe der Jahreskosten pro maschinenabhängige Kostenart ermitteln und durch die Laufzeit dividieren. Die Schwierigkeit liegt in der Festlegung der Auslastung der Maschine (Beschäftigungsgrad aufgrund der Auftragslage). Dadurch wird die Höhe des Maschinenstundensatzes durch den Fixkostenanteil beeinflusst.

Für den Betriebsabrechnungsbogen ergeben sich daraus nachstehende Folgerungen:

- Im BAB sind innerhalb des Fertigungsbereichs Spalten für die einzelnen Maschinengruppen zu bilden, in denen die Anteile der Maschinengruppen an den maschinenabhängigen Kostenarten einzutragen sind.
- Die nach Ausgliederung der maschinenabhängigen Fertigungsgemeinkosten verbleibenden Restfertigungsgemeinkosten setzen sich dann im Wesentlichen nur noch aus den Kosten der Fertigungsorganisation, insbesondere den Hilfslöhnen, Gehältern, Sozial- und Reinigungskosten zusammen.

Eine häufige Überprüfung des Maschinenstundensatzes ist wegen eventueller Kosten- und/oder Beschäftigungsänderungen dringend zu empfehlen.

7.4 Die Errechnung des Maschinenstundensatzes

Handlungssituation

Handlungssituation (Fallbeispiel)

Der Geschäftsführer will Ihr Wissen prüfen und stellt nachstehende Zahlen zur Verfügung, um daraus den Maschinenstundensatz eines Drehautomaten zu errechnen.

Die Anschaffungskosten für den Drehautomaten beliefen sich einschließlich der Anschaffungsnebenkosten auf 400.000,- €. Die Maschine hat eine voraussichtliche Nutzungsdauer von 15 Jahren. Ein Restwert kann zum jetzigen Zeitpunkt nicht ermittelt werden.

Die mögliche jährliche Maschinenlaufzeit wurde mit 1.920 Stunden errechnet, wobei eine 40-Stunden-Woche und eine tägliche Arbeitszeit von 8 Stunden zugrunde gelegt wurden. 21 Tage sind für Feiertage und betriebliche Ausfälle einkalkuliert. Es wird mit einem durchschnittlichen Auslastungsgrad von 80 % gerechnet.

Der Zinsfuß zur Berechnung der kalkulatorischen Zinsen wird mit 8 % angesetzt. Der Drehautomat wurde vor 4 Jahren angeschafft.

Der Antrieb des Automaten erfolgt elektrisch. Die installierte Leistung beträgt 80 kWh und die durchschnittliche Leistung 75 % der Nennleistung. Das E-Werk berechnet zur Zeit für Kraftstrom 0,18 € je kWh.

Aufzeichnungen über die letzten 4 Jahre haben ergeben, dass für den Drehautomaten durchschnittlich Schmier- und Kühlmittel in Höhe von 8.000,- € pro Jahr verbraucht wurden. Die Instandhaltungskosten der Maschine werden über die gesamte Nutzungsdauer auf 165.000,- € geschätzt, also durchschnittlich 11.000,- € pro Jahr. Die jährlichen Kosten für Normalwerkzeuge belaufen sich auf 6.000,- € pro Jahr.

Der Betrieb zahlt eine Jahresversicherungsprämie von 1,5 ‰ auf die Wiederbeschaffungswerte. Der Index der Erzeugerpreise ist seit dem Anschaffungszeitpunkt des Drehautomaten von 100 auf 110 gestiegen.

Der Raumbedarf der Maschine beträgt 60 nutzbare Quadratmeter. Als kalkulatorische Miete werden 8,- € pro qm und Monat verrechnet. Die jährlichen Gesamtkosten für das am Drehautomaten eingesetzte Personal haben eine Höhe von 45.000,- €.

Aus diesen Zahlenangaben ist der **Maschinenstundensatz** für den Drehautomaten zu ermitteln.

Die **Berechnung für den Geschäftsführer kann wie folgt aussehen:**

Kostenart	**€**
Kalkulatorische Abschreibung (ohne Berücksichtigung der Wiederbeschaffungskosten)	26.667,00
Kalkulatorische Zinsen (Anschaffungskosten minus 4 Jahre Abschreibung)	23.466,56
Stromkosten	16.588,80
Schmiermittel	8.000,00
Instandhaltungskosten	11.000,00
Werkzeugkosten	6.000,00
Versicherungskosten Wiederbeschaffungswert × 110 (Index)	660,00
Kalkulatorische Miete	5.760.-
Personalkosten	45.000,00
Gesamtkosten pro Jahr	**143.142,36**

Die **Maschinenlaufzeit** ergibt sich aus:

80 % von 1.920 Stunden = 1.536 Stunden

Der **Maschinenstundensatz** ergibt sich wie folgt:

$$\frac{143.142{,}36\ €}{1.536\ \text{Std.}} = \mathbf{93{,}19\ €/Std.}$$

Kontrollfragen zur Kompetenzüberprüfung

Zur Überprüfung des von Ihnen ermittelten Maschinenstundensatzes stellt der Geschäftsführer ein paar Verständnisfragen an Sie.

1. Der Maschinenstundensatz wird aus den Fertigungsgemeinkosten errechnet. Welche Aufteilung der Fertigungsgemeinkosten wird vorgenommen?
2. Warum werden welche Kostenarten zur Ermittlung des Maschinenstundensatz herangezogen?
3. Handelt es sich bei diesen, auf die Maschine direkt zurechenbaren Kosten um fixe und/oder variable Kostenarten?
4. Warum spielt es bei vielen unter 3. ermittelten Kostenarten eine Rolle, wann **Kosten** und wann die **Ausgaben** dafür anfallen?
5. Bei der Ermittlung der Laufstunden der Maschine wird eine Reihe von Zeiten abgezogen. Welche sind dies, und wie werden diese ermittelt?
6. Der Maschinenstundensatz wird in der Kalkulation als Plangröße angenommen. Kann man künftige Kostenerhöhungen beim Maschinenstundensatz berücksichtigen?
7. Es kann sein, dass ein abgegebenes Angebot aufgrund des zu hohen Maschinenstundensatzes zu teuer ist. Wie lässt sich - ohne sofort Verlust einzufahren - eine Preisuntergrenze ermitteln?
8. Werden im Maschinenstundensatz auch kalkulatorische Kosten berücksichtigt, und wenn ja, welche und warum?
9. Der Maschinenstundensatz als Plangröße in der Kalkulation muss ständig den Kostenveränderungen angepasst werden. Wie häufig soll/muss der Maschinenstundensatz angepasst werden?
10. Welche Vorteile bringt der Maschinenstundensatz insgesamt gegenüber der differenzierten (differenzierenden) Zuschlagskalkulation?

8. Von der differenzierten (differenzierenden) Zuschlagskalkulation zum Stundenverrechnungssatz

Lernziele und Kompetenzen

Geprüfte Betriebswirte/innen nach der Handwerksordnung kennen die Bedeutung der Gemeinkosten im Unternehmen und deren Verteilungsproblematik auf Kostenstellen und letztlich auf Kostenträger. In der traditionellen Zuschlagskalkulation (summarisch oder differenziert/differenzierend) werden die Gemeinkosten durch ermittelte Zuschlagssätze auf Einzelkosten prozentual „zugeschlagen".

Ziel ist die Ermittlung eines Angebotspreises, der vom potenziellen Kunden akzeptiert wird. Der so ermittelte Angebotspreis soll den tatsächlichen Kostenanfall berücksichtigen. Das nachfolgende Kapitel vermittelt Ihnen die Kompetenz, folgende Kritikpunkte zu beachten:

1. Eine Veränderung des Beschäftigungsgrades wird in der Regel nicht berücksichtigt.
2. Die fixen Bestandteile der Gemeinkosten werden häufig variabel behandelt.
3. Die fixen Bestandteile der Gemeinkosten führen zu einer nicht marktgerechten Preispolitik bei unterschiedlichen Beschäftigungssituationen.
4. Die Abhängigkeit der Gemeinkosten von den Einzelkosten ist problematisch.
5. Die Anwendung der Zuschlagssätze ist wegen der meist ungenauen Zurechnung der Gemeinkosten auf die Kostenstellen und damit letztlich auf die Kostenträger vielfach fehlerhaft.

Sie sind nach Lektüre der folgenden Ausführungen in der Lage, Ihren Stundenverrechnungssatz zu ermitteln und können z. B. Kunden erklären, dass der Stundenverrechnungssatz weder dem Verdienst des Handwerksmitarbeiters noch dem Gewinn des Handwerkers entspricht.

Handlungssituation (Fallbeispiel)

Handlungssituation

Der geschäftsführende Gesellschafter eines SHK-Betriebes in der Rechtsform einer GmbH hat eine E-Mail erhalten, in der harsche Kritikpunkte eines Kunden am abgegebenen Angebot vorgebracht werden. Unter anderen werden vom Kunden folgende Punkte genannt:

- Der Stundenverrechnungssatz von 70,– € für einen Obergesellen sei eine Frechheit.

- So schnell wie der Handwerker wolle er - der Kunde - auch sein Geld verdienen.
- Gewinn sei ja in Ordnung, aber nicht in dieser Höhe.

Der Geschäftsführer ist über derartige Äußerungen von Kunden nicht erfreut, zumal er annehmen muss, dass dies nicht eine einmalige kundenseitige Meinung ist. Er bittet Sie deshalb, dem Kunden einen aussagefähigen und überzeugenden Antwortbrief zu schreiben. Zur Vorbereitung auf das Schreiben empfiehlt der Geschäftsführer, nachstehende Ausführungen aufmerksam zu lesen.

8.1 Grundlagen

Grundlagen

Mittelständische Unternehmen, vor allem aus dem Handwerk, verkaufen im Wesentlichen Arbeitsstunden und Material bzw. Teile (z. B. Einbauteile). Der Preis für die zu erstellende bzw. erstellte Leistung ergibt sich aus der Anzahl der Arbeitsstunden multipliziert mit dem Stundenverrechnungssatz plus verarbeitetes Material bzw. Teile (inklusive Materialaufschlag in Abhängigkeit von den Materialgemeinkosten).

Beispiel: Dachreparatur (bewusst ohne Zahlen)

Materialkosten (Fertigungsmaterial, z. B. Dachziegel plus Kleinteile) (Anmerkung: Materialkosten = Fertigungsmaterial plus Materialgemeinkosten)	____,- €
zzgl. ____ Stunden für einen Gesellen zu ____,- € (Stundenverrechnungssatz)	____,- €
Summe	____,- €
zzgl. gesetzliche Mehrwertsteuer	____,- €
Angebotspreis	**____,- €**

Dazu werden dem potenziellen Kunden die Zahlungskonditionen angeboten, z. B. „Rechnung zahlbar sofort ohne jeglichen Abzug".

8.2 Ermittlung des Stundenverrechnungssatzes

Ermittlung des Stundenverrechnungssatzes

Der **Stundenverrechnungssatz** muss also zusammen mit den Materialkosten die entstandenen Kosten decken und sollte möglichst einen betriebswirtschaftlich notwendigen Gewinnanteil enthalten.

Zur Ermittlung des Verrechnungssatzes ist die Kenntnis über den Kostenanfall notwendig. In der Buchhaltung müssen die Zahlen für die Kalkulation enthalten sein, wobei die Kosten der vergangenen Zeitperiode nicht immer für die Kalkulation zukünftiger Aufträge herangezogen werden können: Die Kalkulation benötigt immer **aktuelle Kosten**, die dann auch - wahrscheinlich - anfallen werden bzw. anfallen dürfen. In solchen Fällen macht sich eine **auftragsbegleitende** Kostenkontrolle vorteilhaft bemerkbar.

Personalkosten

Die wichtigste Kostenart bei der Ermittlung des Stundenverrechnungssatzes sind die **Personalkosten**. Sie enthalten die Löhne für die Gesellen, Helfer, Lehrlinge und Aushilfskräfte sowie die Gehälter für die Angestellten (je nach Rechtsform auch die des geschäftsführenden Gesellschafters) und die mitarbeitende Ehefrau. Dazu kommen die sog. **Personalzusatzkosten**, wie z. B. die Arbeitgeberbeiträge zur Sozialversicherung. Der Arbeitgeber zahlt die Hälfte der Renten-, Kranken- und Arbeitslosenversicherung der Mitarbeiter. Weiterhin sind zu nennen: **Beiträge** zur Berufsgenossenschaft, zur gesetzlichen Unfallversicherung sowie die vermögenswirksamen Leistungen.

Produktive und unproduktive Stunden

Bei der Ermittlung des Stundenverrechnungssatzes sind die sog. **„produktiven“** von den **„unproduktiven“ Stunden** zu trennen. Nicht jede dem Mitarbeiter bezahlte Stunde kann dem Kunden direkt berechnet werden. Zu berücksichtigen sind folgende Zeiten: Sonnabend und Sonntag, Urlaubs-, Feiertags- und Krankheitstage sowie Zeiten der betrieblichen Weiterbildung. Dazu kommen die „unproduktiven“ Stunden durch betrieblichen Leerlauf, bei schlechter Organisation oder Nacharbeiten wegen Reklamationen durch den Kunden. Beispielsrechnungen kommen pro Mitarbeiter und Jahr auf ca. 1.500 Stunden weiter verrechenbare Stunden. Bei schlechter Auftragslage und Fehlern in der betrieblichen Organisation wird diese Stundenzahl unterschritten und kann den Stundenverrechnungssatz und den Erfolg entsprechend beeinflussen.

Auch der Inhaber (Einzelunternehmer oder geschäftsführender Gesellschafter einer GmbH) muss seine „unproduktiven“ Zeiten berücksichtigen, z. B. Verkaufsgespräche führen, mit Lieferanten verhandeln, Mitarbeiter einweisen und überwachen, Vor- und Nachkalkulationen durchführen, Rechnungen schreiben und überprüfen.

Beispiel:

2 Mitarbeiter × 1.500 Std.	3.000 Std.
1 Lehrling (zu 30 % produktiv)	450 Std.
Inhaber (zu 50 % produktiv)	750 Std.
Produktivstunden insgesamt	**4.200 Std.**

Weitere Kostenarten

Weitere Kostenarten, die im Verrechnungssatz zu berücksichtigen sind:

	Beitrag in € aus Ihrem Unternehmen
• kalkulatorische Abschreibungen • kalkulatorische oder tatsächlich zu zahlende Zinsen • kalkulatorischer Unternehmerlohn bei Personengesellschaften • Hilfs- und Betriebsstoffe • Energiekosten • betriebliche Steuern, wie z. B. Gewerbe- und Grundsteuer • Gebühren, wie z. B. Leasinggebühren und Beiträge, Versicherungen, Rechtsschutz usw. • Instandhaltung und Reparaturen (z. B. Kraftfahrzeugkosten) • kalkulatorische oder tatsächliche Miete • Porto und Kommunikationskosten (z. B. Telefon, Telefax, Internet usw.) • Werbekosten • Beratungskosten (z. B. Steuerberater, Rechtsanwalt) • kalkulatorische Risiken, die, wenn sie nicht anfallen, sich als Gewinn niederschlagen.	
	Summe in €

Die Berechnung des Stundenverrechnungssatzes ergibt sich folgendermaßen:

$$\frac{\text{Summe der oben aufgeführten Kosten + Gewinn (z. B. 190.000,- €)}}{\text{Anzahl der Produktivstunden, z. B. 4.200 Std.}} = \text{z. B. } 45{,}24\ €$$

Der Stundenverrechnungssatz von z. B. 45,24 € ist der Mittelwert, der sich aus einem mittleren Stundenlohn von z. B. 20,- € ergibt.

Da nicht alle Mitarbeiter gleich entlohnt werden, muss man differenzieren:

$$\frac{\text{Mittlerer Stundenverrechnungssatz}}{\text{Mittlerer Brutto-Stundenlohn}} = \frac{45{,}24\ €}{20{,}-\ €} = 2{,}26 \text{ (Verrechnungsfaktor)}$$

Der Stundenverrechnungssatz ist also das 2,26-Fache des Stundenlohns, d. h. wenn man den Stundenlohn eines Mitarbeiters mit diesem Faktor multipliziert, erhält man dessen Stundenverrechnungssatz. Der tatsächlich dem Kunden angebotene oder verrechnete Satz kann sich natürlich auch an einer marktorientierten Preispolitik ausrichten.

Kontrollfragen zur Kompetenzüberprüfung

Der Geschäftsführer will sichergehen, dass Sie das vorstehende Kapitel nicht nur gelesen, sondern auch verstanden haben. Er stellt Ihnen deshalb folgende Fragen:

1. Was sind die Ziele, die man mit der Errechnung des Stundenverrechnungssatzes erreichen will?
2. Welche Kritikpunkte an der differenzierten Zuschlagskalkulation rechtfertigen die Anwendung des Stundenverrechnungssatzes?
3. Welche Kostenarten gehen in die Ermittlung des Satzes ein?
4. Wie werden die für die Ermittlung des Stundensatzes notwendigen Arbeitsstunden ermittelt?
5. Welche Sachverhalte sind bei der Berücksichtigung des kalkulatorischen Unternehmerlohns zu beachten?
6. Wie werden im Stundenverrechnungssatz die möglicherweise unterschiedlichen Stundenlöhne der Mitarbeiter berücksichtigt?
7. Wie macht sich die Zahl der verrechenbaren Stunden im Stundenverrechnungssatz bemerkbar?
8. Welche wichtigen Kostenarten können in Ihrem Betrieb auf den Stundenverrechnungssatz besonders beeinflussend wirken?
9. Warum sind auch im Stundenverrechnungssatz die kalkulatorischen Kosten einzubeziehen?
10. Halten Sie es für sinnvoll, jedem Angebot ein Beispiel für die Berechnung des Stundenverrechnungssatzes beizulegen? Begründen Sie bitte Ihre Antwort.

9. Die Kostenträgerzeitrechnung

Lernziele und Kompetenzen

Geprüfte Betriebswirte/innen nach der Handwerksordnung können alle Einzel- und Gemeinkosten insgesamt und getrennt für jede Leistung (Erzeugnis und/oder Dienstleistung erfassen. Sie sind in der Lage, nachstehende Ziele zu erreichen:

- Die Errechnung der **Herstellkosten** als Ausgangspunkt für die Bewertung fertiger bzw. unfertiger Leistungen zu den handels- und steuerrechtlich vorgeschriebenen **Herstellungskosten**.
- Die Errechnung der **Selbstkosten**.
- Die Ermittlung des **Betriebsergebnisses** einer Abrechnungsperiode.

Sie erkennen und wissen, dass die Kostenträgerzeitrechnung damit einen wesentlichen Beitrag zur Wirtschaftlichkeit betrieblichen Handelns leisten bzw. Ausgangspunkt für Gegensteuerungsmaßnahmen bei Kostenabweichungen sein kann.

Handlungssituation

Handlungssituation (Fallbeispiel)

Als Unternehmer sind Sie ständig am Ergebnis der abgelaufenen Zeitperiode interessiert. In dem monatlichen „Jour fixe", der vor allem zur Betriebsergebnisermittlung beitragen soll, nehmen Ihre Führungskräfte teil. Sie beklagen die seit Monaten anhaltende Konjunkturflaute und wollen den Führungskräften die Situation darstellen und sie gleichzeitig darum bitten, sich Gedanken zur Verbesserung des Betriebsergebnisses zu machen. Das nachfolgende Kapitel ist für Ihre Mitarbeiter Grundlage für die Vorschläge, die sie Ihnen im bevorstehenden „Jour fixe" machen sollen/müssen.

9.1 Aufgaben der Kostenträgerzeitrechnung

Aufgaben der Kostenträgerzeitrechnung

Die Kostenträgerzeitrechnung hat die Aufgabe, alle Einzel- und Gemeinkosten insgesamt und getrennt für jedes Erzeugnis bzw. jede Dienstleistung des Leistungsprogramms zu erfassen.

Ziele

Im Einzelnen ist sie auf folgende **Ziele** ausgerichtet:

- Errechnung der **Herstellkosten** für jedes Erzeugnis. Sie ist damit die Grundlage für die Bewertung der fertigen und unfertigen Erzeugnisse zu den handels- und steuerrechtlich vorgeschriebenen **Herstellungskosten**. Sie ergeben sich nach

§ 255 Abs. 2 und 3 HGB bzw. § 6 EStG und dürfen nicht mit den Herstellkosten verwechselt werden.

- Errechnung der **Selbstkosten** insgesamt und für jedes Erzeugnis (Auftrag). Sie ist damit Grundlage zur Kontrolle der Wirtschaftlichkeit und Rentabilität einzelner Erzeugnisse (Aufträge).
- Ermittlung des Betriebsergebnisses einer Abrechnungsperiode. Damit ist sie die Grundlage einer kurzfristigen Erfolgsrechnung.

Als Ergebnis kann festgehalten werden:

> Die Kostenträgerzeitrechnung ist die Grundlage zur Berechnung der Herstellkosten, der Selbstkosten und des Betriebsergebnisses einer Abrechnungsperiode.

9.2 Die Kostenträgerzeitrechnung als Ergebnisrechnung

Für die Geschäftsleitung ist es wichtig zu erfahren, wie hoch der Kostenanteil des einzelnen Erzeugnisses (Auftrages) an den Gesamtkosten ist und in welchem Maße es am Gewinn oder Verlust beteiligt ist. In der Praxis wird daher die Kostenträgerzeitrechnung zu einer Ergebnisrechnung ausgebaut. Dazu kann ein Kostenträgerblatt erstellt werden.

Kostenträgerblatt

Dem Aufbau des Kostenträgerblattes liegt im Wesentlichen das Schema der Zuschlagskalkulation zugrunde. Die Einzelkosten (Fertigungsmaterial und Fertigungslöhne) ergeben sich aus der Betriebsbuchhaltung und werden anhand der Belege auf die verschiedenen Erzeugnisse (Aufträge) verteilt. Mithilfe der Normalzuschlagssätze werden die Gemeinkosten anteilig auf die Erzeugnisse (Aufträge) verrechnet. Wenn die **Selbstkosten des Umsatzes für jedes einzelne Erzeugnis** (Auftrag) ermittelt worden sind, ist die eigentliche Kostenträgerzeitrechnung abgeschlossen.

Durch einen Vergleich der Selbstkosten des Umsatzes mit den entsprechenden Nettoverkaufserlösen (= Umsatzerlöse abzüglich Rücksendungen und Erlösschmälerungen) erhält man das Umsatzergebnis insgesamt und für die einzelnen Kostenträger. Es gilt:

Umsatzergebnis

> Nettoverkaufserlöse ./. Selbstkosten des Umsatzes = **Umsatzergebnis**

Das Umsatzergebnis unterscheidet sich vom Betriebsergebnis durch die Kostenüber- bzw. -unterdeckung, da diese die Differenz zwischen Soll- und Istrechnung bilden. Berichtigt man daher das Umsatzergebnis um die Kostenüber- oder -unterdeckung, die sich durch die tatsächlich angefallenen Kosten ergibt, erhält man das Betriebsergebnis der Abrechnungsperiode (vgl. dazu die Ausführungen in Abschnitt 5.4).

Zusammengefasst ergibt sich:

Betriebsergebnis

Umsatzergebnis +/− Über- bzw. Unterdeckung = **Betriebsergebnis**

Das im Kostenträgerblatt ermittelte Betriebsergebnis muss deshalb mit dem der Betriebsbuchhaltung übereinstimmen. Das Betriebsergebnis lässt sich somit aus den Zahlen der Kostenrechnung feststellen (vgl. dazu nachfolgendes Kostenträgerblatt).

Kurzfristige Erfolgsrechnung

Das Kostenträgerblatt ist ein ausgezeichnetes Hilfsmittel zur kurzfristigen Erfolgsrechnung. Außerdem dient es dazu, die Zahlen der Buchführung mit denen der Kostenrechnung abzustimmen.

Grundsätzlich lässt sich natürlich diese Ergebnisrechnung auch auf die Abrechnung eines einzelnen Auftrags übertragen. Voraussetzung ist auch hier eine zeitnahe Erfassung der angefallenen Kosten in der jeweiligen Abrechnungsperiode.

Als Ergebnis kann festgehalten werden:

Mithilfe des Kostenträgerblattes können ermittelt werden:

- der Anteil der verschiedenen Erzeugnisse (Aufträge) an den Gesamtkosten der Abrechnungsperiode,
- der Anteil der einzelnen Erzeugnisse (Aufträge) am Umsatzergebnis und
- das monatliche Betriebsergebnis (kurzfristige Erfolgsrechnung).

Kostenträgerblatt			Verrechnete Normalkosten		
			Kosten-träger insgesamt	Kostenträger Produkt A	Kostenträger Produkt B
			€	€	€
1 - 13 Kostenträgerzeitrechnung	1.	Fertigungsmaterial	100.000,-	70.000,-	30.000,-
	2.	+ 10% MGK	10.000,-	7.000,-	3.000,-
	3.	**Materialkosten (1 + 2)**	110.000,-	77.000,-	33.000,-
	4.	Fertigungslöhne	84.000,-	52.000,-	32.000,-
	5.	+ 125% FGK	105.000,-	65.000,-	40.000,-
	6.	**Fertigungskosten (4 + 5)**	189.000,-	117.000,-	72.000,-
	7.	**Herstellkosten der Produktion (3 + 6)**	299.000,-	194.000,-	105.000,-
	8.	+ Minderbestand unfertige Erzeugnisse	+60.000,-	+40.000,-	+20.000,-
	9.	./. Mehrbestand unfertige Erzeugnisse	./. 20.000,-	./. 15.000,-	./. 5.000,-
		= Bestandsveränderungen			
	10.	**Herstellkosten des Umsatzes**	339.000,-	219.000,-	120.000,-
	11.	+ 15% VwGK	50.850,-	32.850,-	18.000,-
	12.	+ 5% VtGK	16.950,-	10.950,-	6.000,-
	13.	**Selbstkosten des Umsatzes**	406.800,-	262.800,-	144.000,-
14 - 17 Ergebnisrechnung	14.	Netto-Verkaufserlöse	503.200,-	367.200,-	136.000,-
	15.	**Umsatzergebnis (14 ./.13)**	**96.400,-**	**104.400,-**	**./.8.000,-**
	16.	+ Überdeckung (aus BAB)	3.870,-		
	17.	**Betriebsergebnis (15 + 16)**	100.270,-	70.000,-	30.000,-

Beispiel für ein Kostenträgerblatt (Zahlen sind fiktiv)

Anmerkung: Wird in der Praxis nicht unbedingt in dieser Form dargestellt.

Kontrollfragen zur Kompetenzüberprüfung

Der Handwerksinhaber ruft seine Führungskräfte außer der Reihe zu einer Besprechung zusammen, um zu prüfen, ob die Lektüre über die Kostenträgerzeitrechnung sich in den Köpfen niedergeschlagen hat und welche Vorschläge er von den Führungskräften erwarten kann. Zunächst stellt er nachstehende Fragen:

1. Beschreiben Sie die Ziele der „Kostenträgerzeitrechnung“.
2. In welche Bereiche wird die „Kostenträgerzeitrechnung“ eingeteilt?
3. Was versteht man unter „Marktleistungen“ und was unter „innerbetrieblichen Leistungen“?
4. Welche Informationen soll die Kostenträgerstückrechnung liefern?
5. Welche Ergebnisse lassen sich aus dem Kostenträgerblatt ermitteln?
6. Inwiefern unterscheiden sich Herstell- und Herstellungskosten?
7. Welche Erkenntnisse lassen sich aus den Zahlen einer „Über-“ bzw. einer „Unterdeckung“ ableiten?
8. In welchen zeitlichen Abständen sollte eine Kostenträgerzeitrechnung erstellt werden?
9. Bestandsveränderungen an fertigen und unfertigen Erzeugnissen sind zu berücksichtigen. Gibt es dafür einen Grund?
10. Wie unterscheiden sich „Umsatzergebnis“ und „Betriebsergebnis“?

10. Die Kostenrechnung auf der Basis von Teilkosten oder: Von der Voll- zur Teilkostenrechnung

Lernziele und Kompetenzen

Geprüfte Betriebswirte/innen nach der Handwerksordnung lernen - ausgehend von den Kenntnissen der Vollkostenrechnung - die einzelnen Anwendungsbereiche, aber auch die möglichen Gefahren der Teilkostenrechnung kennen. Die Verrechnung der Fixkosten im Rahmen der Vollkostenrechnung führt bei Auslastungsänderungen zu einer nicht marktgerechten Preispolitik des Handwerksunternehmens. Dem preis- und kostenbewussten Handwerksbetrieb geht es aber darum, sich den Bedingungen des Marktes - Angebot und Nachfrage - anzupassen. Dazu gehören unter anderem die Preisdifferenzierung, die Gestaltung eines optimalen Produktions- und Sortimentsprogramms, die Ermittlung unterschiedlicher Preisuntergrenzen und die Kenntnis der Gewinnschwelle (Break-even-Point).

Die notwendigen Instrumente werden erarbeitet und führen dazu, die oben angeführten Lernziele bestmöglich zu erfüllen.

Handlungssituation (Fallbeispiel)

Handlungssituation

Der mittelständische SHK-Betrieb sieht sich in einer allgemeinen konjunkturellen Krise trotz gezielter Marketingmaßnahmen einem Auftragsrückgang gegenüber. Eine durchgeführte Schwachstellenanalyse und auch die Kenntnisse aus dem Markt führen zu dem Ergebnis, dass in der derzeitigen Situation zusätzliche Aufträge im Schwerpunkt nur über den Preis zu erhalten sind. Der Geschäftsführer und seine Führungsmannschaft sind sich aber einig, dass der Qualitätsanspruch der Kunden nach wie vor bedient werden muss und alle anderen hart erarbeiteten Alleinstellungsmerkmale weiterhin gepflegt werden müssen.

Sie führen ein kleines Team und sollen die Möglichkeiten der Teilkostenrechnung untersuchen und der Geschäftsleitung möglichst zeitnah Vorschläge für deren Anwendung unterbreiten. Die Lektüre und die Kenntnis des nachfolgenden Kapitels unterstützen Sie und Ihr Team dabei, brauchbare Vorschläge zu unterbreiten.

10.1 Kostenrechnungssysteme

Problematische Kostenzurechnung

Die bisherigen Ausführungen zur Kostenrechnung haben gezeigt, dass die Kostenzurechnung nicht nur abgrenzungstechnische Schwierigkeiten bereitet, sondern dass sich auch Zurechnungsprobleme in Bezug auf Leistungen ergeben können.

Alle dargestellten Verfahren gehen zumindest bei einigen, wenn nicht bei allen Verrechnungsschritten von einem gleichen Verhältnis zwischen Kosten und Leistung aus, das aber nicht oder nur begrenzt vorhanden ist. Einzelne Kostenarten oder -gruppen sind sogar überhaupt nicht immer in eine sinnvolle Beziehung zum Erzeugnis (Auftrag) zu setzen, so z. B. Verwaltungskosten oder Entwicklungskosten.

Aus diesem Grund wurden **verschiedenartige Kostenrechnungssysteme** entwickelt, die entweder andersartige Zurechnungsverfahren anwenden oder teilweise auf die direkte Zurechnung der angefallenen Kosten verzichten.

Vereinfachend kann unterschieden werden:

- Kostenrechnungssysteme auf der Basis von Vollkosten
- Kostenrechnungssysteme auf der Basis von Teilkosten.

10.2 Kostenrechnungssysteme auf der Basis von Vollkosten (Vollkostenrechnung)

Vollständige und periodengerechte Erfassung

In jedem Unternehmen hat die Kostenrechnung die Aufgabe, **alle** Kostenarten vollständig und periodengerecht zu erfassen und sie der einzelnen Leistung (= Kostenträger) verursachungsgerecht zuzurechnen. Dieses als Vollkostenrechnung bezeichnete System ist Grundlage jeder Kostenträgerrechnung, die die **Herstell- und/oder Selbstkosten** der Leistungen ausweisen soll. Ihre Aufgaben erfüllt die Vollkostenrechnung nur dann zufriedenstellend, wenn auf dem Markt die mithilfe der Zuschlagskalkulation errechneten Angebotspreise vom Kunden akzeptiert werden.

Es muss aber geprüft werden, ob die Vollkostenrechnung auch dann noch sinnvoll angewendet werden kann, wenn der Markt **unternehmerische Entscheidungen** zur Verbesserung der Auftragslage oder des Betriebserfolges verlangt.

Auswirkung von fixen und variablen Kosten

Die bisherigen Ausführungen sind von der Vollkostenrechnung mit Istkosten ausgegangen, d. h. es sind die Verrechnungsschritte für die Zurechnung aller angefallenen Kosten auf die Leistungen gezeigt worden. Ändert sich die Leistungsmenge, ändern sich die variablen Kosten; die fixen Kosten bleiben aber innerhalb eines bestimmten Zeitraumes gleich. Da die Beschäftigung fast regelmäßig für jede Periode unterschiedlich ist, verändern sich laufend die Gemeinkostenzuschläge, die sowohl fixe wie auch variable Kosten enthalten. Die mengenproportionalen Einzelkosten bleiben jedoch - bei festen Preisen und unverändertem Verbrauch - gleich. Eine Kostenkontrolle und eine anschließende Kontrolle der Wirtschaftlichkeit wird dadurch vielfach sehr erschwert.

Die **Vollkostenrechnung** kann aufgrund der vorher genannten Gesichtspunkte folgendermaßen **durchgeführt** werden:

- mit **Istkosten**

  Istkosten

  Istkosten sind die Kosten, die während einer bestimmten Abrechnungsperiode tatsächlich bei der Erstellung einer Leistung unter Berücksichtigung eines bestimmten Beschäftigungsgrades entstanden sind.

- mit **Normalkosten**

  Normalkosten

  Sie werden zur Bewertung innerbetrieblicher Leistungen mit Durchschnittspreisen, d. h. Normalpreisen, herangezogen.

  Nachteil dabei ist, dass keine genaue Anpassung an die jeweiligen Beschäftigungsänderungen erfolgen kann.

- mit **Plankosten**

  Plankosten

  Plankosten sind Kosten, die in der Zukunft bei der Leistungserstellung anfallen, wenn ein bestimmter **Beschäftigungsgrad** vorausgesetzt wird.

Kostenkontrolle

Durch die Vergleichsmöglichkeit vom „Plan" mit dem „Ist" kommt man zu einer wirkungsvollen **Kostenkontrolle** und kann eine **Abweichungsanalyse** und **Ursachenanalyse** vornehmen.

Soll-Ist-Vergleich

Beim Soll-Ist-Vergleich lassen sich die auftretenden Abweichungen nach ihren Ursachen aufgliedern in (vgl. auch dazu Abschnitt 2.3.4)

- **Verbrauchsabweichungen,**
- **Preisabweichungen und**
- **Beschäftigungsabweichungen**.

Diese Abweichungen ergeben sich aus folgenden Gründen:

Zwischen den geplanten und den tatsächlich angefallenen Kosten müssen zwangsläufig immer dann Differenzen auftreten, wenn

- die tatsächlich zu zahlenden Einstandspreise nicht mit den geplanten Preisen übereinstimmen (Preisabweichungen),
- Plan- bzw. Soll-Verbrauchsmengen und Ist-Verbrauchsmengen verschieden hoch sind (Verbrauchsabweichungen),

- der tatsächliche Beschäftigungsgrad nicht mit dem Planwert übereinstimmt (Beschäftigungsabweichung).

Die folgenden Ausführungen sind für kleinere und mittlere Handwerksbetriebe nicht unbedingt typisch.

Preisabweichungen

Zur Ermittlung der **Preisabweichungen** ist den Istkosten der Wert gegenüberzustellen, der sich ergibt, wenn die betreffenden Werteverzehre mit den Planpreisen (Istmenge × Planpreis) bewertet werden. Diese Größe wird (logisch nicht ganz einwandfrei) als Istkosten zu Planpreisen bezeichnet. Es gilt also:

Preisabweichung = Istkosten zu Planpreisen ./. Istkosten

Verbrauchsabweichungen

Verbrauchsabweichungen ergeben sich, wenn die für ein bestimmtes Leistungsvolumen geplanten Mengenverbräuche (Sollmengen) nicht mit den tatsächlich angefallenen Faktoreinsatzmengen (Istmengen) übereinstimmen. Da Unterschiede zwischen Planpreisen und Istpreisen bereits mit den Preisabweichungen erfasst werden, sind die Mengenabweichungen zu Planpreisen zu bewerten, sodass sich folgende Formel ergibt:

Verbrauchsabweichung = Sollkosten ./. Istkosten zu Planpreisen

Aus den Formeln für die Preis- und Verbrauchsabweichung folgt:

Sollkosten ./. (Preisabweichung plus Verbrauchsabweichung) = Istkosten zu Istpreisen

Beschäftigungsabweichung

Die **Beschäftigungsabweichung** misst die Differenz zwischen den geplanten Fixkosten und der Summe der eingespielten Soll-Deckungsbeiträge. Wie sich aus der Formel für den Verrechnungssatz (Fixkosten / Planstunden) für Soll-Deckungsbeiträge ergibt, wird der pro Beschäftigungsstunde zu verrechnende Soll-Deckungsbeitrag auf Basis der Planstunden ermittelt. Die geplanten Fixkosten können also nur dann eingespielt werden, wenn die Planbeschäftigung erreicht wird. Somit gilt:

Beschäftigungsabweichung = verrechnete Soll-Deckungsbeiträge ./. geplante Fixkosten

oder

Beschäftigungsabweichung = verrechnete Plankosten ./. Sollkosten

Verrechnete Plankosten = Gesamt-Plankostensatz × Iststunden

Plankostenrechnung

Der Trend der Großbetriebe geht eindeutig in Richtung Plankostenrechnung. Daher sollte auch in Mittel- und Kleinbetrieben der Versuch unternommen werden, den Vorteil der Plankostenrechnung zu berücksichtigen.

Der **Vorteil der Plankostenrechnung** liegt durch den Soll-Ist-Vergleich in der Erziehung zur „Kostenverantwortlichkeit“, was sich im Wettbewerb nur positiv auswirken kann. Für die Abweichung geplanter Kosten von den tatsächlichen Kosten (Istkosten) sind Verantwortlichkeiten festzulegen.

Vorteil der Plankostenrechnung

Insgesamt weist die **Vollkostenrechnung** folgende **Nachteile** auf:

Nachteile

- Sie ist immer nur dann anwendbar, wenn die Stückkosten unter dem Marktpreis liegen oder höchstens gleich hoch sind wie dieser. Die Selbstkosten bilden dann die zur Kostendeckung notwendige **Preisuntergrenze**. In diesem Fall hat aber der Betrieb ein schlechtes Instrument, sich Markt- und Preisschwankungen anzupassen.
- Bei einem **Rückgang der Beschäftigung** werden infolge der vollen Verrechnung der fixen Kosten auf das Produkt bzw. auf den Auftrag die Gemeinkostenzuschlagssätze höher, und die Selbstkosten steigen. Dadurch steigt die Preisuntergrenze. In Zeiten eines Konjunkturrückgangs wäre aber der Betrieb mit einer Preiserhöhung unter Umständen schlecht beraten.
- Weiterhin führt die Vollkostenrechnung bei Entscheidungen in der **Absatzpolitik**, der Wahl des **Produktionsverfahrens** und der Entscheidung über **Eigenfertigung** oder **Fremdbezug** oftmals zu irreführenden Ergebnissen.
- Entsprechend der Vollkostenrechnung gehen bei der **Bewertung** der Bestände an Halb- und Fertigfabrikaten auch fixe Kosten in die Berechnung ein. Der ausgewiesene Gewinn einer Abrechnungsperiode hängt daher nicht nur von den getätigten Umsätzen und den dabei erzielten Preisen ab, sondern auch vom Umfang der Lagerbestandsveränderungen.

> Man kann also feststellen, dass sämtliche Arten der Vollkostenrechnung, sei es die Ist-, die Normal- oder die Plankostenrechnung, vor allem auf der Vermischung zweier im Grunde wesensfremder Kosten beruhen. Ein Teil der Kosten ist als **auftragsabhängige** Kosten **variabel,** der andere Teil ist **zeitabhängig** und damit **fix.**

Zwar werden alle Kosten, auch die fixen Bereitschaftskosten - wenigstens mittelbar - durch die erstellten Marktleistungen verursacht. Das bedeutet jedoch nicht notwendigerweise zugleich, dass sämtliche Kosten auf die jeweiligen Kostenträger verteilt werden müssen, was letztlich ohnehin nur aufgrund eines vermuteten, oft ungenauen Zusammenhangs in Form des Betriebsabrechnungsbogens möglich wäre.

10.3 Kostenrechnungssysteme auf der Basis von Teilkosten (Teilkostenrechnung)

10.3.1 Der Vergleich von Voll- und Teilkosten

Keine marktgerechte Preispolitik

Die Verrechnung der fixen Kosten in der Vollkostenrechnung führt – wie bereits in Abschnitt 10.2 ausgeführt – bei Auslastungsänderungen (Beschäftigungsschwankungen) zu einer nicht marktgerechten Preispolitik des Unternehmens.

> Bei der Berechnung der Zuschlagssätze für die Material-, Fertigungs-, Verwaltungs- und Vertriebsgemeinkosten wird unterstellt, dass zwischen den Gemeinkosten und der gewählten Zuschlagsgrundlage eine Abhängigkeit besteht.

Dies trifft nicht immer zu: Zum Beispiel hängt die Höhe der Fertigungsgemeinkosten nur teilweise von der Höhe der Fertigungslöhne ab. Die Ausführungen zur Maschinenstundensatzrechnung (vgl. Abschnitte 7.2 und 7.3) machen dies deutlich. Daher ist festzuhalten:

> Für **kurzfristig** zu treffende und marktorientierte **Entscheidungen** liefert die Vollkostenrechnung keine geeigneten Informationen.
>
> **Langfristig** stellt die Vollkostenrechnung allerdings die notwendige Basis für die **Kostenkontrolle** und die **Betriebsergebnisrechnung** dar.

10.3.2 Grundüberlegungen zur Teilkostenrechnung

Preissenkungen

Dem mittelständischen Unternehmen geht es letztlich darum, sich den Bedingungen des Marktes und den eigenen Zielen entsprechend anzupassen. Vor allem in Zeiten konjunkturellen Rückgangs mit fallenden Marktpreisen ist zu entscheiden, ob auch noch zu einem nicht mehr (voll) kostendeckenden Preis angeboten werden soll.

Kostenaufteilung

> Die Entscheidung, ob noch zu einem nicht mehr voll kostendeckenden Preis angeboten werden soll, setzt voraus, dass alle Kostenarten auf ihre Abhängigkeit von der Auftragslage (= Beschäftigung) untersucht und danach in fixe und variable Kosten aufgeteilt werden.

10.3.3 Die Auflösung in fixe und variable Kosten (Kostenauflösung)

Variable Kosten

Als **variable Kosten** werden in diesem Zusammenhang jene Kosten verstanden, die von der Beschäftigung, von der Auslastung der Kapazität und von der jeweiligen Produktionsmenge abhängig sind, also insbesondere die Einzelkosten. Darunter fallen die Fertigungsmaterial- und die Fertigungslohnkosten, aber auch bestimmte Gemeinkostenarten, wie z. B. die Hilfsstoffkosten.

Fixe Kosten

Demgegenüber fallen die **fixen Kosten** unabhängig von der Beschäftigung und der jeweiligen Produktionsmenge an. Zu den Fixkosten zählen überwiegend die Gemeinkostenarten, so z. B. Abschreibungen, Miete, Pacht und Gehälter. Darüber hinaus treten auch solche Kosten in Erscheinung, die weder der Gruppe der variablen Kosten noch der der Fixkosten eindeutig zugerechnet werden können. Es handelt sich hierbei um sog. **teilfixe bzw. teilvariable Kosten**, die teilweise direkt durch den Prozess der Leistungserstellung entstanden, andererseits aber zur Aufrechterhaltung der Betriebsbereitschaft angefallen sind.

Beispiele: Betriebsstoffkosten und Hilfslöhne können teilfixe Kosten sein.

Kostenauflösung

Für die Trennung der Gesamtkosten in ihre variablen und fixen Bestandteile, insbesondere auch für die Zuordnung der teilfixen und teilvariablen Kosten, wurden verschiedene Verfahren der Kostenauflösung (Kostenspaltung) entwickelt. Für Klein- und Mittelbetriebe eignet sich allerdings weniger eine mathematische, sondern eher nur die buchhalterische Methode zur Kostenspaltung.

> Bei der buchhalterischen Methode wird jede einzelne Kostenart daraufhin untersucht, ob sie in Bezug auf die Beschäftigung variablen oder fixen Charakter besitzt.

Aufbauend auf den Erfahrungen der Vergangenheit werden die verschiedenen Kostenarten den beiden Kostenkategorien unter Berücksichtigung der Abhängigkeit von der Beschäftigungssituation zugeordnet.

Beispiel: Die Kapitalkosten werden den fixen Kosten und der Materialverbrauch den variablen Kosten zugerechnet.

Teilfixe und teilvariable Kosten werden entweder einer der beiden Gruppen zugeschlagen - derjenigen, mit der sie am ehesten „verwandt" sind -, oder es wird eine Spaltung in einen variablen und in einen fixen Teil vorgenommen.

Die Hauptproblematik dieses Verfahrens liegt in seiner Grobheit und Willkürlichkeit, da für die Kostenauflösung keine allgemein gültigen Kriterien für die einzelnen Betriebe zugrunde gelegt werden. Eine individuelle, d. h. betriebsbezogene Kostenspaltung ist dringend zu empfehlen. Die anderen in der Literatur genannten Methoden können in diesem Zusammenhang vernachlässigt werden (vgl. dazu auch die Ausführungen in den Abschnitten 10.3.4.1 und 10.3.5).

10.3.4 Arten (Systeme) der Teilkostenrechnung

Zurechnung der variablen Kosten

In der Teilkostenrechnung werden nur die **variablen Kosten** den Kostenträgern zugerechnet, während die **fixen Kosten** mehr oder weniger differenziert zwar in der Kostenrechnung erfasst, den einzelnen Kostenträgern aber nicht direkt oder nur stufenweise zugerechnet werden.

> Damit wird dem Gedanken Rechnung getragen, dass die fixen Kosten nicht durch die Erzeugung einer bestimmten Leistung, sondern während der gesamten Leistungserstellung in der **Abrechnungsperiode** verursacht werden.

Neben der Aufteilung in fixe und variable Kosten wird auch eine Aufteilung in Einzel- und Gemeinkosten derart vorgenommen, dass nur die Einzelkosten auf die Kostenträger weiterverrechnet werden.

In der Literatur werden die in der nachfolgenden Übersicht dargestellten Systeme der Teilkostenrechnung unterschieden.

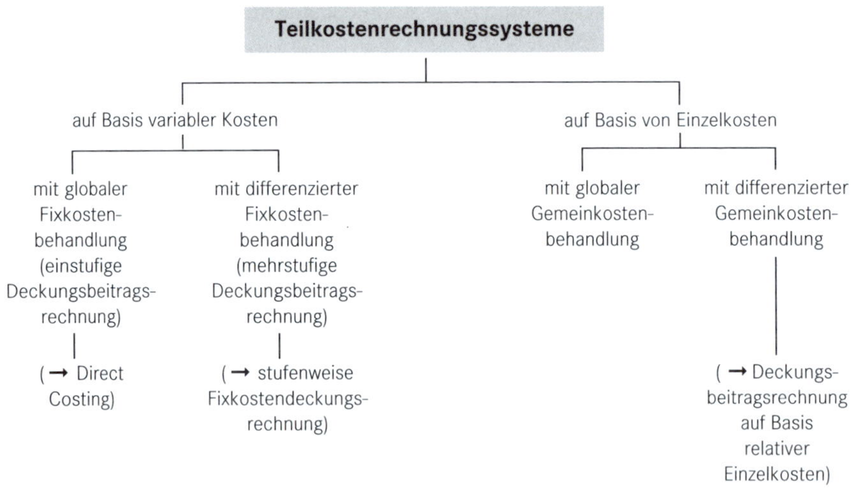

Systeme der Teilkostenrechnung

Teilkosten-rechnung ist marktorien-tiert

In den weiteren Betrachtungen werden aber nur solche Arten der Teilkostenrechnung behandelt, die in kleinen und mittleren Unternehmen Aussicht auf Anwendungserfolg haben.

Wichtig ist:

> Die Systeme der Teilkostenrechnung unterscheiden sich von der vorher dargestellten Vollkostenrechnung weder im Kostenbegriff noch in der Kostenerfassung. Auch die Abrechnungstechnik in Kostenarten- und Kostenstellenrechnung ist identisch.

Gemeinsamkeiten und Unterschiede Voll- zur Teilkostenrechnung

Unterschiede bestehen allerdings darin, dass die **Vollkostenrechnung** sich im Wesentlichen auf die einseitige Betrachtung der **Kostenseite** beschränkt, wohingegen in Systemen der **Teilkostenrechnung** auch die **Erlösseite** stark in den Vordergrund tritt.

Die Teilkostenrechnung als Deckungsbeitragsrechnung tritt in mehreren Varianten auf, z. B. als ein- und mehrstufige Deckungsbeitragsrechnung.

10.3.4.1 Einstufige Deckungsbeitragsrechnung

Einstufige Deckungsbeitragsrechnung

Die **einstufige Deckungsbeitragsrechnung (Direct Costing)** baut auf zwei Sachverhalten auf:

- strikte Trennung der fixen von den variablen Kosten und
- Verrechnung lediglich der variablen Kosten auf den Kostenträger (z. B. den Auftrag, gleichgültig, ob Produkterstellung oder Dienstleisung).

Um festzustellen, in welchem Umfang ein Erzeugnis, eine Erzeugnisgruppe oder ein einzelner Auftrag am Betriebserfolg beteiligt ist, werden von den jeweiligen Umsatzerlösen die variablen Kosten abgezogen. Die Differenz stellt den Bruttoerfolg (teilweise auch als Rohgewinn oder „Rohertrag" bezeichnet) dar und wird als **Deckungsbeitrag** bezeichnet, der zur Abdeckung der Fixkosten der Abrechnungsperiode herangezogen wird.

Ermittlung des Deckungsbeitrags

Berechnung des Deckungsbeitrages:

	Erlöse (pro Periode oder pro Einheit)
./.	variable Kosten (pro Periode oder pro Einheit)
=	Deckungsbeitrag (pro Periode oder pro Einheit)
./.	fixe Kosten (pro Periode oder pro Einheit)
=	Erfolg (Betriebserfolg pro Periode oder pro Einheit)

Bei Mehrproduktfertigung muss als Differenz zwischen Stückerlös und variablen Stückkosten für jedes Produkt ein stückbezogener Deckungsbeitrag ermittelt werden. Die Erfassung der variablen Stückkosten ist dabei oft nur über eine ausgebaute Kostenstellenrechnung auf Teilkostenbasis möglich. Die Multiplikation der stückbezogenen Deckungsbeiträge mit den jeweils abgesetzten Mengen ergibt - aufsummiert über alle Produkte - den Gesamtdeckungsbeitrag, der vom Markt zur Abdeckung der Fixkosten vergütet wurde. Die Differenz zwischen Gesamtdeckungsbeitrag und den Fixkosten ergibt den Betriebserfolg (positiv oder negativ).

> Die Höhe der Stückdeckungsbeiträge gibt Auskunft über den Erfolgsbeitrag einzelner Produkte (Aufträge) und damit einen Anhaltspunkt für die Gestaltung des Produktions- und/oder Verkaufsprogramms.

Einprodukt-Unternehmen

Die Auswirkungen als Periodenrechnung im Einprodukt-Unternehmen

Um den Betriebserfolg zu ermitteln, werden die fixen Kosten einer Rechnungsperiode in einer Summe vom gesamten Deckungsbeitrag abgezogen. Für den Betrieb kann nun die Information wichtig sein, bei welcher Produktionsmenge bzw. bei welcher Kapazitätsauslastung die Verlustzone verlassen und die Gewinnzone erreicht wird. Man nennt diesen Punkt die **Gewinnschwelle** oder auch **Break-even-Point**.

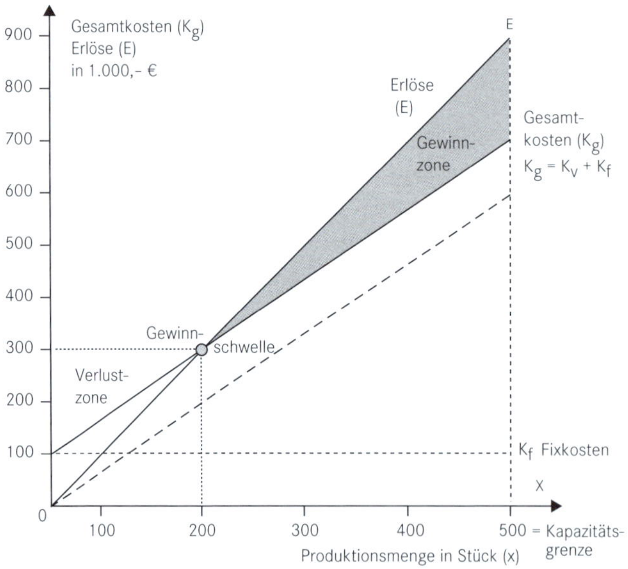

Gewinnschwellendiagramm

Gewinnschwelle

Dieser Sachverhalt soll an einem Beispiel dargestellt werden. Dabei wird vereinfachend davon ausgegangen, dass es sich um ein Einprodukt-Unternehmen handelt.

Beispiel:

Ein größerer Schreinereibetrieb fertigt in seinem Zweigbetrieb Y Esstische für einen Küchenhersteller. Die Kapazität ist auf 500 Tische je Monat ausgelegt. Die fixen Kosten betragen 100.000,- € je Abrechnungsperiode. Die variablen Kosten belaufen sich auf 1.000,- € je Esstisch. Für jeden Tisch erzielt der Schreinereibetrieb einen Preis von 1.500,- €. Die verkaufte Menge betrug im vergangenen Monat 450 Stück. Daraus kann der Deckungsbeitrag und das Betriebsergebnis der Abrechnungsperiode errechnet werden.

Erlöse der Abrechnungsperiode	= 450 × 1.500,-	= 675.000,-
./. variable Kosten der Periode	= 450 × 1.000,-	= 450.000,-
Deckungsbeitrag der Periode (DB)	= 450 × 500,-	= 225.000,-
./. fixe Kosten der Periode (K_f)		= 100.000,-
= Betriebsergebnis der Abrechnungsperiode		**= 125.000,-**

In Zeiten **rückläufiger Aufträge** ist für den Betrieb die Ausbringungsmenge (oder auch der Umsatz) interessant, bei der die Summe der erwirtschafteten Stückdeckungsbeiträge gerade ausreicht, um die fixen Kosten zu decken (Gewinnschwelle oder Break-even-Point).

Der **Stückdeckungsbeitrag** beläuft sich im Beispiel auf 500,- € (1.500,- € ./. 1.000,- €), die fixen Kosten betragen 100.000,- €.

Daraus lässt sich die Gewinnschwelle errechnen:

Errechnung der Gewinnschwellenmenge

$$\textbf{Gewinnschwellenmenge} = \frac{\text{Fixe Kosten } K_f}{\text{Stückdeckungsbeitrag (DB)}} =$$

$$\frac{100.000,-\ €}{500,-\ €} = 200 \text{ Stück}$$

Das entspricht einem Umsatz von 300.000,- €.

Grafisch wird die Gewinnschwellenmenge im Schnittpunkt von Erlösgerade und Gesamtkostengerade erreicht. Bei dieser Menge sind Erlöse und Gesamtkosten gleich hoch (vgl. obige Abbildung). Produziert das Unternehmen mehr als 200 Stück, arbeitet es mit Gewinn **(Gewinnzone)**. Produziert das Unternehmen weniger als 200 Stück, arbeitet es mit Verlust **(Verlustzone)** bei sonst gleichen Bedingungen.

In Zeiten **steigender Nachfrage** nach den Leistungen des Unternehmens muss die Kapazität erhöht werden, wenn dem Kunden keine längere Wartezeit für die Auftragsabwicklung zugemutet werden soll oder kann.

Erweiterungs-investitionen

Wird eine **Erweiterungsinvestition** geplant, die zusätzliche fixe Kosten in Höhe von 30.000,- € verursacht, stellt sich für den Unternehmer die Frage, wie viele Esstische zusätzlich produziert und verkauft werden müssen, um das bisherige Betriebsergebnis zu halten. Die zusätzlichen fixen Kosten müssen durch die erwirtschafteten Stückdeckungsbeiträge gedeckt werden.

Berechnung:

$$\frac{\text{Zusätzliche fixe Kosten}}{\text{Stückdeckungsbeitrag}} = \frac{30.000,-\ €}{500,-\ €} = 60\ \text{Stück}$$

In der Grafik würde sich die **Erhöhung der fixen Kosten** durch eine Parallelverschiebung der Gesamtkosten bemerkbar machen und hätte eine Erhöhung der Gewinnschwellenmenge zur Folge.

Erhöhung der variablen Stückkosten

Erhöhen sich die variablen Stückkosten (z. B. durch Lohnerhöhung oder Preissteigerung beim Fertigungsmaterial) von bisher 1.000,- € auf 1.250,- €, wird dadurch der Stückdeckungsbeitrag um diese Kostensteigerung verringert; er fällt also von 500,- € auf 250,- €. Die unverändert gebliebenen fixen Kosten können nur über eine größere Ausbringungsmenge gedeckt werden.

Auf die **Gewinnschwelle** hat das folgende Auswirkung:

$$\frac{100.000,-\ €}{250,-\ €} =$$ 400 Stück (Gewinnschwellenmenge), was einem Umsatz von 600.000,- € entspricht.

Die Halbierung des Deckungsbeitrages pro Stück bedeutet eine Verdoppelung der Gewinnschwellenmenge. In der Grafik würde sich die Erhöhung der variablen Stückkosten durch einen stärkeren Anstieg der Gesamtkosten bemerkbar machen.

Senkung der variablen Stückkosten

> Eine Senkung der variablen Stückkosten bringt eine Erhöhung des Stückdeckungsbeitrags und eine Senkung der Gewinnschwellenmenge.

Erlöserhöhungen durch Preiserhöhungen bewirken bei unveränderter Kostenlage eine Erhöhung des Stückdeckungsbeitrages. Dadurch wird die Deckung der fixen Kosten bereits bei einer geringeren Ausbringungsmenge erreicht.

Beispiel:

Der Verkaufspreis eines Esstisches wird von 1.500,- € auf 1.600,- € erhöht. Der Stückdeckungsbeitrag beträgt nunmehr 600,- €. Die Gewinnschwellenmenge wird jetzt erreicht bei

$$\frac{100.000,-\ €}{600,-\ €} = 167 \text{ Stück (aufgerundet)}$$

In der grafischen Darstellung würde sich die Preiserhöhung durch einen stärkeren Anstieg der Erlösgeraden bemerkbar machen.

Aus den vorhergehenden Situationen lassen sich z. B. folgende Aussagen herleiten:

Folgerungen

- Der zur Vollkostendeckung ausreichende Jahresumsatz kann bei Kenntnis der Kostensituation festgelegt werden.
- Die vollkostendeckende Auslastung der Kapazität im Jahresdurchschnitt kann ermittelt werden.
- Planungen bezüglich Investitionen, Umsatz- und Preisentwicklung sind besser möglich.
- Schnellkalkulationen von Angeboten, Kontrollkalkulationen zur Zuschlagskalkulation und zur Nachkalkulation und damit eine Beurteilung der Auftragsstruktur sind möglich.

Die Auswirkungen als Periodenrechnung im Mehrprodukt-Unternehmen

Mehrprodukt-Unternehmen

Ein Betrieb stellt statt einem drei verschiedene Produkte A, B, C her, die die Produktion annähernd gleichmäßig durchlaufen. Die **Vollkostenrechnung** liefert für die Abrechnungsperiode folgende Zahlen:

Selbstkosten- und Ergebnisrechnung als Vollkostenrechnung	**Produkt A (€)**	**Produkt B (€)**	**Produkt C (€)**	**Insgesamt (€)**
Fertigungsmaterial	6.000,-	4.000,-	5.000,-	15.000,-
+ 10 % MGK	600,-	400,-	500,-	1.500,-
Materialkosten	6.600,-	4.400,-	5.500,-	16.500,-
Fertigungslöhne	9.000,-	4.000,-	5.000,-	18.000,-
+ 100 % FGK	9.000,-	4.000,-	5.000,-	18.000,-
Fertigungskosten	18.000,-	8.000,-	10.000,-	36.000,-
Herstellkosten	24.600,-	12.400,-	15.500,-	52.500,-
+ 20 % VwGK und VtGK	4.920,-	2.480,-	3.100,-	10.500,-
Selbstkosten	29.520,-	14.880,-	18.600,-	63.000,-
Verkaufserlöse	33.520,-	17.880,-	17.600,-	69.000,-
Betriebsergebnis der Rechnungsperiode	+4.000,-	+3.000,-	**-1.000,-**	+6.000,-

Beispiel für ein Umsatzergebnis – ermittelt mithilfe der Vollkostenrechnung

Zwischenergebnis:

Das Produkt C bringt - für sich gesehen - einen Verlust von 1.000,- €.

Die Einzelkosten betragen insgesamt für A, B und C:

	Fertigungsmaterial	15.000,- €
+	Fertigungslöhne	18.000,- €
Einzelkosten insgesamt		33.000,- €

Die Gemeinkosten betragen insgesamt:

	Materialgemeinkosten	1.500,- €
+	Fertigungsgemeinkosten	18.000,- €
+	Verwaltungs- und Vertriebsgemeinkosten	10.500,- €
Gemeinkosten insgesamt		30.000,- €

Produktionsentscheidung auf Basis der Vollkostenrechnung

Die **Produktionsentscheidung** auf der Basis der **Vollkostenrechnung** sieht folgendermaßen aus:

Die Herstellung des Produktes C wird eingestellt, weil es einen Verlust von 1.000,- € verursacht. Dadurch verringern sich die Kosten um 18.600,- €, die Erlöse nur um 17.600,- €. Das Ergebnis erhöht sich insgesamt um 1.000,- € auf nunmehr 7.000,- €.

Die aufgrund der Vollkostenrechnung getroffene Maßnahme ist nur dann richtig, wenn alle Kosten variabel sind bzw. eventuelle Fixkosten sofort abgebaut werden können. Die Einstellung der Herstellung des Produktes C verringert dann tatsächlich die Gesamtkosten um 18.600,- €. Die Vollkostenrechnung macht aber keine Aussage darüber, wie sich die Kosten bei Veränderung der Produktionsmenge verhalten.

Die **Produktionsentscheidung** auf der Basis der **einstufigen Deckungsbeitragsrechnung** sieht folgendermaßen aus:

Ermittlung des Betriebsergebnisses

Zur Ermittlung des Ergebnisses werden in der einstufigen Deckungsbeitragsrechnung die fixen Kosten in einer Summe vom gesamten Deckungsbeitrag abgezogen. Unter der Annahme, dass die Gemeinkosten in Höhe von 30.000,- € zu 90% fixe Kosten und die Einzelkosten in Höhe von 33.000,- € variable Kosten sind, ergibt sich folgende Ergebnisrechnung auf der Basis der Teilkostenrechnung:

1. Möglichkeit

Das Produkt C scheidet aus der Herstellung aus.

Ergebnisrechnung	Produkt A (€)	Produkt B (€)	Insgesamt (€)
Verkaufserlöse	33.520,-	17.880,-	51.400,-
./. variable Kosten	16.452,-	8.688,-	25.140,-
= Deckungsbeitrag	17.068,-	9.192,-	26.260,-
./. fixe Kosten			27.000,-
= Verlust der Rechnungsperiode			740,-

Beispiel für das Ausscheiden eines Produktes aus der Herstellung (Basis Teilkostenrechnung)

Die Gesamtkosten der Abrechnungsperiode können also nur um die variablen Kosten des Produktes C (= 10.000,- € Einzelkosten + 860,- € Gemeinkosten) verringert werden. Die fixen Kosten (90 % von 30.000,- € = 27.000,- €) bleiben auch bei Ausscheiden des Erzeugnisses C in voller Höhe bestehen, wenn die auf das Erzeugnis C entfallenden fixen Kosten nicht oder zumindest sofort abgebaut werden können. Die **Produkte A und B** haben dann allein die fixen Gemeinkosten zu tragen.

2. Möglichkeit:

Das Produkt C scheidet nicht aus der Herstellung aus.

Die Verkaufserlöse von Produkt C liegen um 6.740,- € über den variablen Kosten dieser Erzeugnisart. Dieser Mehrbetrag kann für die Deckung der fixen Kosten mit herangezogen werden.

> Es kann also festgehalten werden: Solange ein Erzeugnis einen positiven Deckungsbeitrag erzielt, ist es auch aus Kostengründen unwirtschaftlich, dieses Produkt aus dem Herstellungsprogramm herauszunehmen.

Das gilt insbesondere dann, wenn das Produkt C ein sog. Komplementärprodukt für A und B ist, d. h. A und B lassen sich ohne das Produkt C schlechter verkaufen.

Ergebnisrechnung	Produkt A (€)	Produkt B (€)	Produkt C (€)	Insgesamt (€)
Verkaufserlöse	33.520,-	17.880,-	17.600,-	69.000,-
./. variable Kosten	16.452,-	8.688,-	10.860,-	36.000,-
= Deckungsbeitrag	17.068,-	9.192,-	6.740,-	33.000,-
./. fixe Kosten				27.000,-
= Betriebsergebnis der Rechnungsperiode				6.000,-

Beispiel für ein Ergebnis bei Nichtausscheiden eines Produktes aus der Herstellung

10.3.4.2 Mehrstufige Deckungsbeitragsrechnung (Fixkostendeckungsrechnung)

Mehrstufige Deckungsbeitragsrechnung

Das Beispiel im vorangegangenen Kapitel zeigt, dass das Ausscheiden eines Erzeugnisses im Mehrproduktunternehmen von den Deckungsbeiträgen der einzelnen Erzeugnisse abhängt. Diese Deckungsbeiträge ergeben sich, wenn man von den Umsatzerlösen der einzelnen Erzeugnisse (= Kostenträger) die diesen Kostenträgern direkt zurechenbaren variablen Kosten abzieht. Die sich ergebende Differenz bezeichnet man als **Deckungsbeitrag I**.

Bei den bisherigen Betrachtungen wurden die fixen Kosten keiner näheren Betrachtung unterzogen und als **ein** Block von der Summe der Deckungsbeiträge abgezogen.

Diese globale Behandlung der fixen Kosten kann zu falschen Entscheidungen führen. Deshalb versucht man in der Praxis, einen Teil der fixen Kosten den einzelnen Erzeugnissen (Dienstleistungen) **verursachungsgerecht** zuzurechnen.

Man bezeichnet diese als **erzeugnis- oder produktfixe Kosten**, z. B. Werkzeuge, Patente, Forschungs- und Entwicklungskosten.

Deckungsbeitrag II

Zieht man von den Deckungsbeiträgen I der einzelnen Erzeugnisse (Aufträge) diese produkt- oder erzeugnisfixen Kosten ab, erhält man den **Deckungsbeitrag II.** Er weist den Beitrag dieser Erzeugnisse zur Deckung der **Restfixkosten** aus.

Sofern fixe Kosten nicht einem bestimmten Erzeugnis, sondern nur mehreren Erzeugnissen bzw. Aufträgen verursachungsgerecht zugerechnet werden können, spricht man von **erzeugnis- oder produktgruppenfixen Kosten**, z. B. bei Maschinen, Werkzeugen usw.

> Subtrahiert man von den gruppenweise zusammengefassten Deckungsbeiträgen II die erzeugnisgruppenfixen Kosten, erhält man den **Deckungsbeitrag III.** Er sagt aus, inwieweit bestimmte Erzeugnisgruppen zur Deckung der restlichen Fixkosten und zur Gewinnerzielung beitragen.

Deckungsbeitrag III

Die nicht mehr verursachungsgerecht (Produkt bzw. Produktgruppe bzw. Auftrag) aufteilbaren Fixkosten müssen von allen Erzeugnisarten (Aufträgen) des Unternehmens getragen werden **(= unternehmensfixe Kosten)**.

Beispiele: Verwaltungskosten, Kosten der Unternehmensführung.

Sie werden als Block von der Summe der Deckungsbeiträge III abgezogen. Daraus ergibt sich: Die Differenz zwischen der Summe aller Deckungsbeiträge III und den unternehmensfixen Kosten ist das Ergebnis der Rechnungsperiode.

10.3.5 Möglichkeiten zur Ermittlung von Preisuntergrenzen

Ermittlung von Preisuntergrenzen

In wirtschaftlich schlechten Zeiten, die sich aufgrund mangelnder Aufträge in einer schlechten Kapazitätsauslastung auswirken, ist die Geschäftsleitung häufig gezwungen, die Angebotspreise zu senken, ohne von vorneherein auf eine Leistungsreduzierung zu verzichten. Ziel ist, entweder einen weiteren Absatzrückgang aufzuhalten oder neue Aufträge zu erhalten. Man muss dann wissen, in welchem Ausmaß die Preissenkung erfolgen kann, ohne dass lang- und/oder auch kurzfristig existenzbedrohende Verluste auftreten. Auch bei der Annahme von Prestigeaufträgen spielt die Kenntnis der Preisuntergrenze eine wichtige Rolle.

> Die **Preisuntergrenze** gibt den Angebotspreis an, den das Unternehmen für seine Leistung (Produkt und/oder Dienstleistung) fordern muss, um kurzfristig oder langfristig bestehen zu können.

Preisuntergrenze

Bei den Preisuntergrenzen lassen sich folgende Varianten unterscheiden:

Preisuntergrenze bei der Vollkostenrechnung

- Bei den Verfahren der **Vollkostenrechnung** die auf der Basis der Zuschlagskalkulation ermittelten Selbstkosten.

Preisuntergrenze bei der Teilkostenrechnung

- Bei den Systemen der **Teilkostenrechnung** ist anzumerken, dass der Verlust durch einen Verzicht auf Vollkostendeckung kleiner ist als der Verlust, der sich durch die Unterbeschäftigung oder sogar Stilllegung des Betriebes oder Betriebsteils ergeben würde. Das bedeutet, dass alle mit der Herstellung des Produktes bzw. der Dienstleistung verbundenen vermeidbaren Kosten unter Aufrechterhaltung der Betriebsbereitschaft verrechnet werden müssen.

Absolute Preisuntergrenze

Untersucht man die einzelnen Kostenarten im Hinblick auf ihre Vermeidbarkeit, zeigt sich, dass die vermeidbaren Kosten mit den variablen Kosten quasi identisch sind. Die Teilkostenrechnung erfasst somit auf jeden Fall die variablen Kosten und verrechnet diese auf die einzelnen Kostenträger. Die Fixkosten werden kurzfristig nicht unmittelbar berücksichtigt. Die **variablen Stückkosten** bilden dann die sogenannte **absolute Preisuntergrenze**. Dieser Preis garantiert eine Deckung aller variablen Kosten.

Relative Preisuntergrenze

Diese aus preis- und beschäftigungspolitischen Gesichtspunkten aufschlussreiche absolute Preisuntergrenze muss mit der relativen, **liquiditätsorientierten** Preisuntergrenze verglichen werden. Außer den als liquiditätswirksam betrachteten variablen Kosten werden die Teile der Fixkosten berücksichtigt, die kurzfristig zu Ausgaben führen. Dabei spielt der Zeitpunkt der Ausgabenwirksamkeit eine wichtige Rolle. Die relative, liquiditätsorientierte Preisuntergrenze liegt also über der absoluten Preisuntergrenze.

Die grundsätzliche Bedeutung der Stückkostenrechnung für die Preisuntergrenze kann wie folgt zusammengefasst werden:

- In Fällen, bei denen andere Einflussfaktoren nur geringe oder keine Bedeutung haben, ist die Höhe der **Selbstkosten** Ausgangspunkt für die Festlegung der Preisuntergrenze.

Preisdifferenzierung

- Überwiegen die anderen Einflussfaktoren vorübergehend so sehr, dass der Preis unter den Selbstkosten liegen muss, so liefert die **Stückkostenrechnung** auf Teilkostenbasis Preisuntergrenzen, die anstelle der Selbstkosten zum Ausgangspunkt für die Bestimmung der Preisforderungshöhe werden. Preisuntergrenzen können durch die Anwendung unterschiedlicher Preise Unterbeschäftigung möglicherweise beseitigen und damit die Existenz des Unternehmens für eine bestimmte Zeit in Abhängigkeit vorhandener finanzieller Reserven sichern helfen. Auf die Problematik der **Preisdifferenzierung** ist allerdings hinzuweisen, gleichgültig, ob sie zeitlich, geografisch, mengenmäßig (Rabatt) oder personenbezogen angewandt wird. Die Preistransparenz kann eine entscheidende Rolle spielen.
- Ist der Preis durch den Markt gegeben, so sind **Stückkosten** und **Stückpreis** zu vergleichen. Insbesondere ist festzuhalten, ob der Preis die fixen bzw. variablen Kosten deckt bzw. in welchem Umfang er sie über- oder unterdeckt.

10.3.6 Deckungsbeitrag und Engpass

Je nach Auftragszusammensetzung können in einem Unternehmen gleichzeitig mehrere und zugleich wechselnde Engpässe auftreten. Ein spezieller Engpass begrenzt die in einer Periode erreichbare Ausbringungsmenge, obwohl in anderen Bereichen noch Kapazitäten frei sind. Der Engpass muss nicht unbedingt in der Herstellung liegen (z. B. zu geringe Produktionskapazität), er kann auch in anderen Bereichen des Unternehmens sein (Einkauf, Vertrieb usw.). In einer Engpasssituation kommt es darauf an, unter Kostengesichtspunkten denjenigen Auftrag auszuführen, der den höchsten Deckungsbeitrag je Engpasseinheit bringt.

Deckungsbeitrag je Engpasseinheit

Es kann nach folgender Formel vorgegangen werden:

$$\textbf{Deckungsbeitrag je Engpasseinheit} = \frac{\text{Deckungsbeitrag je Mengeneinheit}}{\text{Engpassbelastung je Mengeneinheit}}$$

Folgendes **Beispiel** kann dies verdeutlichen:

Die in der nachstehenden Tabelle angegebenen Mengen der Produkte A, B und C können abgesetzt werden. Da die Kapazität aber auf 3.500 Minuten beschränkt ist, muss entschieden werden, welche Mengen welcher Produkte hergestellt werden sollen.

Produkt	absetzbare Menge	Deckungsbeitrag pro Stück (€)	Engpassbelastung in Minuten (Min.)
A	500	7,-	2
B	250	16,-	6
C	400	6,-	3

Deckungsbeitrag je Engpassminute

Zunächst ist der Deckungsbeitrag je Engpassminute zu ermitteln:

$$\textbf{Deckungsbeitrag je Engpassminute} \text{ für A} = \frac{7,\text{- €}}{2 \text{ Min.}} = 3{,}50 \text{ €/Minute} =$$

= relativer Deckungsbeitrag.

Entsprechend ergeben sich die Deckungsbeiträge je Engpassminute für B von 2,67 € und für C von 2,- €. Damit ergibt sich die Reihenfolge A, B und C. Die Herstellung aller Aufträge würde 3.700 Minuten in Anspruch nehmen. Die beschränkte Produktionskapazität von 3.300 Minuten ist demnach wie folgt zu verteilen:

Produkt	absetzbare Menge	Engpassbelastung in Minuten (Min.)	Deckungsbeitrag (€)
A	500	1.000	3.500,-
B	250	1.500	4.000,-
C	266	800	1.596,-
Summe	1.016	3.300	9.096,-

Der maximal erzielbare Deckungsbeitrag beläuft sich unter den angenommenen Bedingungen auf 9.096,- €. Beim Produkt C kann die Nachfrage nicht vollständig befriedigt werden. Entweder wird der Kunde zeitlich „vertröstet", oder die fehlenden Produkte können vom Markt bezogen werden.

Kontrollfragen zur Kompetenzüberprüfung

Der Geschäftsführer überlässt nichts dem Zufall. Bevor Sie und Ihr Team an Ihre Aufgabe gehen, stellt er noch ein paar Fragen, um den Wissensstand zu überprüfen.

1. Charakterisieren Sie das Prinzip der Vollkostenrechnung!
2. Warum eignet sich die Vollkostenrechnung nicht in allen Beschäftigungssituationen zur Ermittlung marktgerechter Angebotspreise?
3. Von welchen Überlegungen gehen die Systeme der Teilkostenrechnung aus?
4. Die Trennung der Gesamtkosten in ihre fixen und variablen Bestandteile ist in der Praxis nicht immer klar vorzunehmen. Welche Methode schlagen Sie vor, und für welche Kostenart entscheiden Sie sich im Zweifel?
5. Eine Variante der Teilkostenrechnung ist die „Deckungsbeitragsrechnung". Erklären Sie einem kaufmännischen Auszubildenden das Prinzip dieser Variante und definieren Sie den „Deckungsbeitrag".
6. Eine oftmals erfolgreiche Maßnahme, um bei freier Kapazität Zusatzaufträge zu erhalten, ist die sog. „Preisdifferenzierung". Erklären Sie vier Bereiche anhand von Beispielen.
7. Welche Voraussetzungen müssen für die Anwendung der „Preisdifferenzierung" gegeben sein, und welche Gefahren können sich aus einer unüberlegten Anwendung ergeben?
8. Welchen Zusammenhang sehen Sie zwischen den Aussagen der Teilkostenrechnung und Marketingüberlegungen?
9. Die absolute Preisuntergrenze liegt bei der Teilkostenbetrachtung im Ansatz der variablen Kosten. Welche Probleme können sich daraus ergeben?
10. Die Praxis kennt die ein- und die mehrstufige Deckungsbeitragsrechnung. Von welchen Überlegungen geht die mehrstufige Deckungsbeitragsrechnung aus, und welche Schlüsse können aus den Ergebnissen gezogen werden?

11. Vergleich zwischen Voll- und Teilkostenrechnung

Lernziele und Kompetenzen

Geprüfte Betriebswirte/innen nach der Handwerksordnung kennen die Wirkungsweisen der Voll- und Teilkostenrechnung. Sie sind in der Lage, beide Kostenrechnungssysteme anzuwenden, um die Ziele der Kosten- und Leistungsrechnung zu erreichen. Dabei hat sich herausgestellt, dass beide Kostenrechnungssysteme jeweils mit ihren Besonderheiten nur Entscheidungshilfen sind. Eine alleinige Ausrichtung unternehmerischer Entscheidungen nach den Aussagen der Kosten- und Leistungsrechnung muss nicht zur Erreichung aller Unternehmensziele führen.

Deshalb ist es nach Lektüre der vorangegangenen Ausführungen besonders wichtig, die wesentlichen Unterschiede zwischen der Voll- und Teilkostenrechnung zu kennen, um in unterschiedlichen Situationen die jeweilige Kostenrechnungsart anzuwenden.

Handlungssituation (Fallbeispiel)

Handlungssituation

In einem Handwerksbetrieb aus der Zimmererbranche sitzt die Geschäftsleitung zusammen, um über die Gründe der mangelnden Auslastung der Werkstatt und dem sich daraus ergebenden schlechten Monatsergebnis nachzudenken. Es werden Kalkulations- wie auch Marketing- und Qualitätsprobleme als Gründe kontrovers angeführt. Jeder Teilnehmer der Diskussion muss seine Argumente vortragen. Die Unterschiede zwischen den Aussagen der Voll- und der Teilkostenrechnung spielen dabei eine wichtige Rolle.

11.1 Beurteilung der Vollkostenrechnung

Die wichtigste Aufgabe der Kosten- und Leistungsrechnung besteht darin, die in einer Abrechnungsperiode (z. B. ein Jahr) anfallenden Kosten vollständig zu erfassen, verursachungsgerecht den Kostenträgern zuzurechnen und sie mit den Leistungen (Absatz- und Eigenleistungen) der Abrechnungsperiode ins Verhältnis zu setzen.

Vollkostenrechnung und Preisfeststellung

Es ist festzuhalten, dass das System der **Vollkostenrechnung** alle mit der betrieblichen Leistungserstellung und -verwertung anfallenden Kosten erfasst und dem jeweiligen Kostenträger möglichst verursachungsgerecht zurechnet, um damit eine Entscheidungshilfe für die Preisfeststellung zu geben.

Schwächen

Dieser Ansatz weist einige Schwächen auf, die sich vor allem bei der Angebotspreisermittlung nachteilig auswirken können. Dies sind im Einzelnen:

- Die Vollkostenrechnung ist nur dann anwendbar, wenn die Stückkosten unter dem Marktpreis liegen oder wenigstens gleich sind. Die Selbstkosten stellen dann die Preisuntergrenze dar. Der Handwerksbetrieb besitzt bei diesem Kostenrechnungssystem nur ein mangelhaftes Instrument, sich Marktschwankungen anpassen zu können, da er nur mit der Gewinnspanne oder mit Kostenreduzierungen operieren kann.
- Bei Rückgang der Beschäftigung, also der Auftragslage, werden infolge der vollen Verrechnung der fixen Kosten die Gemeinkostenzuschlagssätze höher, die Selbstkosten steigen, und die Preisuntergrenze steigt.
  Mit einer Preiserhöhung ist aber dem Unternehmen in Zeiten des Auftragsrückgangs nicht gedient.

11.2 Beurteilung der Teilkostenrechnung

Teilkostenrechnung

In Zeiten des wirtschaftlichen Rückgangs ist ein Unternehmen unter Umständen darauf angewiesen, kurzfristig auf eine Deckung der vollen Kosten durch den am Markt erzielbaren Preis zu verzichten. Es muss deshalb eine andere Preisuntergrenze ermittelt werden, die zeigt, wie weit der Preis reduziert werden kann. Dabei geht man davon aus, dass bei bestimmten Marktsituationen eine Preisherabsetzung eine Auftragszunahme zur Folge haben kann.

Stärken

Daraus ist der Schluss zu ziehen, dass aus beschäftigungs- und preispolitischen Gesichtspunkten die Anwendung der **Teilkostenrechnung empfehlenswert** ist. Dies lässt sich damit begründen, dass den Kostenstellen und Kostenträgern nicht alle Kosten zugerechnet werden, die mit der betrieblichen Leistungserstellung anfallen. Weiterhin wird eine andere Preisuntergrenze festgesetzt, die dadurch bestimmt ist, dass der Verlust durch einen Verzicht auf die Vollkostendeckung kleiner ist als der Verlust, der sich durch die Stilllegung des Betriebes oder eines Teils davon ergibt.

Langfristige Preisuntergrenze

Kurzfristige Preisuntergrenze

> Die **langfristige Preisuntergrenze** ist dann erreicht, wenn die Umsatzerlöse alle fixen und variablen Kosten decken.
>
> Die **kurzfristige Preisuntergrenze** ist erreicht, wenn die Umsatzerlöse die variablen Kosten decken. Auf die Deckung der Fixkosten wird kurzfristig voll oder teilweise verzichtet, weil sie auch dann anfallen, wenn die Produktion kurz- oder auch langfristig ruht. Langfristig müssen aber auch die Fixkosten auf jeden Fall gedeckt sein.

11.3 Anwendungsmöglichkeiten der Teilkostenrechnung

Anwendungsmöglichkeiten

Die Anwendungsmöglichkeiten der Teilkostenrechnung sind vielfältig. Beispielhaft können genannt werden:

- Ermittlung des Betriebserfolgs
- Gewinnplanung durch das Gewinnschwellendiagramm
- Anwendung der Preisdifferenzierung zeitlich, geografisch, mengenmäßig und personenbezogen
- Anwendung der absoluten Preisuntergrenze
- Zusammenstellung des Produktionsprogramms bzw. des Sortiments
- Auswahl von Fertigungsaggregaten
- gesetzeskonforme Bewertung der Halb- und Fertigfabrikate
- Entscheidung Eigenfertigung oder Fremdbezug auf der Basis von Teilkosten.

11.4 Vor- und Nachteile der Teilkostenrechnung

Vorteile

Die Vorteile der Teilkostenrechnung bestehen in folgenden Punkten:

- Die Auswirkung der Fixkosten auf die Preisstellung wird zu Recht stark unterstrichen. Das kommt darin zum Ausdruck, dass die Fixkosten als Block in die Erfolgsrechnung überführt werden, was betriebswirtschaftlich sehr viel sinnvoller ist, als sie auf die Kostenträger umzulegen. Entscheidend ist immer die Höhe des Deckungsbeitrags einer Leistung.
- Die Deckungsbeiträge erleichtern der Unternehmensführung die kostenorientierte Auswahl der Erzeugnisse, Absatzgebiete und Kundenkreise.
- Die Teilkostenrechnung ermöglicht die Ermittlung der absoluten Preisuntergrenze in Form der variablen Kosten.
- Die Bewertung der Halb- und Fertigfabrikate zu variablen Kosten schaltet den Einfluss der Lagerbestandsveränderungen auf die Gewinnermittlung aus.

Schwächen

Die Schwächen der Teilkostenrechnung bestehen vor allem darin, dass

- die Kostenauflösung in der Praxis zu erheblichen Schwierigkeiten führen kann,
- die Teilkostenrechnung keine einheitliche Ermittlung von Angebotspreisen sowie eine Bestandsbewertung auf Vollkostenbasis erlaubt,
- eine unterschiedliche Preispolitik bei zeitlicher, geografischer, mengenmäßiger und personenbezogener Preisdifferenzierung wegen der am Markt eventuell auftretenden Markttransparenz zu Auftragseinbußen führen kann,
- eine Aufhebung der Preisdifferenzierung in Form einer Preisanhebung oft schwer am Markt vermittelbar ist.

Nebeneinander von Voll- und Teilkostenrechnung

Daraus lässt sich folgern, dass die Alternative auch für den Klein- und Mittelbetrieb nicht heißen kann „Voll- **oder** Teilkostenrechnung", sondern dass in jedem Betrieb ein **Nebeneinander** der beiden Kostenrechnungssysteme in Abhängigkeit vom jeweiligen Sachverhalt und der jeweiligen Situation notwendig ist. Damit sind die Schwächen jedes Systems durch das andere System kontrollierbar.

Kontrollfragen zur Kompetenzüberprüfung

1. Beschreiben Sie das Prinzip der Kalkulation zu Vollkosten!
2. Welche Vor- und Nachteile weist die Rechnung mit Vollkosten auf?
3. Bei der Vollkostenrechnung wird mit Einzel- und Gemeinkosten gerechnet, bei der Teilkostenrechnung mit fixen und variablen Kosten. Worin bestehen die Unterschiede?
4. Die Kostenaufspaltung, d. h. die Trennung in fixe und variable Kosten, ist schwierig. Was schlagen Sie der Praxis für die Trennung vor?
5. Wenn keine klare Trennung in fixe und variable Kosten möglich ist, was schlagen Sie vor, d. h. wie kommen Sie zu einer praktikablen Aufteilung?
6. In der Teilkostenrechnung spielt der Deckungsbeitrag eine wichtige Rolle. Erklären Sie den Deckungsbeitrag, und grenzen Sie ihn vom Gewinn ab.
7. Welche Gefahren sehen Sie bei der Anwendung der Teilkostenrechnung?
8. Beschreiben Sie drei Anwendungsmöglichkeiten der Teilkostenrechnung.
9. Welche Rolle spielt die Teilkostenrechnung bei einem betrieblichen Engpass in der Fertigung?
10. Bei der absoluten Preisuntergrenze werden nur die variablen Kosten berücksichtigt. Welche Gefahr sehen Sie beim Einsatz der absoluten Preisuntergrenze zu Akquisitionszwecken?

12. Kostenmanagement

Lernziele und Kompetenzen

Geprüfte Betriebswirte/innen nach der HWO haben im Rahmen ihres Führungswissens fundierte Kenntnisse in der Kosten- und Leistungsrechnung erworben.

Diese Kenntnisse geben Führungskräften im Handwerk bei ihren Entscheidungen mehr Sicherheit.

Kostenmanagement unterstellt daher auch fundierte Kenntnisse über Maßnahmen der Kostenbeeinflussung und Kostensenkung. Dadurch sind Sie in der Lage, eine kosten- und erlösorientierte Unternehmenssteuerung zu gewährleisten.

Damit wird das Kostenmanagement zum Controllinginstrument. Das Controllingsystem, das sich aus den Bausteinen Kosten- und Leistungsrechnung, Planung, Berichtswesen sowie Soll-Ist-Vergleiche zusammensetzt, liefert das Instrumentarium, um Kostenmanagement betreiben zu können.

Sie erkennen, dass Kostenrechnung alleine nicht ausreicht, da diese lediglich die Aufgabe hat, den Kostenanfall im Betrieb zu ermitteln und abzubilden. Kostenmanagement geht darüber hinaus, indem es darauf abzielt, die Kosten mithilfe geeigneter Maßnahmen zu beeinflussen.

Handlungssituation (Fallbeispiel)

Handlungssituation

Bei der monatlichen Routinebesprechung des Geschäftsführers eines Bau- und Ausbaubetriebes mit seinen Abteilungsleitern kommt auch das schon seit Monaten sich abzeichnende unbefriedigende Monatsergebnis zur Sprache. Man ist sich einig, dass zwar die Auftragslage akzeptabel und die Kundenzufriedenheit hervorragend ist. Ein Vergleich der Kostensituation mit den Vormonaten führt zur Vermutung, dass nur durch konsequente Kostensenkungsmaßnahmen eine Verbesserung des monatlichen Betriebsergebnisses möglich sein wird.

Der Geschäftsführer beauftragt seine Abteilungsleiter anhand der nachstehenden Ausführungen, für ihre Bereiche wirkungsvolle Kostensenkungsvorschläge zu machen und gleichzeitig möglichst quantitativ die Einsparungspotenziale darzustellen.

12.1 Kostenplanung

Kosten-planung

Bei den bisherigen Betrachtungen ging es vornehmlich um die Beobachtung und Beeinflussung tatsächlich angefallener Kosten, den sog. Istkosten. Zum wirksamen Kostenmanagement gehört aber die Plankostenrechnung, die den bereits vorgestellten Kostenrechnungssystemen im Aufbau entspricht, zusätzlich aber den Betrachtungshorizont in die Zukunft ausdehnt. Dadurch wird erkennbar, dass eine Istkostenrechnung keine ausreichenden Informationen über zukünftig zu erwartende Kosten liefert, die aber für unternehmerische Entscheidungen wichtig sind. Derartige Plankostenrechnungen existieren als Voll- oder Teilkostenrechnungen.

Als Orientierungskomponente enthalten sie den geplanten Kostenanfall, um später aus der Gegenüberstellung von Plan- und Istkosten Informationen über die Wirtschaftlichkeit der Leistungserstellung zu gewinnen. Der Vorteil besteht also auch darin, dass die Plankostenrechnung bereits einen großen Teil der Informationen liefert, die zur Erstellung wesentlicher Teile der Unternehmensplanung benötigt werden. Daneben benötigt man aber für die Umsatzplanung auch noch weitere Informationen, wie z. B. Marktdaten.

12.2 Soll-Ist-Vergleiche

Soll-Ist-Vergleiche

Durch die Gegenüberstellung von Soll- und Istwerten und die darauf aufbauenden Analysen können wertvolle Erkenntnisse für das weitere Vorgehen gewonnen werden. Man gewinnt Informationen darüber, ob sich das Unternehmen „auf Kurs" befindet und wo die Ansatzpunkte für notwendige Steuerungsmaßnahmen liegen. Der Soll-Ist-Vergleich darf also nicht nur in einer Abweichungsanalyse bestehen, sondern muss intensiv eine Ursachenanalyse beinhalten, die notwendige Maßnahmen zur Folge hat.

Zusammengefasst bedeutet dies, dass der Grad der Zielerreichung zu überprüfen ist und gegebenenfalls Maßnahmen zur Kurskorrektur einzuleiten sind.

Vorgehens-weise

Daraus ergibt sich nachstehende Vorgehensweise:

1. Plan-Ist-Gegenüberstellung
2. Abweichungs- und vor allem Ursachenanalyse vornehmen
3. Maßnahmenvorschlag erarbeiten
4. notwendige Entscheidungen herbeiführen
5. Maßnahmenerfolgskontrolle durchführen.

12.3 Kostensenkung und Kostenkontrolle

Kostensenkung und -kontrolle

Dieser wichtige Sachverhalt lässt sich in sechs Stufen darstellen:

- **Stufe 1: Ziele bestimmen**
  Was will man erreichen? Ziele sind z. B. Verbesserung der Umsatzrendite um 4 % oder Senkung der Betriebskosten um 500.000,- €.

- **Stufe 2: Erfolgsfaktoren ermitteln**
  Welche Kenntnisse und Kompetenzen sind für den Geschäftserfolg unbedingt notwendig (z. B. Know-how-, Personal- und Wertschöpfungsprofil usw.)?

- **Stufe 3: Bestandsaufnahme durchführen und Kostentransparenz herstellen**
  Welche Kosteninformationen liegen vor, und welche werden gebraucht? Welche betriebliche Leistung kostet wie viel Euro?
  - Stückkosten
  - Entwicklung der Kosten im Zeitablauf
  - Ermittlung von Kostenkennzahlen, z. B. Vertriebskosten je Mengeneinheit, Umsatz pro Kopf.

- **Stufe 4: Kostentreiber identifizieren**
  Kostentreiber
  Welche Ursachen führen zu hohen Kosten in den einzelnen Kostenstellen (z. B. zu viele nicht kostendeckende Kleinaufträge, zu üppige bzw. zu geringe IT-Ausstattung, organisatorische Mängel, mangelnde Qualifikation von Mitarbeitern führt zu kostenintensiven Nachbesserungen)?

- **Stufe 5: Kostensenkungsmaßnahmen festlegen**
  Kostensenkung
  Mit welchen Maßnahmen können welche Kostensenkungen in den einzelnen Bereichen des Unternehmens erreicht werden (z. B. Sortimentsstraffung, Reorganisation, Personalabbau, Steigerung der Motivation, Umwandlung von fixen in variable Kosten usw.)?

- **Stufe 6: Maßnahmen vorbereiten und durchführen**
  Wie können Maßnahmen intern durchgesetzt werden?
  Wie schafft man Identifikation und Akzeptanz?
  Wie kann man den Fortschritt kontrollieren?

12.4 Ansätze zur Kostensenkung

Ansätze zur Kostensenkung

Nachstehende Beispiele können mögliche Ansatzpunkte zur Kostensenkung in einzelnen Bereichen des Unternehmens sein:

1. Einkauf, Lager, Distribution

- Lagerbestände senken zur Beeinflussung der Kapitalbindungskosten bei gleichzeitiger Aufrechterhaltung der Lieferfähigkeit
- modernes Lager- und Logistikkonzept, z. B. durch Einsatz von Fremdleistungen sowie schnelle Distributionskanäle
- Preisverhandlungen intensivieren durch Ausnutzen eventueller Marktmacht und gezielter Beschaffungsmarktforschung.

2. Produktion bzw. Auftragsabwicklung

- Verminderung der Durchlaufzeiten bzw. Zeiten bei der Auftragsabwicklung (Prozessmanagement)
- eventuell Standardteile verwenden
- Rationalisierungsinvestitionen initiieren
- Übergang von der Eigenfertigung zum Fremdbezug, z. B. zur Umwandlung fixer in variable Kosten
- Kapazitätsanpassungen zur Senkung der Fixkosten bei schwächer werdender Auslastung
- Qualitätsmanagement einführen zur Vermeidung von Reklamationen und damit Kosten, denen kein Ertrag folgt
- Reduzierung von Ausschuss, um die Prozesssicherheit zu erhöhen
- leistungsorientierte Entlohnung durch Wegfall des Zeitlohns und Einführung des Prämienlohns.

3. Verwaltung und Finanzen

- auf die Einhaltung der Liquidität achten und Finanzpläne erstellen
- Zahlungsziele verkürzen durch zeitnahe Rechnungserstellung und wirksames Mahnverfahren, Skontoangebot nutzen und Skonto anbieten
- unnötige Zins- und damit Kostenbelastungen durch zeitnahe Rechnungserstellung einsparen
- Verwaltungsaufwand reduzieren durch den Einsatz richtiger IT-Geräte
- Fremdbezug – wo möglich – durchführen. Auf die Abhängigkeit vom Lieferanten achten.
- realistischen Finanzplan erstellen. Erspart die Haltung unnötiger Liquiditäts- bzw. Kreditreserven.

4. Absatz bzw. Vertrieb

Marketinginstrumente

- Kontrolle der Marketingaktivitäten und Vermeidung von undifferenzierten und zu breit gestreuten Maßnahmen, insbesondere der Einsatz zu hoher Werbemittel oder eine undifferenzierte Konditionenpolitik, also vor allem Skonto, Rabatt usw.
- Sortiments- bzw. Produktionsprogrammbereinigung durch Untersuchung der erstellten Produkte bzw. der eingekauften Waren nach ihren Deckungsbeiträgen.

5. Alle Unternehmensbereiche

Zu diesem Punkt werden vier Ansatzpunkte zur Kostensenkung vorgeschlagen, die alle bereichsübergreifend sind.

- Standardisierung von Abläufen
- Kosteneinsparungen in allen Bereichen und bei allen Kostenarten durch ein funktionierendes betriebliches Vorschlagswesen
- Fremdbezug von Serviceleistungen, weil das Vorhalten eigener Kapazitäten sich häufig nicht lohnt. Einsparungen vor allem im Personalbereich sind vielfach die Folge.
- Verringerung der Kapitalbindung auch im Bereich des Anlagevermögens durch Leasing und bei Forderungen durch Factoring.

Kontrollfragen zur Kompetenzüberprüfung

Noch vor der Abschlussbesprechung mit seinen Abteilungsleitern entschließt sich der Geschäftsführer, einige Kontrollfragen zu stellen, die ihm zeigen sollen, dass die ihm vorzulegenden Vorschläge auch vom Verständnis her umgesetzt werden können. Vor allem will er auch erreichen, dass sich die Mitarbeiter mit eventuellen Maßnahmen identifizieren.

1. Welche Kosten sind in Ihrem Bereich leichter, welche schwerer und welche nicht beeinflussbar?
2. In unserem Betrieb haben die Materialkosten prozentual den höchsten Anteil an den Gesamtkosten. Welche wirksamen Beeinflussungsmöglichkeiten sehen Sie?
3. Kalkulatorische Kosten zählen zu den nicht ausgabewirksamen Kosten. Warum kann auf ihren Ansatz in der Kalkulation trotzdem nicht verzichtet werden?
4. Die Kostenstruktur unseres Betriebes lässt sich nur teilweise mit der anderer Betriebe aus unserer Branche vergleichen. Gibt es Gründe?

5. Die Kostenkontrolle im Rahmen der Nachkalkulation darf nicht vernachlässigt werden. Wie kann eine Nachkalkulation von ihrer Wirksamkeit her nachhaltig verbessert werden?
6. Ein Angebot an den Kunden ist eine wertmäßige Planungsaussage. Wie kann von vorneherein versucht werden, die Mitarbeiter an die Planvorgaben zu binden?
7. Die Erfassung und Verrechnung der Gemeinkosten ist für die Kalkulation von entscheidender Bedeutung und kann im Betrieb zu Missstimmungen führen. Kann dies verhindert werden, und wenn ja, wie?
8. Das Ergebnis einer Kostenanalyse für ein bestimmtes Produkt kann ergeben, dass es von der Kostenseite aus dem Produktionsprogramm genommen werden müsste. Was könnten Gründe sein, es doch nicht zu tun?
9. Die Kostenremanenz ist vor allem bei Auftragsrückgängen eine unliebsame Erscheinung. Zum Kostenmanagement gehört es, diese möglichst nicht oder nur schwach in Erscheinung treten zu lassen. Führen Sie drei Maßnahmen an.
10. Abweichungen zwischen Soll- und Istkosten können auf unterschiedliche Sachverhalte zurückgeführt werden. Welche Abweichungsgründe kennen Sie?

Zum Abschluss soll festgehalten werden, dass die Aussagen der Kosten- und Leistungsrechnung ein wesentliches, aber nicht alleiniges Hilfsmittel zur Entscheidungsfindung und Zielerreichung sind. Vielmehr müssen alle Funktionsbereiche im Unternehmen ihren Beitrag leisten, Erhaltungs- und/oder Wachstumsziele zu erreichen.

Nach wie vor gilt die alte Gleichung: Gewinn = Umsatz minus Kosten!

Literaturhinweise zu Teil III

Die nachstehenden Literaturangaben sind nur ein kleiner Auszug aus der zahlreichen Literatur zum Thema „Kosten- und Leistungsrechnung“, auf die zurückgegriffen werden kann. Sie erheben also keinen Anspruch auf Vollständigkeit. Teilweise liegen neuere Auflagen vor.

Freidank, Carl-Christian: Kostenrechnung. Grundlagen des innerbetrieblichen Rechnungswesens und Konzepte des Kostenmanagements. 9., aktualisierte Auflage, München 2012

Friedl, Gunther; Hofmann, Christian; Pedell, Burkhard: Kostenrechnung. Eine entscheidungsorientierte Einführung. München 2010

Hoitsch, Hans-Jörg; Lingnau, Volker: Kosten- und Erlösrechnung. Eine controllingorientierte Einführung. 5., überarbeitete Auflage, Berlin u. a. 2004

Olfert, Klaus: Kostenrechnung. 6., verbesserte und aktualisierte Auflage, Herne 2010

Rössle, Werner; Tiede, Heiner: Finanz- und Rechnungswesen, in: Förschler/Hümer/Rössle/Stark (Hrsg.): Führungswissen für kleine und mittlere Unternehmen, 11. Auflage, Bad Wörishofen 2013

Schmidt, Andreas: Kostenrechnung. Grundlagen der Vollkosten-, Deckungsbeitrags- und Plankostenrechnung sowie des Kostenmanagements. 6., überarbeitete und erweiterte Auflage, Stuttgart 2011

Schmolke, Siegfried; Deitermann, Manfred; Rückwart, Wolf-Dieter: Industrielles Rechnungswesen, IKR. Finanzbuchhaltung, Analyse und Kritik des Jahresabschlusses, Kosten- und Leistungsrechnung. Einführung und Praxis. 40., neu bearbeitete Auflage, Braunschweig 2011

Die Autoren

Diplom-Volkswirt Franz Falk hat Wirtschaftswissenschaften an der Universität Freiburg studiert. Er ist Geschäftsführer Management und Technik der Handwerkskammer Region Stuttgart.

Franz Falk berät seit vielen Jahren Handwerksbetriebe in der Region Stuttgart in allen betriebswirtschaftlichen Fragen. Schwerpunkte der Beratung sind die Existenzgründung, die Betriebsnachfolge sowie Investitionen und Finanzierung. Er ist in zahlreichen Gremien und Ausschüssen der Handwerksorganisation auf Landes- und Bundesebene tätig und steht in engem Kontakt mit Förderinstituten und mit Banken und Sparkassen.

Er ist Dozent an der Dualen Hochschule Baden-Württemberg. Im Rahmen der Ausbildung zum/r Betriebswirt/in im Handwerk unterrichtet er an der Bildungsakademie der Handwerkskammer Region Stuttgart. Er hält Vorträge bei Kreditinstituten und Handwerksorganisationen.

Dipl.-Oec. Michael Götz, M. A., hat Wirtschaftswissenschaften, Politikwissenschaften, Psychologie und Volkswirtschaft an der Universität Augsburg studiert und arbeitet im Management eines Maschinenbauunternehmens.

Die Schwerpunkte seiner Vorträge, Seminare und Schulungen sind das externe sowie interne Rechnungswesen, Volkswirtschaft, Projektmanagement und Statistik.

Michael Götz hat Lehraufträge an verschiedenen Hochschulen. Aktuell unterrichtet er als Dozent an der Hamburger Fernhochschule sowie an zahlreichen Weiterbildungsinstitutionen. Seit mehr als zwei Jahrzehnten ist er als Dozent und Prüfungsausschussmitglied im Rahmen der Ausbildung zum/r „Betriebswirt/in im Handwerk“ an der Handwerkskammer für Schwaben tätig. Er ist ein profunder Kenner des Handwerks.

Professor Dr. Werner Rössle, Diplom-Kaufmann, war bis zu seinem altersbedingten Ausscheiden Prorektor an der Dualen Hochschule Baden-Württemberg in Stuttgart und zugleich Dekan der Fakultät Wirtschaft und Leiter des von ihm gegründeten Studiengangs Betriebswirtschaftslehre-Handwerk.

Professor Dr. Rössle absolvierte nach dem Abitur eine kaufmännische Lehre bei einer Großbank in Stuttgart und studierte nach einer Praxisphase Betriebswirtschaftslehre mit dem Schwerpunkt Finanz- und Rechnungswesen an den Universitäten Tübingen und Erlangen-Nürnberg. Dem Abschluss als Diplom-Kaufmann folgte nach einer Tätigkeit in der Lehrfirma die Promotion an der Universität Stuttgart im Fach Betriebswirtschaftslehre. Als Akademischer Oberrat war Dr. Rössle am Betriebswirtschaftlichen Institut der Universität Stuttgart in der Lehre wissenschaftlich und als Gutachter praxisorientiert tätig.

Seit 1971 bis heute ist Dr. Rössle als Dozent und ab 1992 als Studienleiter an der von der Handwerkskammer Region Stuttgart gegründeten und von ihm mit aufgebauten Akademie des Handwerks tätig. Ab 2001 zeichnet er als Studienleiter der Landesakademie des Handwerks Baden-Württemberg verantwortlich.

Am 1. September 1988 begann Dr. Rössle an der damaligen staatlichen Berufsakademie in Stuttgart mit dem Aufbau des Studiengangs Handwerk, dem einzigen Studiengang BWL-Handwerk mit Abschluss zum Bachelor of Arts (früher Diplom-Betriebswirt BA) im Bereich des Handwerks. Dr. Rössle zeichnete für die betriebswirtschaftliche Ausbildung von Abiturienten im dualen System mit einer abgeschlossenen Handwerkslehre verantwortlich. Diese Ausbildung ist Grundlage für Führungskräfte, Existenzgründer, Betriebsübernehmer und Nachfolger im Handwerk und Mittelstand. Auch nach seinem offiziellen Ruhestand ist er weiterhin als Dozent und Studienleiter an der Akademie des Handwerks der Handwerkskammer Region Stuttgart und als Dozent an der Dualen Hochschule Baden-Württemberg (DHBW) in Stuttgart aktiv. Überdies ist er ehrenamtlicher Koordinator für Fundraising und Sponsoring an der DHBW in Stuttgart.

Dr. Rössle ist Autor von Fachbüchern, Beiträgen in Sammelwerken und Fachzeitschriften, übt Vortrags- und Seminartätigkeiten aus und begleitet Forschungsprojekte in Handwerk und Mittelstand.

Zur Zeit ist Dr. Rössle in die Umstellung zum „Geprüften Betriebswirt nach der Handwerksordnung“ an der Handwerkskammer Region Stuttgart maßgeblich involviert (geplanter Beginn September 2019).

Stichwortverzeichnis

A

Abgrenzung
- sachliche 27
- zeitliche 27

Abrechnungsperiode 260
Abschreibung 202
- außerplanmäßige 55, 61
- direkte 203
- indirekte 203
- lineare 57
- nach der Beanspruchung oder Leistung 204
- planmäßige 55
- progressive 204

Abschreibungsaufwandsquote 86
Abschreibungsplan 56
Abtretungserklärung 150
Abweichungsanalyse 255
Abweichungs- und Ursachenanalyse 195
AfA, degressiv-lineare 58
Akkreditiv 160
Aktualität 192
Akzeptkredit 151
Amortisationsrechnung 174
Anderskosten 184, 212
Anhang 34, 46
Anlagendeckung I 81
Anlagendeckung II 81
Anlagenintensität 74
Annuitätendarlehen 146
Annuitätenmethode 178
Anschaffungskosten 51
Anzahlungs- oder Kundenkredit 139
Äquivalenzzahl 232
Äquivalenzziffernkalkulation 232
Arbeitskosten 201
Arbeitsleistung 188
Aufbauorganisation 193
Aufgaben des betrieblichen Rechnungswesens 181
Aufnahme neuer Anteilseigner 127
Aufwand 183
- betriebsfremder 184

Aufwandstrukturkennzahlen 86
Ausfallbürgschaft 141
Ausgaben 183
Ausgabenwirksamkeit 211
Auslastung der Maschine 239
Außenfinanzierung 131
Außenhandelsfinanzierung 158
Außerordentliche Aufwendungen 183
Auszahlung 183
Avalkredit 150

B

Bargeld 99
Barliquidität 107
Begriffe der Kosten- und Leistungsrechnung 182
Beschäftigungsabweichung 196, 256
Beschäftigungsgrad 206, 239
Bestandsveränderung 186
Beteiligungskapital 121, 127
Betriebsabrechnungsbogen 218
Betriebsaufspaltung 122
Betriebsbuchhaltung 22
Betriebsergebnis 248, 250
- ordentliches 85

Betriebsleistung 85

Bilanz 34, 48
Bilanzanalyse 68, 71, 72
- horizontale 73
- vertikale 73
Bilanzansatz
- formeller 36
- materieller 37
Bilanzkontinuität
- formelle 28
- materielle 28
Bilanzkritik 72
Break-even-Point 262
Briefgrundschuld 149
Briefhypothek 147
Bruttowertzuwachs 186
Buchführung
- doppelte 25
- einfache 25
Buchführungsmethode 25
Buchführungspflicht
- handelsrechtliche 23
- steuerliche 24
Buchgeld 99
Buchgrundschuld 149
Buchhypothek 147
Bürgschaft
- selbstschuldnerische 141
Bürgschaftskredit 140
Businessplan 133

C

cap 133
Cashflow 89
Cashflow-Analyse 109
Cashflow-Ermittlung 90
collar 133
Costdrivers 198

D

Darlehensarten 145
Darlehensfinanzierung 145
Deckungsbeitrag 261
- relativer 271
Deckungsbeitrag I 268
Deckungsbeitrag II 268
Deckungsbeitrag III 269
Deckungsbeitrag je Engpasseinheit 271
Deckungsbeitragsrechnung 197
- einstufige 261, 266
- mehrstufige 268
Deckungsgrad 169
Deckungsprinzip 192
Direct Costing 261
Divisionskalkulation 231
Dokumentenakkreditiv 159
Durchschnittsbewertung 64
Durchschnittsprinzip 192

E

Eigenfertigung 257
Eigenkapital 101
- kündbares 130
Eigenkapitalquote 79
Eigenkapitalrentabilität 93
Eigenleistung
- aktivierte 186
- nicht aktivierbare 188
Eigentümergrundschuld 149
Einheitsbilanz 37
Einnahme 185
Einzahlung 185
Einzelabschreibung 202
Einzelbewertung 27, 51
Einzelkosten 205
Einzelunternehmung 123
Energiekosten je Maschinenstunde 239
Erfolgsermittlung 191

Erfolgsrechnung, kurzfristige 191
Ergebnisstrukturanalyse 85
Erlöserhöhung 264
Ermittlung von Gemeinkostenzuschlagssätzen 224
Ertrag 186
- außerordentlicher 187
- betriebsfremder 186
- neutraler 186
- rechentechnisch bedingter 187
- periodenfremder 187
Erweiterungsinvestition 264
Erzeugnisse
- fertige 186
- unfertige 186

F

Factoring 163
Fertigungsgemeinkosten 221
Festbewertung 66
Finanzbuchhaltung 21
- Ergebnis 33
Finanzierung durch Abschreibung 156
Finanzierung durch Rückstellung 157
Finanzierungsgrundsätze 167
Finanzierungsquelle 120
Finanzierungsregeln 167
Finanzkontrolle 118
Finanzplanung 111, 191
- kurzfristige 115
Finanzstruktur 73, 80
Finanzstrukturkennzahl 82
First-in-First-out-Verfahren (FiFo) 65
Fixkostendeckungsrechnung 268
floor 133
Forderungsbestand
- durchschnittlicher 88
Forderungsintensität 76
Forderungsumschlagshäufigkeit 87
Forderungszugang 185
Forfaitierung 159
Fremdbezug 257
Fremdgrundschuld 149
Fremdkapital 101
Fremdkapitalquote 79
Fremdleistungskosten 205
Fristenkongruenz 80, 145

G

Geldbewirtschaftung 99
Gemeinkosten 205
Gemeinkostenverteilung 218
Gemeinkostenzuschlagssatz 222
Genussschein 152
Gesamtkapitalrentabilität 94
Gesamtkostenverfahren 40
Gesamtleistung 186
Geschäftsbuchhaltung 21
Gesellschaft
- mit beschränkter Haftung & Co. KG (GmbH & Co. KG) 125
- mit beschränkter Haftung (GmbH) 125
- stille 123
Gesellschafterdarlehen 129
Gewinnplanung 230
Gewinnschuldverschreibung 152
Gewinnschwelle 231, 262
Gewinnschwellendiagramm 275
Gewinnschwellenmenge 263
Gewinn- und Verlustrechnung 34, 39
Gewinnvergleichsrechnung 173
Gewinnzone 263
Globalzession 143
Goldene Bilanzregel 80, 81
Grundbegriffe 182
Grundkosten 184
Grundkredit 146

Grundleistung 187
Grundpfandrechte
- Grundschuld 146
- Hypothek 146
Grundsätze ordnungsmäßiger Buchführung 26
GuV 48
GWG 62

H

Handelsbilanz 36
Hauptkostenstelle 220
Hauptleistung 188
Herstellkosten 54, 225, 254
Herstellungskosten 53, 54
Highest-in-First-out (HiFo) 65

I

Incoterms 160
Inflationsrisiko 104
Informationsbeschaffung 191
Inkassoliquidität 108
Innenfinanzierung 155
Insolvenzrisiko 104
Instandhaltungskosten je Maschinenstunde 239
Inventar 27, 38
Inventur 27, 37
- permanente 38
Investitionsentscheidung 171
Investitionsrechnung 172, 191
- Verfahren 172
Istkosten 255
Istkostenrechnung 195
Ist-Zuschlagssatz 225

J

Jahresabschluss 33

K

Kalkulation
- auftragsbegleitende 194
- retrograde 195
Kalkulationsarten 230
Kalkulatorische Raumkosten 216
Kalkulatorische Risiken 215
Kalkulatorischer Unternehmerlohn 216
Kalkulatorische Wagnisse 215
Kameralistik 25
Kapazitätserweiterungseffekt 157
Kapitalbedarf
- für das Anlagevermögen 112
- für das Umlaufvermögen 113
Kapitalbedarfsdeckung 102
Kapitalbeteiligungsgesellschaft 124
Kapitalbewirtschaftung 99
Kapitaleinsatz, durchschnittlicher 88
Kapitalerhaltungsrisiko 104
Kapitalflussrechnung 110
Kapitalkosten 205
Kapitalstruktur 73, 78
Kapitalumschlagsdauer
- durchschnittliche 88
Kapitalumschlagshäufigkeit 88
Kapitalwertmethode 175
Kennzahlensysteme 104
Kleine Aktiengesellschaften 130
Kleinstkapitalgesellschaft 30, 43
Kommanditgesellschaft (KG) 125
Kontrolle der Wirtschaftlichkeit 190
Kosten 182 f.
- erzeugnisfixe 268
- fixe 207, 259, 260
- kalkulatorische 44, 184
- maschinenabhängige 236

- produktfixe 268
- produktgruppenfixe 268
- sprungfixe 208
- stufenfixe 208
- teilfixe bzw. teilvariable 259
- unternehmensfixe 269
- variable 259, 260

Kostenarten 193
Kostenartenrechnung 193, 200
Kostenauflösung 259
Kosten der menschlichen Gesellschaft 205
Kostenplanung 278
Kostenrechnungssystem 254
Kostenremanenz 209
Kostensenkungsmaßnahme 279
Kostenspaltung 259
Kostenstelle 193
- allgemeine 220

Kostenstellen 219
Kostenstellenrechnung 193, 219
Kostenträger 193, 229
Kostenträgerblatt 249
Kostenträgerrechnung 193, 228
Kostenträgerstückrechnung 193, 229
Kostenträgerzeitrechnung 193, 229
Kostentreiber 279
Kosten- und Leistungsrechnung 22
- Begrifflichkeiten 181

Kostenvergleichsrechnung 173
Kreditantrag 132
Kreditfähigkeit 133
Kreditleihe 150
Kreditrating 134
Kreditvertrag 132
Kreditwürdigkeit 133
Kreditwürdigkeitsprüfung 131
Kundenziel, durchschnittliches 88
Kündigungsdarlehen 145

L

Lagebericht 34, 47
Lagerbestand, durchschnittlicher 87
Lagerdauer, durchschnittliche 87
Lagerumschlagshäufigkeit 87
Last-in-First-out-Verfahren (LiFo) 64
Leasing 163, 238
Leistung 182, 187
- betriebliche 183
- innerbetriebliche 188

Leistungsabschreibung 60
Leistungsprozess 98
Leistungsstrom 98
Leverage-Effekt 168
Lieferantenkredit 137
Liquidität 73, 105
- absolute 106
- dynamische 107
- relative 107
- statische 107

Liquidität I 83
Liquidität II 84
Liquiditätsarten 106
Liquiditätsgrad 107
Liquiditätsreserve 117
Liquiditätsrisiko 104
Lombardkredit 143
Lowest-in-First-out (LoFo) 65

M

Mantelzession 143
Markttransparenz 275
Maschinenstundensatz 225
Maßgeblichkeitsprinzip 36
Materialaufwandsquote 86
Materialgemeinkosten 221
Mezzanin-Finanzierungen 129
Mezzanin-Kapital 129
Minimumprinzip 190

Mischkosten 209
Mitbestimmungsanspruch 104
Mittelwert, statistischer 195

N

Nachfolgerangdarlehen 152
Nebenleistung 188
Niederstwertprinzip 50
- gemildertes 55
- strenges 55
Normalkosten 255
Normalkostenrechnung 195
Normal-Zuschlagssatz 226
Nutzungsdauer, betriebsgewöhnliche 56

O

Objektivität 192
Offene Handelsgesellschaft (OHG) 124

P

Parallelkalkulation 197
Periodengerechtigkeit 192
Personalaufwandsquote 86
Personalkredit 139
Personalzusatzkosten 245
Pfandreife 143
Plankosten 255
Plankostenrechnung 196
- Vorteil 257
Planungsrechnung 22
POS-Verfahren mit Zahlungsgarantie 100
Preisabweichung 196, 256
Preisdifferenzierung 270
Preisermittlung 191
Preiskontrolle 191
Preispolitik, aktive 191
Preisuntergrenze 235, 257, 269
- absolute 270
- kurzfristige 274
- langfristige 274
- liquiditätsorientierte 270
Prestigeaufträge 269
Prinzip der Wirtschaftlichkeit 222
Private-Equity-Fonds 124
Produktionsprogramm 230
Produktionsverfahren 257
Profit-Center 221
Prozesskostenrechnung 198
Prozesskostensatz 198
Prozessmanagement 280

R

Ratingsysteme 134
Raum- bzw. Platzkosten je Maschinenstunde 239
Realkredit 143
Rechnungsabgrenzungsposten 27
Rechnungswesen
- betriebliches 20
- externes 21
- Funktionen 20
- internes 22
Rentabilität 103
Rentabilitätskennzahl 91
Rentabilitätsrechnung 173
Restfertigungsgemeinkosten 237
Restfixkosten 268
Rückgang der Beschäftigung 257

S

Sachanlageintensität 76
Saldierungsverbot 27
Sale and lease back 164
Sammelbewertung 63
Schuldenabgang 185

Schwachstellenanalyse 253
Selbstfinanzierung 155
Selbstkosten 228, 254
Selbstkosten des Umsatzes 249
Serienabschreibung 202
Sicherungshypothek 147
Sicherungsrisiko 104
Sicherungsübereignung 144
Skontofrist 138
Sollkosten 196
Soll-Zuschlagssatz 226
Sondereinzelkosten 205
Sortiment 230
Sozialkosten 201
Spenden 183
Staffelform 39
Statistiken 23
Steuerbilanz 36
Stichtagsinventur 37
 - verlegte 37
Stoffkosten 201
Strukturdaten 68
Stückdeckungsbeitrag 263
Stundenverrechnungssatz 243

T

Target Costing 195
Teilkostenrechnung 197, 258
 - Anwendungsmöglichkeit 275
 - Beurteilung 274
 - Schwächen 275
 - Vorteile 275
Teilkostenrechnungssysteme 260
Tilgungsdarlehen 146

U

Überdeckung 226
Überschuldung 105
Umfinanzierung 157
Umlaufintensität 74
Umsatzergebnis 249
Umsatzkostenverfahren 42
Umsatzliquidität 108
Umsatzrentabilität 95
Umschlagsdauer des Umlaufvermögens 113
Umschlagshäufigkeit 113
Umwandlung 126
Unterdeckung 226
Unternehmensgröße 28
Unternehmergesellschaft (haftungsbeschränkt) 126
Ursachenanalyse 255

V

Verbrauchsabweichung 196, 256
Verbrauchsfolgeverfahren 64
Verkehrshypothek 147
Verlustzone 263
Vermögen 101
Vermögensintensität 74
Vermögensstruktur 73, 74
Verrechnung 205
Verrechnungsfaktor 246
Verschuldungsgrad, statischer 78
Vertriebsgemeinkosten 222
Verursachungsprinzip 192
Verwaltungsgemeinkosten 221
Vollkostenrechnung 274
 - Beurteilung 273
Vollständigkeit 192
Voll- und Teilkostenrechnung 197
Vorkalkulation 194
Vorratsintensität 76

W

Wandel- und Optionsanleihen 152
Wechseldiskontkredit 140

Wertschöpfung 219
Wiederbeschaffungskosten 202, 238
Wirtschaftlichkeit 192
Wirtschaftsgut
- geringwertiges 61, 62

Z

Zahlung
- bare 99
- halbbare 99
- unbare 99
Zahlungsmittelintensität 76
Zahlungsstockung 106
Zahlungsstrom 98
Zahlungsunfähigkeit, drohende 105
Zession
- offene 142
- stille 142
Zessionskredit 142
Zielkostenrechnung 195
Zinsänderungsrisiko 104
Zinsen, kalkulatorische 213
Zins je Maschinenstunde 239
Zinssatz, interner 176
Zurechnung 205
Zusatzkosten 184, 212
Zusatzleistung 187, 188
Zuschlagskalkulation 232
Zwangsvollstreckung 150
Zweckaufwand 184
Zweckerträge 186
Zweckumsätze 186
Zwischenkalkulation 194